OS
NÚMEROS
NÃO
MENTEM

VACLAV SMIL

OS NÚMEROS NÃO MENTEM

71 HISTÓRIAS PARA ENTENDER O MUNDO

Tradução de George Schlesinger

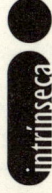

Publicado originalmente em inglês pela Penguin Books Ltd. Londres

Copyright © Vaclav Smil, 2020
O autor garante seus direitos morais. Todos os direitos reservados.

TÍTULO ORIGINAL
Numbers don't lie

PREPARAÇÃO
Mariana Moura

REVISÃO
Eduardo Carneiro
Iuri Pavan

DIAGRAMAÇÃO
Julio Moreira | Equatorium Design

DESIGN DE CAPA
Gabriela Pires

CIP-BRASIL. CATALOGAÇÃO NA PUBLICAÇÃO SINDICATO NACIONAL DOS EDITORES DE LIVROS, RJ

S645n

    Smil, Vaclav, 1943-

    Os números não mentem : 71 histórias para entender o mundo / Vaclav Smil ; tradução George Schlesinger. - 1. ed. - Rio de Janeiro : Intrínseca, 2021.
    400 p. ; 21 cm.

    Tradução de: Numbers don't lie : 71 stories to help us understand the modern world
    Inclui índice
    ISBN 978-65-5560-577-8

    1. Civilização Moderna. 2. Globalização. 3. Ecologia humana. 4. Tecnologia e civilização. 5. Estatística - História. I. Schlesinger, George. II. Título.

21-73467   CDD: 909
                                                     CDU: 94(100)

Meri Gleice Rodrigues de Souza - Bibliotecária - CRB-7/6439

[2021]
Todos os direitos desta edição reservados à
EDITORA INTRÍNSECA LTDA.
Rua Marquês de São Vicente, 99/6º andar
22451-041 – Gávea
Rio de Janeiro – RJ
Tel./Fax: (21) 3206-7400
www.intrinseca.com.br

SUMÁRIO

Introdução   9

PESSOAS:
OS HABITANTES DO NOSSO MUNDO

O que acontece quando temos menos filhos?	19
Que tal a mortalidade infantil como o melhor indicador de qualidade de vida?	25
Vacinação: o melhor retorno de investimento	30
Por que é difícil prever a gravidade de uma pandemia enquanto ela ainda está ocorrendo	33
Ficando mais altos	38
Será que a expectativa de vida está enfim chegando ao máximo?	43
Como o suor aprimorou as caçadas	47
Quantas pessoas foram necessárias para construir a Grande Pirâmide?	51
Por que a taxa de desemprego não diz tudo	55
O que torna as pessoas felizes?	59
A ascensão das megacidades	64

PAÍSES:
NAÇÕES NA ERA DA GLOBALIZAÇÃO

As tragédias prolongadas da Primeira Guerra Mundial	73
Os Estados Unidos são mesmo um país excepcional?	77
Por que a Europa deveria ficar mais contente consigo mesma	82

Brexit: o que mais importa não vai mudar	86
Preocupações com o futuro do Japão	91
Até onde a China pode ir?	95
Índia ou China	99
Por que a indústria manufatureira continua importante	104
Rússia e Estados Unidos: as coisas nunca mudam	109
Impérios em declínio: nada de novo sob o sol	113

MÁQUINAS, PROJETOS, APARELHOS:

INVENÇÕES QUE CONSTRUÍRAM O MUNDO MODERNO

Como os anos 1880 criaram o mundo moderno	121
Como os motores elétricos impulsionam a civilização moderna	125
Transformadores: aparelhos silenciosos, passivos, discretos	130
Por que ainda não se deve descartar o diesel	134
Capturando o movimento: de cavalos a elétrons	139
Do fonógrafo ao streaming	143
A invenção dos circuitos integrados	147
A Maldição de Moore: por que o progresso técnico demora mais do que se pensa	151
A ascensão dos dados: dados demais, rápido demais	155
Sendo realista quanto à inovação	159

COMBUSTÍVEIS E ELETRICIDADE:

FORNECENDO ENERGIA ÀS SOCIEDADES

Por que turbinas a gás ainda são a melhor escolha	165
Energia nuclear: uma promessa não cumprida	169
Por que precisamos de combustíveis fósseis para gerar energia eólica	174

Qual é o tamanho máximo de uma turbina eólica? 178
A lenta ascensão das células fotovoltaicas 182
Por que a luz do sol ainda é a melhor 187
Por que precisamos de baterias maiores 191
Por que navios porta-contêineres elétricos são difíceis de navegar 195
O custo real da eletricidade 199
A inevitável lentidão das transições de energia 203

TRANSPORTE: COMO NOS DESLOCAMOS

Encolhendo a viagem transatlântica 209
Os motores vieram antes das bicicletas! 213
A surpreendente história dos pneus infláveis 217
Quando começou a era do automóvel? 221
A péssima relação entre peso e carga dos carros modernos 225
Por que os carros elétricos (ainda) não são tão bons quanto pensamos 230
Quando começou a era do jato? 234
Por que o querosene está com tudo 238
É seguro voar? 242
O que é mais eficiente em termos de energia: aviões, trens ou automóveis? 246

ALIMENTOS: A ENERGIA QUE NOS MOVE

O mundo sem amônia sintética 253
Multiplicando a produção de trigo 258
A indesculpável magnitude do desperdício de alimentos 263

O lento adeus à dieta mediterrânea	268
Atum-azul: a caminho da extinção	272
Por que o frango é o máximo	276
(Não) tomar vinho	281
O consumo racional de carne	285
A alimentação no Japão	290
Laticínios: as contratendências	295

MEIO AMBIENTE:
DANIFICANDO E PROTEGENDO NOSSO MUNDO

Animais ou objetos: quais têm mais diversidade?	303
Planeta das vacas	307
A morte de elefantes	311
Por que o Antropoceno pode ser uma afirmação prematura	315
Fatos concretos	319
O que é pior para o meio ambiente: o carro ou o telefone?	324
Quem tem o melhor isolamento térmico?	328
Janelas de vidro triplo: uma solução energética transparente	332
Melhorando a eficiência do aquecimento doméstico	336
Tropeçando no carbono	341
Epílogo	347
Leituras complementares	349
Agradecimentos	373
Índice remissivo	383

INTRODUÇÃO

Os números não mentem é um livro eclético, com tópicos que abordam desde pessoas, populações e países, passando pelo uso da energia, até as inovações técnicas e as máquinas que definem nossa civilização moderna. Em boa medida, o texto se encerra com algumas perspectivas factuais sobre nosso suprimento de alimentos e escolhas nutricionais, bem como o estado e a degradação do meio ambiente. Esses são os principais assuntos que tenho discutido em meus livros desde os anos 1970.

Em primeiro lugar, e mais importante, este livro tem como objetivo elucidar os fatos. Mas isso não é tão fácil quanto parece: embora haja uma abundância de números na internet, muitíssimos deles não são datados e têm procedência desconhecida, muitas vezes com parâmetros questionáveis. Por exemplo, o PIB da França em 2010 era de 2,6 trilhões de dólares: esse valor era em moeda corrente ou constante? E a conversão de euros para dólares foi feita por meio da taxa de câmbio prevalecente ou da paridade do poder de compra? E como se pode saber?

Em contraste, quase todos os números neste livro foram extraídos de quatro tipos de fontes primárias: estatísticas mundiais publicadas por organizações internacionais,* anuários editados por instituições nacionais,[†] estatísticas históricas compiladas por agências nacionais[‡] e artigos científicos.[§] Uma pequena parcela dos números provém de monografias científicas, de estudos recentes feitos por importantes consultorias (conhecidas pela confiabilidade de seus relatórios) ou de pesquisas de opinião pública conduzidas por organizações consagradas como Gallup ou Pew Research Center.

Para entender o que de fato está acontecendo no nosso mundo, em seguida devemos colocar os números nos seus contextos apropriados: histórico e internacional. Por exemplo, começando pelo contexto *histórico*, a unidade usada na ciência para medir a energia é joule, e economias abastadas consomem hoje anualmente cerca de 150 bilhões de joules (150 gigajoules) de energia primária *per capita* (para efeito de comparação, uma tonelada de petróleo cru equivale a 42 gigajoules), ao passo que a Nigéria, nação mais populosa da África (e rica em petró-

---

* Desde a Eurostat e a Agência Internacional de Energia Atômica até a Organização das Nações Unidas, com seus relatórios *Perspectivas Mundiais de População*, e a Organização Mundial da Saúde.

† Meus anuários favoritos, pela incomparável qualidade de seus dados e pela riqueza de detalhes, são o *Japan Statistical Yearbook* e o Serviço Nacional de Estatísticas Agrícolas do Departamento de Agricultura dos Estados Unidos.

‡ Incluindo a exemplar *Historical Statistics of the United States, Colonial Times to 1970* e *Historical Statistics of Japan*.

§ Em revistas científicas que vão de *Biogerontology* até *International Journal of Life Cycle Assessment*.

leo e gás natural), consome em média apenas 35 gigajoules. A diferença é impressionante, sendo que a França ou o Japão usam quase 5 vezes mais energia *per capita*. Mas a comparação histórica esclarece o tamanho *real* da diferença: o Japão usava essa quantidade de energia em 1958 (a duração de uma vida africana inteira atrás no tempo), e a França usava, em média, 35 gigajoules já em 1880, colocando o acesso à energia da Nigéria *duas* vidas inteiras atrás da França.

Contrastes *internacionais* contemporâneos não são menos memoráveis. A comparação entre a taxa de mortalidade infantil nos Estados Unidos e na África subsaariana revela uma diferença grande, porém esperada. Também não é surpresa que a nação norte-americana não esteja entre os 10 países com menor mortalidade infantil, considerando a diversidade de sua população e o alto índice de imigrantes provenientes de países menos desenvolvidos. O país tampouco está entre os 30 primeiros — isso pouca gente imaginaria!* Essa surpresa leva, inevitavelmente, à indagação de por que isso ocorre, uma pergunta que abre um universo de considerações sociais e econômicas. Para compreender a fundo muitos números (de maneira individual ou como parte de estatísticas complexas), é necessária uma combinação de conhecimentos científicos conceituais e numéricos.

---

* Em 2018, era o 33º entre os 36 países da Organização para a Cooperação e Desenvolvimento Econômico (OCDE).

O comprimento (distância) é a medida mais fácil de internalizar. A maioria das pessoas tem uma boa percepção do que são 10 centímetros (a largura de um punho adulto com o polegar para fora), 1 metro (aproximadamente a distância do chão até a cintura para um homem médio) e 1 quilômetro (um minuto de carro no tráfego urbano). Velocidades comuns (distância/tempo) também são fáceis: uma caminhada ligeira percorre 6 quilômetros por hora; um trem interurbano rápido, 300 quilômetros por hora; um avião a jato alimentado por turbinas potentes, 1.000 quilômetros por hora. Massas são mais difíceis de "sentir": uma criança recém-nascida geralmente pesa menos de 5 quilos; uma pequena corça, menos que 50 quilos; alguns tanques de guerra, menos que 50 toneladas; e o peso máximo de decolagem de um *Airbus 380* ultrapassa as 500 toneladas. Volumes podem ser igualmente enganosos: o tanque de gasolina de um sedã pequeno tem menos de 40 litros; o volume interno de uma pequena casa americana geralmente é de menos de 400 metros cúbicos. Estimar a medida de energia e potência (joules e watts) ou corrente e resistência elétricas (amperes e ohms) é difícil para quem não trabalha com essas unidades. Mas é mais fácil fazer comparações relativas, tais como a distinção entre o uso de energia na África e na Europa.

O dinheiro apresenta desafios diferentes. A maioria das pessoas é capaz de mensurar níveis relativos de suas rendas ou poupanças, mas comparações *históricas* em nível nacional ou internacional precisam ser corrigidas pela inflação e comparações *internacionais* precisam levar em conta taxas de câmbio flutuantes e mudanças no poder de compra.

Há, ainda, as diferenças qualitativas que não podem ser capturadas por números, e tais considerações são particularmente importantes quando se comparam preferências alimentares e dietas. Por exemplo, a quantidade de carboidratos e proteínas por 100 gramas pode ser muito similar, mas aquilo que chamam de pão em um supermercado de Atlanta (fatias quadradas embaladas em sacos plásticos) está — literalmente — a um oceano de distância do que um *maître boulanger* ou *Bäckermeister* apresentaria em padarias de Lyon ou Stuttgart.

À medida que os números ficam maiores, ordens de grandeza (diferenças de 10 vezes para mais ou para menos) tornam-se mais reveladoras do que números específicos: um *Airbus 380* é uma ordem de grandeza mais pesado que um tanque de guerra; um avião a jato é uma ordem de grandeza mais rápido que um carro em uma rodovia; e uma corça pesa uma ordem de grandeza mais que um bebê. Ou, usando sobrescritos e fatores multiplicadores segundo o Sistema Internacional de Unidades, um bebê pesa 5×10^3 gramas ou 5 quilos; um *Airbus 380* tem mais de 5×10^8 gramas ou 500 milhões de gramas. Conforme entramos em números *realmente* grandes, não ajuda nada o fato de que os europeus (liderados pela França) se desviem da notação científica e não chamem 10^9 de 1 bilhão, mas (*vive la différence!*) *un milliard* (resultando em *une confusion fréquent*). O mundo em breve terá 8 bilhões de pessoas (8×10^9), em 2019 produziu (em termos nominais) o equivalente a aproximadamente 90 trilhões de dólares (9 x 10^{13}) e consumiu mais de 500 bilhões de bilhões de joules de energia (500 x 10^{18}, ou 5 x 10^{20}).

A boa notícia é que dominar grande parte disso é mais fácil do que a maioria das pessoas pensa. Suponha que você deixe de lado seu telefone celular (nunca tive um, nem senti falta) durante alguns minutos por dia e faça uma estimativa dos comprimentos e das distâncias ao seu redor — verificando-os, talvez, com o punho (lembre-se, cerca de 10 centímetros) ou (depois de pegar o celular) pelo GPS. Você também deveria tentar calcular o volume dos objetos que encontra (as pessoas sempre subestimam o volume de objetos finos mas compridos). Pode ser divertido calcular — sem calculadora — as diferenças em ordens de grandeza ao ler notícias sobre a desigualdade de renda entre bilionários e funcionários do estoque da Amazon (quantas ordens de grandeza separam seus ganhos anuais?) ou ao ver uma comparação entre os produtos internos brutos (PIBs) *per capita* de diferentes países (quantas ordens de grandeza o Reino Unido está acima de Uganda?). Esses exercícios mentais vão colocar você em contato com as realidades físicas do mundo, ao mesmo tempo que vão manter as sinapses a todo o vapor. Entender números requer um pouco de envolvimento.

Minha esperança é que este livro ajude os leitores a compreender o verdadeiro estado do nosso mundo. Espero que seja surpreendente e leve você a se maravilhar com o caráter único da nossa espécie, com nossa inventividade e nossa busca por uma compreensão maior. Meu objetivo é não só demonstrar que os números não mentem, mas também descobrir que verdade eles transmitem.

Uma última observação sobre os números aqui contidos: todas as quantias em dólares, a menos que seja especificado, se referem a dólares americanos; e todas as medidas são dadas na forma métrica, com algumas exceções de uso comum, tais como milhas náuticas e polegadas.

Vaclav Smil
Winnipeg, 2020

PESSOAS: OS HABITANTES DO NOSSO MUNDO

O QUE ACONTECE QUANDO TEMOS MENOS FILHOS?

A taxa de fecundidade total (TFT) é o número de filhos que uma mulher tem durante a vida. A restrição física mais óbvia desse valor é a duração do período fértil (da menarca à menopausa). A idade da primeira menstruação vem decrescendo, de aproximadamente 17 anos nas sociedades pré-industriais para menos de 13 anos no mundo ocidental de hoje, enquanto a idade da menopausa aumentou ligeiramente, para pouco mais de 50 anos, resultando em um intervalo fértil típico de cerca de 38 anos, em comparação com aproximadamente 30 anos nas sociedades tradicionais.

Ocorrem 300-400 ovulações durante a vida fértil de uma mulher. Como cada gravidez impede 10 ovulações e como 5-6 ovulações adicionais precisam ser subtraídas a cada gravidez, devido à reduzida chance de concepção durante o período de amamentação, que, por tradição, costuma ser prolongado, a taxa máxima de fecundidade é de aproximadamente duas dúzias de gravidezes. Com alguns nascimentos múltiplos, o total pode ultrapassar 24 bebês, o que é confirmado por registros históricos de mulheres que tiveram mais de 30 filhos.

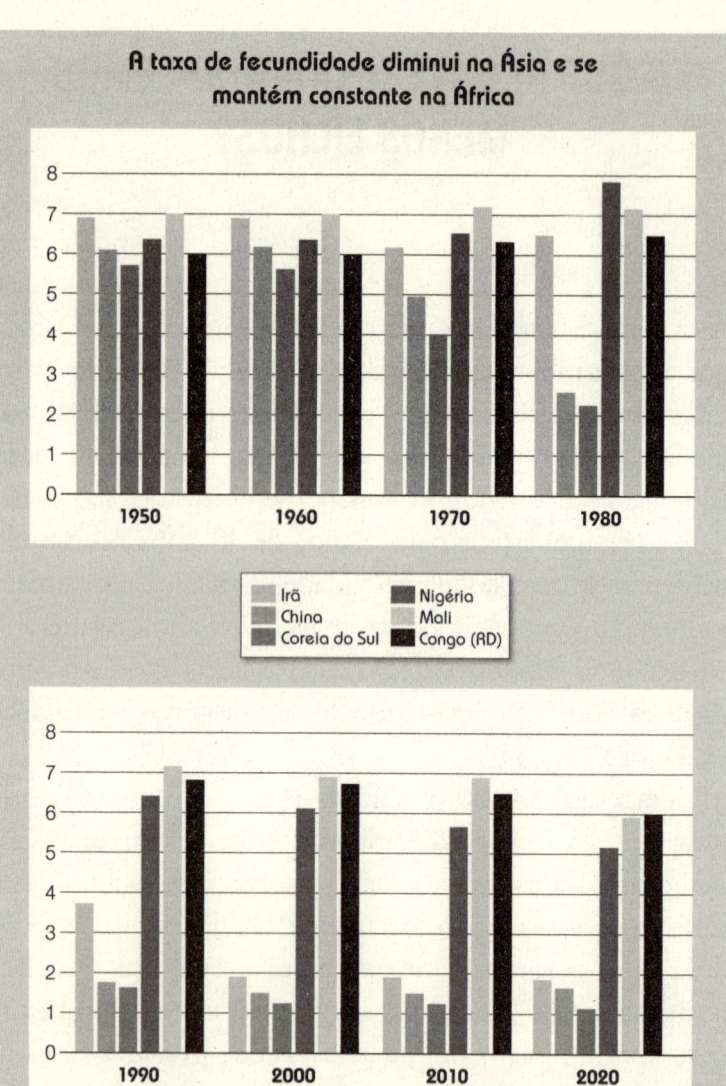

Mas as taxas de fecundidade típicas em sociedades que não praticam o controle de natalidade sempre foram muito mais baixas que isso, devido à combinação de gravidez interrompida, natimortos, infertilidade e mortalidade materna prematura.

Isso reduz a fecundidade populacional máxima para 7-8 filhos; de fato, tal índice era comum em todos os continentes no século XIX, em partes da Ásia até duas gerações atrás e ainda hoje na África subsaariana, como no Níger, onde está em 7,5 (bem abaixo do tamanho familiar desejado: se indagadas, as mulheres nigerinas dizem preferir ter 9,1 filhos em média!). No entanto, mesmo nessa região, embora permaneça elevada, a TFT declinou (para 5-6 na maioria desses países), e no resto do mundo predominam hoje taxas de fecundidade moderadas, baixas e extremamente baixas.

A transição para esse novo mundo começou em momentos distintos, não só entre diferentes regiões, mas também dentro delas: a França esteve bem na frente da Itália; o Japão, bem na frente da China, cujo regime comunista adotou a drástica medida de restringir famílias a um único filho. À parte isso, o desejo de gerar menos filhos tem sido, muitas vezes, motivado por uma combinação altamente sinérgica entre elevação gradual do padrão de vida, mecanização do trabalho agrícola, substituição de animais e pessoas por máquinas, industrialização e urbanização em escala massiva, crescimento da participação de mulheres na força de trabalho urbana, avanço da educação universal, melhores serviços de saúde, menor mortalidade perinatal e fundos de pensão garantidos por governos.

A busca histórica pela quantidade transformou-se, às vezes depressa, na procura pela qualidade: os benefícios da alta fecundidade (assegurar a sobrevivência em meio à elevada mortalidade infantil; fornecer mais força de trabalho; prover segurança para a velhice) começaram a diminuir e então desaparecer. As famílias menores passaram a investir mais em seus filhos e no aumento da qualidade de vida, geralmente começando com uma alimentação melhor (mais carne e frutas frescas; refeições mais frequentes em restaurantes) e terminando com SUVs e férias em praias tropicais distantes.

Como costuma ocorrer em transições tanto sociais quanto técnicas, demorou muito para os pioneiros alcançarem os novos marcos, ao passo que, para aqueles que as adotaram tardiamente, o processo levou apenas duas gerações. A substituição de alta para baixa fecundidade levou cerca de dois séculos na Dinamarca e aproximadamente 170 anos na Suécia. Em contraste, na Coreia do Sul, a TFT caiu de mais de 6 para menos que o nível de reposição em somente 30 anos. E, na China, mesmo antes da introdução da política do filho único, a fecundidade havia despencado de 6,4, em 1962, para 2,6, em 1980. Mas o improvável detentor do recorde é o Irã. Em 1979, quando a monarquia foi derrubada e o aiatolá Khomeini regressou do exílio para estabelecer uma teocracia, a fecundidade média do Irã era de 6,5, valor que caiu até menos que o nível de reposição já em 2000 e tem continuado a cair.

Para manter a população estável, o nível de reposição da fecundidade deve ser de cerca de 2,1. A fração adicional é necessária para compensar as meninas que não sobrevivem até a idade fértil. Nenhum país foi capaz de brecar o declínio da fecundidade até o nível de reposição e conseguir uma população estacionária. Uma parcela crescente da humanidade vive em sociedades com nível de fecundidade abaixo dos níveis de reposição. Em 1950, 40% da humanidade vivia em países com fecundidade acima de 6 filhos, e a taxa média era cerca de 5; já no ano 2000, apenas 5% da população global se encontrava em países com fecundidade acima de 6 filhos, e a média (2,6) estava próxima do nível de reposição. Em 2050, aproximadamente três quartos da humanidade residirão em países com fecundidade abaixo da reposição.

Essa mudança quase global teve enormes implicações demográficas, econômicas e estratégicas. A importância europeia diminuiu (em 1900, o continente tinha cerca de 18% da população mundial; em 2020, tem apenas 9,5%), e a Ásia ascendeu (60% do total mundial em 2020), mas as altas taxas de fecundidade regionais garantem que quase 75% de todos os nascimentos previstos nos 50 anos entre 2020 e 2070 ocorrerão na África.

E o que o futuro guarda para países cuja fecundidade está menor que o nível de reposição? Se as taxas nacionais permanecerem perto da reposição (no mínimo, 1,7; França e Suécia estavam em 1,8 em 2019), há uma boa chance de possíveis retomadas no futuro. Uma vez que a taxa fique menor que 1,5, tais reversões parecem cada vez mais improváveis: em 2019, houve um recorde de níveis baixos, de 1,3 na Espanha, na Itália e na Romênia e 1,4 no Japão, na Ucrânia, na Grécia e na Croácia. O declínio gradual da população (com todas as suas implicações sociais, econômicas e estratégicas) parece ser o futuro do Japão e de muitos países europeus. Até agora, nenhuma política governamental pró-natalidade trouxe uma reversão importante, e a única opção óbvia para impedir o despovoamento é abrir os portões para a imigração — mas parece improvável que isso aconteça.

QUE TAL A MORTALIDADE INFANTIL COMO O MELHOR INDICADOR DE QUALIDADE DE VIDA?

Na busca pelas medidas mais reveladoras da qualidade de vida humana, os economistas — sempre prontos a reduzir tudo a dinheiro — preferem se apoiar no PIB *per capita* ou na renda disponível. Ambas as medidas são obviamente questionáveis. O PIB aumenta em uma sociedade em que a violência crescente requer mais policiamento, maior investimento em medidas de segurança e internações mais frequentes em hospitais; a renda disponível média não nos diz nada sobre o grau de desigualdade econômica, tampouco sobre a rede de amparo social disponível para famílias menos favorecidas. Mesmo assim, essas medidas fornecem um bom ranking geral dos países. Não há muita gente que prefira o Iraque (PIB nominal de aproximadamente 6 mil dólares *per capita* em 2018) à Dinamarca (PIB nominal de aproximadamente 60 mil dólares *per capita* em 2018). E a qualidade de vida média é, sem dúvida, mais alta na Dinamarca do que na Romênia: ambas pertencem à União Europeia, mas a renda disponível é 75% mais alta no país nórdico.

Desde 1990, a alternativa mais comum é usar o Índice de Desenvolvimento Humano (IDH), uma medida multivariável elaborada para estabelecer um melhor parâmetro de medição. O valor combina a expectativa de vida no nascimento e a escolaridade (tempo médio e esperado) com a renda interna bruta *per capita*. Mas (o que não é surpresa) está altamente correlacionado com o produto interno bruto *per capita*, tornando-o uma medida da qualidade de vida quase tão boa quanto o índice mais elaborado.

Pessoalmente, a medida de variável única que prefiro para fazer comparações rápidas e reveladoras de qualidade de vida é a mortalidade infantil: o número de mortes ocorridas durante o primeiro ano de vida a cada mil nascidos vivos.

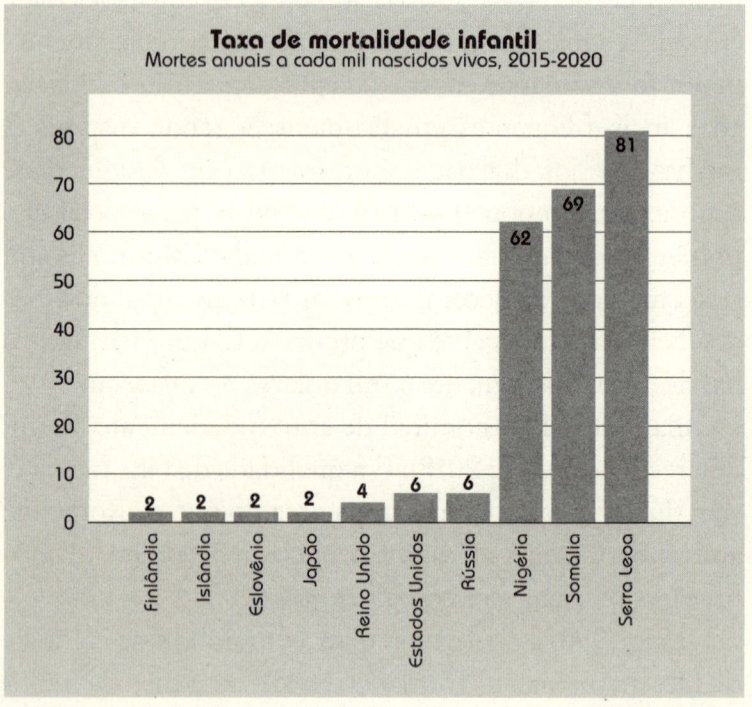

A mortalidade infantil é um indicador poderoso, porque é impossível conseguir um índice baixo sem uma combinação de várias condições críticas que definem uma boa qualidade de vida: bons serviços de saúde, em geral, e cuidados pré-natais, perinatais e neonatais apropriados, em particular; nutrição materna e infantil adequada; condições sanitárias adequadas; e acesso a suporte social para famílias carentes, que esteja também previsto nos gastos governamentais e privados relevantes, além de infraestruturas e rendas que garantam seu uso e acesso. Uma única variável capta, portanto, uma série quase universal de pré-requisitos para a sobrevivência ao período mais crítico de vida: o primeiro ano.

A mortalidade infantil em sociedades pré-industriais era uniforme e cruelmente elevada: ainda em 1850, na Europa ocidental e nos Estados Unidos chegava a 200-300 (ou seja, de um quinto a um terço das crianças não sobrevivia aos primeiros 365 dias). Em 1950, a média ocidental tinha se reduzido a 35-65 (um a cada 20 recém-nascidos morria ao longo do primeiro ano), e hoje, em países desenvolvidos, a taxa está abaixo de 5 (uma criança a cada 200 não comemora seu primeiro aniversário). Descartando-se territórios minúsculos, de Andorra e Anguila a Mônaco e San Marino, o grupo com mortalidade infantil inferior a 5 por mil inclui cerca de 35 países, variando de Japão (2) a Sérvia (pouco menos que 5), e seus governantes mostram por que a medida não pode ser usada para estabelecer um ranqueamento simplista sem fazer referências a condições demográficas mais amplas.

A maioria dos países com baixa mortalidade infantil são pequenos (têm menos de 10 milhões de habitantes, geralmente menos de 5 milhões), incluem as sociedades mais homogêneas do mundo (Japão e Coreia do Sul, na Ásia; Islândia, Finlândia e Noruega, na Europa), e a maior parte deles tem uma taxa de natalidade muito baixa. Obviamente, é mais desafiador alcançar e manter a mortalidade infantil muito baixa em sociedades maiores, heterogêneas, com altas taxas de imigração proveniente de países menos ricos, e em países com natalidade mais alta. Como resultado, seria difícil replicar o índice da Islândia (3) no Canadá (5), um país cuja população é mais de 100 vezes maior e que recebe, anualmente, uma quantidade de imigrantes (provenientes de dezenas de países, a maioria asiáticos de baixa renda) equivalente ao total da população na Islândia. O mesmo fenômeno afeta os Estados Unidos, mas a taxa de mortalidade infantil relativamente alta do país (6) é, sem dúvida, influenciada (como a do Canadá, em menor grau) pela maior desigualdade econômica.

Nesse sentido, a mortalidade infantil é um indicador de qualidade de vida mais preciso do que a renda média ou o Índice de Desenvolvimento Humano, mas ainda precisa de qualificações: nenhuma medida única é capaz de mensurar plenamente a qualidade de vida de uma nação. O que não está em dúvida é que a mortalidade infantil continua inaceitavelmente alta em uma dúzia de países da África subsaariana. Suas taxas (acima de 60 por mil) são iguais às da Europa ocidental cerca de 100 anos atrás, um intervalo de tempo que evoca a distância em termos de desenvolvimento que esses países precisam percorrer para alcançar as economias abastadas.

VACINAÇÃO: O MELHOR RETORNO DE INVESTIMENTO

A morte por doenças infecciosas continua sendo talvez o destino mais cruel de bebês e crianças no mundo moderno, e um dos mais preveníveis. As medidas necessárias para minimizar essa mortalidade prematura não podem ser classificadas de acordo com sua importância: água potável e alimentação adequada são tão vitais quanto prevenção de doenças e saneamento básico. Mas, se considerarmos a razão entre custo e benefício, a vacinação vence de longe.

A vacinação moderna data do século XVIII, quando Edward Jenner desenvolveu o imunizante contra a varíola.

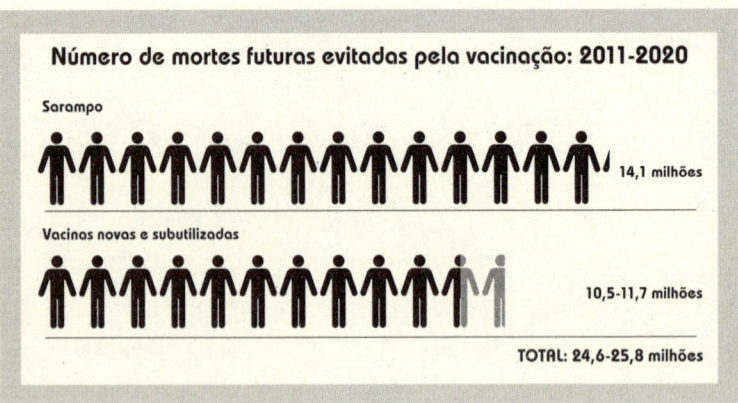

Vacinas contra cólera e peste foram criadas antes da Primeira Guerra Mundial, e outras, contra tuberculose, tétano e difteria, antes da Segunda. Os grandes progressos no pós-guerra incluíram campanhas contra coqueluche e poliomielite. Hoje, a prática-padrão no mundo todo é inocular crianças com uma vacina pentavalente, que previne contra difteria, tétano, coqueluche e poliomielite, bem como meningite, otite e pneumonia, três infecções causadas pela bactéria *Haemophilus influenzae* tipo B. A primeira dose é dada 6 semanas após o nascimento; as outras duas são aplicadas com 10 e 14 semanas de vida. Cada vacina pentavalente custa menos de 1 dólar, e a cada criança vacinada reduzem-se os riscos de infecção entre as colegas não vacinadas.

Por isso, sempre foi evidente que a vacinação tem uma razão entre custo e benefício extremamente alta, embora não seja fácil quantificar. Mas, graças a um estudo de 2016 apoiado pela Fundação Bill & Melinda Gates e conduzido por profissionais de saúde em Baltimore, Boston e Seattle, nos Estados Unidos, podemos finalmente mensurar essa vantagem. O foco do estudo era o retorno de investimento associado, como projeções do nível de cobertura da vacinação em quase 100 países de baixa e média renda durante a segunda década deste século, a década das vacinas.

A relação entre custo e benefício se baseou, de um lado, nos custos das vacinas e das cadeias de abastecimento e entrega e, de outro, em estimativas de custos evitados de morbidade e mortalidade. Para cada dólar investido em vacinação, espera-se a economia de 16 dólares em serviços de saúde e na perda de salários e produtividade em decorrência de doença e morte.

A análise foi além da abordagem restrita do custo da doença e examinou os benefícios econômicos mais amplos, descobrindo que a razão líquida entre custo e benefício era duas vezes mais alta — chegando a 44 vezes, com intervalo de incerteza de 27 a 67. Os retornos mais altos foram observados na prevenção ao sarampo: 56 vezes maiores.

Em uma carta a Warren Buffett, o maior doador externo da entidade, a Fundação Gates divulgou ter descoberto um benefício 44 vezes maior que o custo. Até o filantropo deve ter ficado impressionado com tamanho retorno sobre investimento!

Ainda há o que aprimorar. Após gerações de progresso, a cobertura da vacinação básica em países de alta renda é praticamente universal hoje em dia, em torno de 96%, e grandes avanços foram feitos em países de baixa renda, nos quais a cobertura aumentou de apenas 50% no ano 2000 para 80% em 2016.

A parte mais difícil seria eliminar a ameaça das doenças infecciosas. A poliomielite talvez seja a melhor ilustração desse desafio: a taxa mundial de infecção caiu de aproximadamente 400 mil casos em 1985 para menos de 100 em 2000, mas em 2016 ainda houve 37 casos em regiões tomadas pela violência, como no norte da Nigéria, no Afeganistão e no Paquistão. E, conforme ilustrado recentemente pelos vírus do ebola, da zika e da Covid-19, sempre haverá o risco de novas infecções. As vacinas continuam sendo o melhor meio de controlá-las.

POR QUE É DIFÍCIL PREVER A GRAVIDADE DE UMA PANDEMIA ENQUANTO ELA AINDA ESTÁ OCORRENDO

Escrevi estas linhas no fim de março de 2020, justamente quando a pandemia de Covid-19 estava surgindo de maneira avassaladora na Europa e na América do Norte. Em vez de oferecer mais uma estimativa ou previsão (tornando o capítulo obsoleto em pouquíssimo tempo), decidi explicar as incertezas que sempre complicam a análise e a interpretação que fazemos das estatísticas nessas situações aflitivas.

Os temores gerados por uma pandemia viral se devem às mortalidades relativamente elevadas, mas é impossível precisar essas taxas enquanto a infecção está se espalhando — e continuará sendo difícil mesmo após o fim da pandemia. A abordagem epidemiológica mais comum é calcular o risco da fatalidade dos casos: as mortes confirmadas associadas com um vírus são divididas pelo número de casos. O numerador (causa da morte nas certidões de óbito) é óbvio, e, na maioria dos países, essa contagem é bastante confiável. Mas a escolha do denominador introduz muitas incertezas. Quais "casos"? Somente infecções confirmadas por laboratório, todos os casos sintomáticos (inclusive pessoas que não foram testadas, mas tiveram os sintomas esperados), ou o número total de infecções incluindo casos assintomáticos? Casos testados são conhecidos com grande precisão, mas o número total de infecções precisa ser estimado de acordo com estudos sorológicos da população após a pandemia (anticorpos no sangue) e várias equações de crescimento para modelar a disseminação passada da pandemia, ou de acordo com os fatores multiplicativos mais prováveis (x pessoas infectadas por y pessoas que de fato morreram).

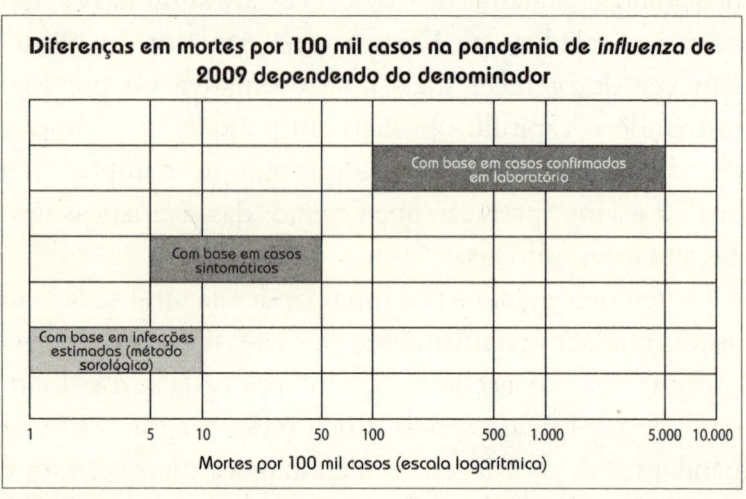

A gama de incertezas dessas variáveis é ilustrada por um estudo detalhado de casos fatais da pandemia de *influenza* de 2009, que começou nos Estados Unidos em janeiro daquele ano, permanecendo em alguns lugares até agosto de 2010, e foi causada por um novo vírus H1N1 com uma combinação especial de genes de *influenza*. O numerador era sempre mortes confirmadas, mas, para o denominador, houve três categorias diferentes a partir da definição de caso: casos confirmados por laboratório, casos sintomáticos estimados e infecções estimadas (com base em sorologia ou em premissas referentes à extensão de infecções assintomáticas). As diferenças resultantes foram muito grandes, variando de menos de 1 a mais de 10 mil mortes por 100 mil pessoas.

Como era de esperar, a abordagem da confirmação laboratorial produziu o risco mais alto (em sua maior parte entre 100 e 5 mil mortes), enquanto a abordagem sintomática sugeriu o intervalo de 5-50 mortes e as infecções estimadas no denominador produziram riscos de apenas 1-10 mortes por 100 mil pessoas: na primeira abordagem, as fatalidades chegavam a superar em 500 vezes as da última!

Em 2020, com a disseminação da Covid-19 (causada por um coronavírus, o SARS-CoV-2), nos deparamos com as mesmas incertezas. Por exemplo, em 30 de março de 2020, as estatísticas oficiais da China listavam 50.006 casos em Wuhan, o epicentro da pandemia, onde o pior já parecia ter passado, sendo 2.547 mortes. Não havia confirmação independente desses totais suspeitos: em 17 de abril, os chineses aumentaram o número de mortes em 50%, para 3.869, mas ao número total de casos foram acrescentados apenas 325. Na primeira situação, os casos fatais representam 5%; na segunda, 7,7% — e provavelmente jamais saberemos o número real. Em todo caso, os denominadores incluem apenas casos testados (ou testados e sintomáticos): Wuhan é uma cidade com 11,1 milhões de pessoas, e 50 mil casos significariam que menos de 0,5% de seus habitantes foram infectados, uma parcela incrivelmente baixa se comparada com a quantidade de pessoas afetadas por uma gripe sazonal.

Sem saber o total de infecções, poderíamos ter uma percepção melhor recorrendo à abordagem demográfica para mortalidade — isto é, morte por causas específicas por mil pessoas — e usar como comparação o impacto da *influenza* sazonal. Presumindo que o pior da Covid-19 de 2020 em Wuhan já tenha passado (e que o total oficial reflita a realidade), a morte de cerca de 3.900 pessoas implicaria uma mortalidade específica da pandemia de 0,35 por mil. Os Centros para Controle e Prevenção de Doenças (CDCs, na sigla em inglês) estimam que, nos Estados Unidos, a gripe sazonal de 2019-2020 infectará 38-54 milhões de pessoas (de uma população de aproximadamente 330 milhões) e que haverá, no mínimo, 23 mil e, no máximo, 59 mil mortes. Pegando as médias desses intervalos — 46 milhões de pessoas infectadas e 41 mil mortes —, isso significa que cerca de 14% de todos os americanos seriam infectados e aproximadamente 0,09% de todas as pessoas infectadas morreriam (taxa de fatalidade de caso); a mortalidade geral por *influenza* seria de 0,12 por mil (isto é, cerca de 1 em cada 10 mil pessoas morreria), em comparação com 0,35 por mil para Wuhan em meados de abril de 2020. A mortalidade por Covid-19 em Wuhan seria, portanto, três vezes superior à mortalidade da gripe sazonal de 2019-2020 nos Estados Unidos.

Como em toda pandemia, teremos de esperar que a Covid-19 siga seu curso para obter um quadro melhor de sua gravidade. Só então seremos capazes de fazer as contas reais — ou, como pode ser que nunca venhamos a saber o número total de pessoas infectadas em âmbito nacional e global, simplesmente ofereceremos nossas melhores estimativas — e comparar os riscos de fatalidade de caso, que podem diferir tanto quanto os números da pandemia de 2009.

Esta é uma das lições de álgebra mais básicas: pode-se saber o numerador exato, mas, a não ser que se tenha certeza quanto ao denominador, não é possível calcular a taxa precisa. As incertezas nunca vão desaparecer, mas, quando você estiver lendo isto, teremos uma compreensão muito melhor da verdadeira extensão e da intensidade desta última pandemia do que no momento em que estas linhas estão sendo escritas. Confio que você ainda esteja lendo.

FICANDO MAIS ALTOS

Como muitas outras investigações sobre a condição humana, os estudos da altura dos seres humanos têm suas origens tardias na França do século XVIII, onde, entre 1759 e 1777, Philibert Guéneau de Montbeillard fez medições semestrais de seu filho — desde o nascimento até o 18º aniversário — e o conde de Buffon publicou a tabela das medidas do garoto no suplemento de 1777 do seu famoso *Histoire Naturelle*. Mas o filho de Montbeillard era alto para sua época (quando adulto, ele se equiparava ao holandês médio de hoje), e os dados sistemáticos em larga escala sobre a altura humana e o crescimento de crianças e adolescentes só passaram a ser coletados nos anos 1830, por Edouard Mallet e Adolphe Quetelet.

Desde então, já estudamos todos os aspectos da altura humana, desde seu esperado progresso com a idade e sua relação com o peso até seus determinantes nutricionais e genéticos e diferenças de gênero em picos de crescimento. Como resultado, sabemos — com grande precisão — alturas (e pesos) esperadas em diferentes idades. Se uma jovem mãe americana vai ao pediatra com um menino de 2 anos que mede 93 centímetros, ouvirá que seu filho é mais alto que 90% das crianças de sua faixa etária.

Para os interessados em medidas de progresso de longo prazo, bem como em comparações internacionais reveladoras, um dos melhores resultados obtidos em estudos sistemáticos e modernos sobre o crescimento foi a

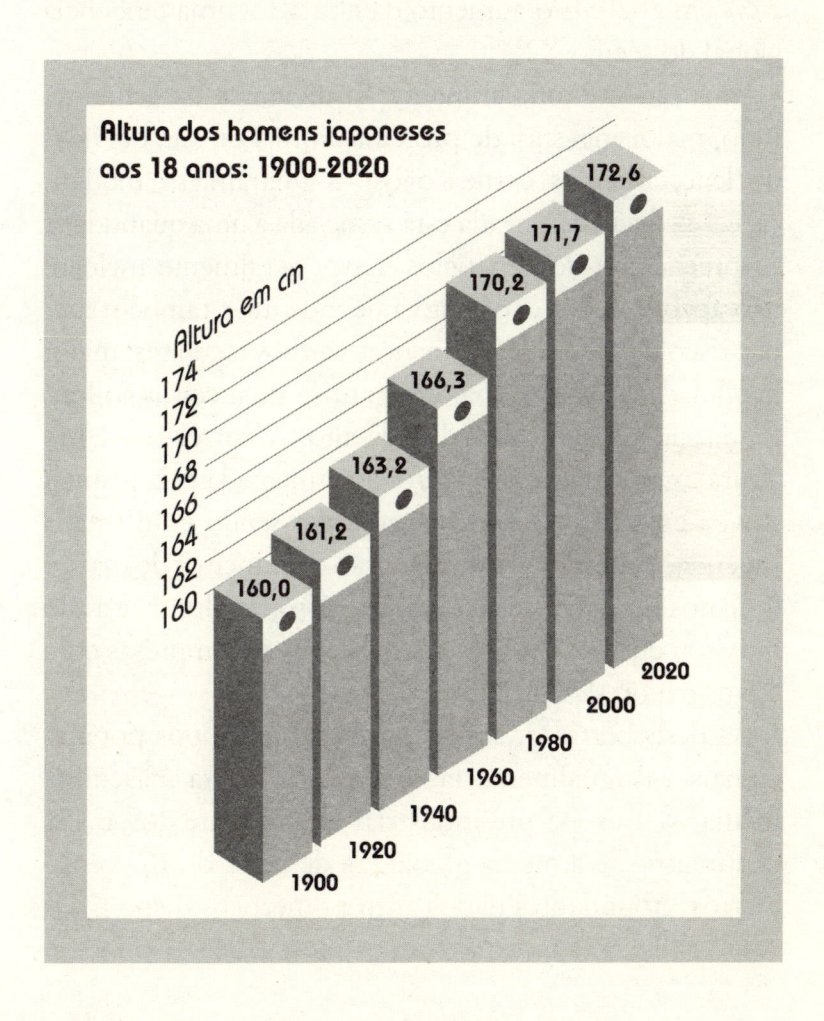

Altura dos homens japoneses aos 18 anos: 1900-2020

Altura em cm

Ano	Altura (cm)
1900	160,0
1920	161,2
1940	163,2
1960	166,3
1980	170,2
2000	171,7
2020	172,6

bem documentada história do aumento das alturas médias. Embora os problemas de crescimento responsáveis pela baixa estatura em crianças ainda sejam comuns em muitos países pobres, sua predominância global tem declinado — principalmente graças à rápida melhora na China, de cerca de 40% em 1990 para aproximadamente 22% em 2020. E o aumento da altura foi uma tendência global do século XX.

Uma saúde e uma alimentação melhores — acima de tudo, maior ingestão de proteína animal de alta qualidade (leite, laticínios, carne e ovos) — guiaram essa mudança, e a altura mais elevada está associada a uma quantidade surpreendente de benefícios. Estes geralmente incluem não apenas maior expectativa de vida, mas também menor risco de desenvolver doenças cardiovasculares, maior habilidade cognitiva, maiores ganhos financeiros ao longo da vida e status social mais alto. A correlação entre altura e ganhos financeiros foi documentada pela primeira vez em 1915 e, desde então, vem sendo confirmada repetidamente, em grupos que vão de mineiros de carvão indianos a CEOs suecos. Além disso, o último estudo mostrou que os CEOs eram mais altos em empresas com ativos maiores!

As descobertas de longo prazo sobre grupos populacionais são igualmente fascinantes. A altura masculina média na Europa pré-industrial estava entre 169 e 171 centímetros, e a média global era de cerca de 167 centímetros. Abundantes dados antropométricos disponíveis sobre 200 países mostram um ganho médio, ao longo do século XX, de 8,3 centímetros para mulheres e 8,8 para homens. A população de todos os países na Europa e na América do Norte ficou mais alta, enquanto as sul-coreanas registraram a maior média do século de ganhos entre mulheres (20,2 centímetros) e os homens iranianos lideraram a classificação masculina, com 16,5 centímetros. Dados detalhados do Japão, registrados desde 1900 para ambos os sexos em 12 idades diferentes entre 5 e 24 anos, demonstram que o crescimento responde às restrições e melhorias nutricionais: entre 1900 e 1940, a altura média de meninos de 10 anos aumentou 0,15 centímetros por ano, mas a escassez de alimentos nos tempos de guerra reduziu esse aumento a 0,6 centímetros por ano; o aumento anual foi retomado somente em 1949, e durante a segunda metade do século foi, em média, 0,25 centímetros por ano. De forma similar, na China, os ganhos foram interrompidos pela Grande Fome (1959-1961), mas os homens das principais cidades ainda tiveram um aumento médio de 1,3 centímetros por ano durante a segunda metade do século XX. Em contraste, nessa mesma segunda metade do século XX, houve ganhos mínimos na Índia e na Nigéria, nenhum na Etiópia e um ligeiro declínio em Bangladesh.

E de qual país são as pessoas mais altas? Entre os homens, os recordistas são Holanda, Bélgica, Estônia, Letônia e Dinamarca; entre as mulheres, Letônia, Holanda, Estônia, República Tcheca e Sérvia; e a coorte mais alta (cuja média ultrapassa 182,5 centímetros) é a dos holandeses nascidos no último quarto do século XX.

O leite foi um fator-chave de crescimento, seja no Japão, seja na Holanda. Antes da Segunda Guerra Mundial, os homens holandeses eram mais baixos que os norte-americanos, mas o consumo de leite pós-1950 caiu nos Estados Unidos, enquanto, no país europeu, aumentou até os anos 1960 — e permanece mais alto que o consumo americano. A lição é óbvia: a melhor maneira de aumentar as chances de uma criança crescer mais é ela tomar mais leite.

SERÁ QUE A EXPECTATIVA DE VIDA ESTÁ ENFIM CHEGANDO AO MÁXIMO?

Ray Kurzweil, o principal futurista do Google, diz que, se você segurar a onda até 2029, os avanços na medicina farão com que seja acrescentado "um ano adicional, todo ano, à sua expectativa de vida. Com isso não estou me referindo à expectativa de vida baseada na sua data de nascimento, e sim à expectativa da sua vida restante". Os leitores curiosos podem calcular o que essa tendência acarretaria no crescimento da população global, mas me limitarei aqui a uma breve revisão dos números por trás da sobrevivência das pessoas.

Em 1850, a expectativa de vida combinada de homens e mulheres ficava em torno de 40 anos nos Estados Unidos, no Canadá, no Japão e em grande parte da Europa. Desde então, os valores seguiram um aumento impressionante e praticamente linear até essas expectativas quase dobrarem. As mulheres vivem mais tempo em todas as sociedades, chegando a pouco mais de 87 anos no Japão, o primeiro do ranking.

Essa tendência pode muito bem continuar por algumas décadas, considerando que, de 1950 a 2000, a expectativa de vida das pessoas idosas em países ricos aumen-

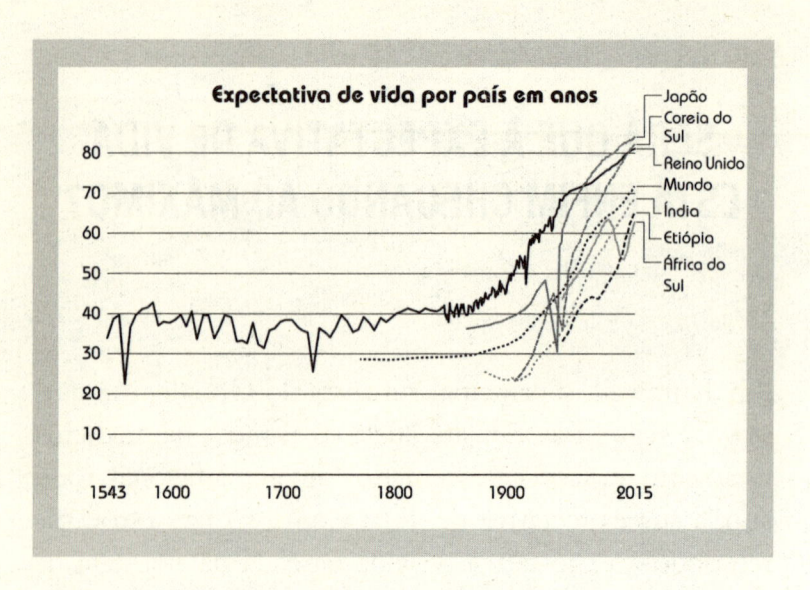

Expectativa de vida por país em anos
— Japão
— Coreia do Sul
— Reino Unido
— Mundo
— Índia
— Etiópia
— África do Sul

tou em cerca de 34 dias por ano. Mas, sem descobertas fundamentais que mudem a forma como envelhecemos, a tendência de uma vida mais longa deve enfraquecer e finalmente se dissipar. No longo prazo, a trajetória da expectativa de vida da mulher japonesa — que passou de 81,91 anos em 1990 para 87,26 em 2017 — corresponde a uma curva logística simétrica que já está perto da sua assíntota de aproximadamente 90 anos. As trajetórias de outros países ricos também estão se aproximando do teto. Os registros disponíveis sobre o crescimento da longevidade no século XX mostram dois períodos distintos: primeiro, ganhos lineares mais rápidos (cerca de 20 anos em meio século), que prevaleceram até 1950, seguidos de ganhos mais lentos.

Se ainda estivermos longe da limitação ao tempo de vida humano, então os maiores ganhos de sobrevivência devem ser registrados entre as pessoas mais velhas, isto é, quem tem 80-85 anos deveria estar ganhando mais do que quem tem 70-75 anos. E foi de fato o que ocorreu em estudos conduzidos na França, no Japão, nos Estados Unidos e no Reino Unido dos anos 1970 até o começo dos anos 1990. Desde então, porém, os ganhos se nivelaram.

Não deve haver nenhuma limitação específica e geneticamente programada para o tempo de vida, assim como não existe nenhum programa genético que limite nossa velocidade ao correr (ver próximo capítulo). Mas o tempo de vida é uma característica corporal que surge a partir da interação dos genes com o meio ambiente. Os genes podem, eles mesmos, introduzir limites biofísicos, da mesma forma que os efeitos ambientais, como fumar.

O recorde mundial em termos de tempo de vida são os supostos 122 anos de Jeanne Calment, uma mulher francesa que morreu em 1997. Estranhamente, após mais de duas décadas, ela continua sendo a sobrevivente mais velha que já existiu, e com uma margem substancial. (Na verdade, a margem é tão grande que chega a ser suspeita; sua idade e até mesmo sua identidade são questionadas.) A segunda supercentenária mais velha morreu com 119 anos, e desde então não tem havido sobreviventes com mais de 117 anos.

E, se você acha que tem grandes chances de chegar aos 100 anos porque algum ancestral seu viveu tudo isso, saiba que a hereditariedade estimada do tempo de vida é modesta, entre 15% e 30%. Como as pessoas tendem a se casar com quem se parece com elas mesmas, um fenômeno conhecido como acasalamento preferencial, a verdadeira hereditariedade da longevidade humana é provavelmente inferior a isso.

É claro que, assim como ocorre com todas as questões complexas, sempre há lugar para interpretações diferentes das análises estatísticas publicadas. Kurzweil espera que as intervenções dietéticas e outros artifícios estendam a vida dele próprio até que surjam avanços científicos que possam preservá-lo para sempre. É verdade que há ideias sobre como tal preservação seria possível, entre as quais o rejuvenescimento de células humanas ao estender seus telômeros (as sequências de nucleotídeos nas extremidades de um cromossomo que se desgastam com a idade). Se isso funcionar, talvez possa aumentar o máximo para bem mais que 125 anos.

Mas, por enquanto, o melhor conselho que posso dar a todos, exceto alguns leitores notavelmente precoces, é se planejarem com antecedência — embora não com tanta antecedência quanto o século XXII.

COMO O SUOR APRIMOROU AS CAÇADAS

Há dezenas de milhares de anos na África, antes do desenvolvimento de armas com projéteis de longo alcance, nossos ancestrais tinham apenas dois meios de obter carne: se aproveitando dos restos deixados por feras mais fortes ou perseguindo a própria presa. Os seres humanos foram capazes de ocupar o segundo desses nichos ecológicos graças, em parte, a duas grandes vantagens de ser bípede.

A primeira vantagem está em como respiramos. Um quadrúpede só faz uma inspiração por ciclo locomotor, porque seu peito precisa absorver o impacto dos membros anteriores. Nós, porém, podemos escolher outras razões respiratórias, e isso nos permite usar a energia de forma mais flexível. A segunda (e maior) vantagem é nossa extraordinária capacidade de regular a temperatura do corpo, o que nos permite fazer o que leões não podem: correr longas e custosas distâncias sob o sol do meio-dia.

Tudo se resume ao suor. Os dois animais grandes que usamos principalmente para transporte transpiram profusamente em comparação com outros quadrúpedes: em

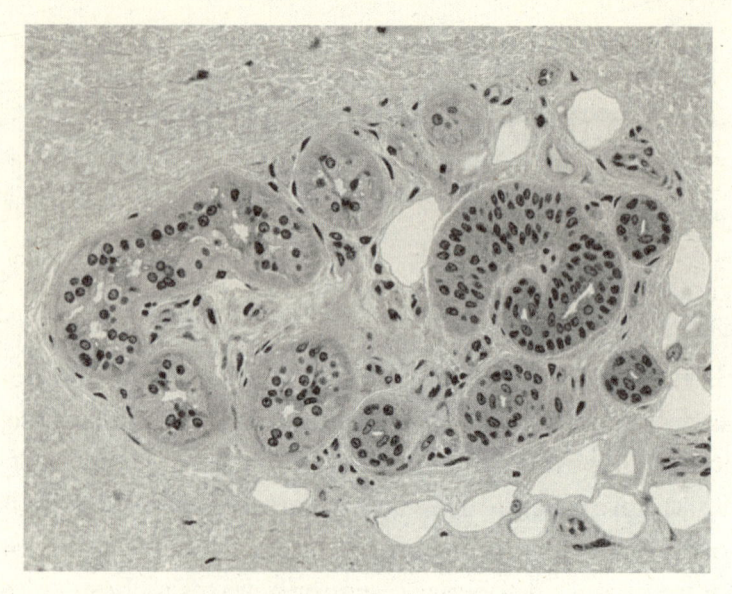

Corte microscópico das glândulas écrinas humanas

uma hora, um cavalo pode perder cerca de 100 gramas de água por metro quadrado de pele, e um camelo, até 250. No entanto, um ser humano pode facilmente perder 500 gramas por metro quadrado, o suficiente para gastar entre 550 e 600 watts em forma de calor. A taxa de pico de suor por hora pode ultrapassar 2 quilos por metro quadrado, e a taxa mais alta de suor de curto prazo registrada até hoje é o dobro desse valor.

Quando o assunto é suor, somos as superestrelas da natureza, e precisamos ser. Um amador correndo uma maratona em ritmo lento consome energia em uma taxa de 700-800 watts, e um maratonista experiente que percorre os 42,2 quilômetros em 2,5 horas metaboliza em uma taxa de aproximadamente 1.300 watts.

Temos outra vantagem quando perdemos água: não precisamos compensar o déficit imediatamente. Os seres humanos podem tolerar uma considerável desidratação temporária, contanto que se reidratem em mais ou menos um dia. Na verdade, os melhores maratonistas bebem apenas cerca de 200 mililitros por hora durante uma corrida.

Juntas, essas vantagens permitiram aos nossos ancestrais não rivalizar com nenhum outro animal na predação diurna com alta temperatura. Não eram mais rápidos que um antílope, é claro, mas, em um dia quente podiam ficar atrás dele até o animal finalmente tombar de exaustão.

Casos documentados de perseguições por longas distâncias provêm de três continentes e incluem alguns dos quadrúpedes mais velozes. Na América do Norte, os tarahumaras, no noroeste do México, eram capazes de correr mais rápido que um veado. Mais ao norte, os paiutes e os navajos conseguiam exaurir os antílopes-americanos. Na África do Sul, os basarwas, do Kalahari, perseguiam uma variedade de antílope e até mesmo gnus e zebras na estação seca. Na Austrália, alguns aborígenes eram mais velozes que os cangurus.

Esses corredores teriam superado até mesmo os corredores modernos com seus caros tênis de corrida: correr com os pés descalços não só reduzia os gastos de energia em cerca de 4% (uma vantagem nada trivial em corridas longas), mas também diminuía o risco de contusões agudas no tornozelo e na parte inferior da perna.

Na corrida da vida, nós, seres humanos, não somos nem os mais rápidos nem os mais eficientes. Mas, graças à nossa capacidade de suar, com certeza somos os mais persistentes.

QUANTAS PESSOAS FORAM NECESSÁRIAS PARA CONSTRUIR A GRANDE PIRÂMIDE?

Dado o tempo transcorrido desde que a Grande Pirâmide de Quéops foi construída (cerca de 4.600 anos), a estrutura — embora despida do liso revestimento de calcário branco que a fazia brilhar de longe — permanece notavelmente intacta, portanto não há discussão sobre seu formato exato (um poliedro com uma base poligonal regular), sua altura original (146,6 metros, incluindo o "piramídeo", ou cume perdido) e seu volume (aproximadamente 2,6 milhões de metros cúbicos).

A Grande Pirâmide de Gizé (Quéops)

No entanto, pode ser que nunca venhamos a saber como ela foi construída, porque todas as explicações comuns apresentam problemas. Construir uma longa rampa teria exigido uma quantidade enorme de material, e erguer as pedras por meio de rampas menores, circundando a estrutura, teria sido arriscado, assim como erguer e alçar mais de 2 milhões de pedras, colocando-as em posição. Mas só porque não sabemos como foi erigida não significa que não possamos dizer, com alguma confiança, quantas pessoas foram necessárias para a tarefa.

Devemos começar com a limitação de tempo de duas décadas, a duração do reinado de Quéops (ele morreu por volta de 2530 a.E.C.). Heródoto, mais de 21 séculos depois de concluída a pirâmide, foi informado, em uma visita ao Egito, que grupos com um total de 100 mil homens trabalharam em turnos de três meses para terminar a estrutura. Em 1974, Kurt Mendelssohn, um físico britânico nascido na Alemanha, estimou a força de trabalho em 70 mil operários sazonais e até 10 mil pedreiros permanentes. Mas essas estimativas são exageradas, e podemos chegar perto do número real recorrendo aos inescapáveis princípios da física.

A energia potencial da Grande Pirâmide (requerida para erguer a massa acima do nível do solo) é de cerca de 2,4 trilhões de joules. Calcular isso é bastante fácil: é o produto da aceleração decorrente da gravidade, da massa da pirâmide e da altura do seu centro de massa (um quarto da altura da pirâmide). Embora a massa não possa ser calculada com exatidão, porque isso depende das densidades específicas do calcário de Tora e da argamassa usada para construir a estrutura, estimo uma média de 2,6 toneladas por metro cúbico. Portanto, a massa total seria de aproximadamente 6,75 milhões de toneladas.

As pessoas são capazes de converter cerca de 20% da energia dos alimentos em trabalho útil, e, para homens esforçados, isso perfaz cerca de 440 quilojoules por dia. Levantar as pedras exigiria, portanto, mais ou menos 5,5 milhões de dias de trabalho (2,4 trilhões divididos por 440 mil), ou aproximadamente 275 mil dias por ano durante 20 anos. E cerca de 900 pessoas poderiam realizar isso trabalhando 10 horas por dia durante 300 dias em um ano. Um número similar de operários poderia ser necessário para assentar as pedras na estrutura ascendente e então fazer o acabamento do revestimento dos blocos (em contraste, muitos dos blocos internos eram irregulares). E, para cortar 2,6 milhões de metros cúbicos de pedra em 20 anos, o projeto teria exigido cerca de 1.500 cortadores na pedreira trabalhando 300 dias por ano e produzindo 0,25 metro cúbico de pedra *per capita* com cinzéis de cobre e malhos de diábase. O total geral da força de trabalho usada na construção seria, então, de aproximadamente 3.300 operários. Mesmo se dobrássemos esse número para levar em conta projetistas, organizadores e supervisores, bem como o trabalho necessário para transporte, reparos de ferramentas, construção e manutenção de moradias no canteiro de obras, preparo de refeições e lavagem de roupas, o total ainda seria de menos de 7 mil trabalhadores.

Na época da construção da pirâmide, a população total do Egito era de 1,5-1,6 milhão de habitantes, portanto aplicar a força de menos de 10 mil pessoas no empreendimento não teria afetado extraordinariamente a economia do país. O desafio teria sido organizar o trabalho; planejar um abastecimento ininterrupto de pedras de construção, incluindo o granito para as estruturas internas (particularmente a câmara central e a imensa galeria decorada com mísulas), que precisava ser trazido de barco do sul do Egito, cerca de 800 quilômetros de Gizé; e prover moradia, roupas e comida para os grupos de trabalho no local da obra.

Na década de 1990, arqueólogos descobriram um cemitério para trabalhadores e as fundações de um assentamento usado para abrigar os construtores das duas outras pirâmides construídas em Gizé posteriormente, indicando que não moravam mais de 20 mil pessoas no sítio. A rápida sequência de construção das duas outras pirâmides (uma para Quéfren, filho de Quéops, começando em 2520 a.E.C.; e a outra para Miquerinos, começando em 2490 a.E.C.) é o melhor testemunho de que as técnicas de construção das pirâmides haviam sido dominadas a tal ponto que erigir aquelas estruturas massivas se tornou um empreendimento comum para os projetistas, administradores e trabalhadores do Império Antigo.

POR QUE A TAXA DE DESEMPREGO NÃO DIZ TUDO

Sabe-se que diversas estatísticas econômicas não são confiáveis, muitas vezes em razão do que é incluído na medição e do que é deixado de fora. O produto interno bruto oferece um bom exemplo de uma medida que deixa de fora externalidades ambientais básicas, tais como a po-

Fila de homens desempregados esperando por comida durante a Grande Depressão

luição do ar e da água, a erosão do solo, a perda de biodiversidade e os efeitos da mudança climática.

Medir o desemprego é também um exercício de exclusão, e as escolhas talvez sejam mais bem ilustradas com dados detalhados dos Estados Unidos. Consumidores casuais de notícias sobre a economia do país estarão familiarizados somente com os números oficiais, que indicam um índice de desemprego total de 3,5% em dezembro de 2019. Mas esse é apenas um dos seis métodos usados pelo Departamento de Estatísticas do Trabalho para quantificar a "subutilização de mão de obra".

Eis os índices, em ordem crescente (referentes a dezembro de 2019). Pessoas desempregadas há 15 semanas ou mais como parcela da força de trabalho civil: 1,2%. Pessoas que perderam o emprego e fizeram trabalhos temporários: 1,6%. Desemprego total como parcela da força de trabalho civil (índice oficial): 3,5%. Total de desempregados mais desalentados (aqueles que desistiram de procurar emprego), como parcela da força de trabalho civil: 3,7%. A categoria anterior ampliada para todas as pessoas "com vínculos precários" (trabalho temporário ou ocasional) à força de trabalho: 4,2%. E, finalmente, a categoria anterior mais aqueles que trabalham somente em período parcial por razões econômicas (isto é, prefeririam trabalhar em período integral): 6,7%. Essas seis medidas apresentam uma variação considerável de valores — o índice de desemprego oficial (U-3) era somente cerca da metade do índice mais abrangente (U-6), que era mais de cinco vezes superior à medida menos abrangente (U-1).

Se você perde o emprego, só vai contar como desempregado se continuar procurando um trabalho novo; se não, você nunca volta a ser contado. É por isso que, ao tentar se aproximar do índice "real" de desemprego, é preciso averiguar a taxa de participação da força de trabalho (o número de pessoas disponíveis para trabalhar como porcentagem da população total), que vem declinando. Em 1950, essa taxa era de apenas 59% nos Estados Unidos e, depois de basicamente aumentar durante meio século, chegou a um pico de 67,3% na primavera de 2000; o declínio subsequente a levou a 62,5% no outono de 2005, e esse valor foi seguido por um vagaroso aumento até 63,2% no fim de 2019. Existem, é claro, diferenças substanciais entre os grupos etários: a taxa mais alta é de cerca de 90%, para homens com idade entre 35 e 44 anos.

As taxas de desemprego na Europa mostram como é difícil relacioná-las com o tecido social de um país ou com a satisfação pessoal de seus habitantes. O índice mais baixo, só um pouco acima de 2%, está na República Tcheca, ao passo que a Espanha suportou anos de desemprego elevado — mais de 23% em 2013 e mais de 14% de toda a população no fim de 2019, e, mesmo depois de cair um pouco, ainda está em 33% entre os jovens em 2019 (este último número indica de forma clara uma realidade deprimente para qualquer um que esteja entrando no mercado de trabalho). Ainda assim, o grau de felicidade dos tchecos (ver o próximo capítulo) é apenas 8% maior que o grau de felicidade dos espanhóis, e a taxa de suicídio na República Tcheca é de mais de 8 por 100 mil habitantes, 3 vezes maior que na Espanha. É verdade que os assaltos são mais comuns em Barcelona do que em Praga, mas a média espanhola é só ligeiramente superior à média britânica — e o desemprego no Reino Unido equivale a um quarto do observado na Espanha.

É óbvio que realidades complexas de (des)emprego nunca são captadas por um número agregado. Muitas pessoas que ficam sem emprego formal vão seguindo com o apoio da família e esquemas de trabalho informal. Muitos dos que têm um emprego em período integral estão infelizes com a parte que lhes cabe, mas não podem mudar de trabalho com facilidade ou de forma alguma, por causa de suas capacitações ou circunstâncias familiares. Os números podem não mentir, mas as percepções individuais dos números diferem.

O QUE TORNA AS PESSOAS FELIZES?

Para responder a essa pergunta, seria muito proveitoso saber quais sociedades se consideram significativamente mais felizes que as outras. E desde 2012 isso é fácil: basta consultar a última edição do Relatório Mundial da Felicidade, publicado anualmente em Nova York pela Rede de Soluções para o Desenvolvimento Sustentável das Nações Unidas. Em 2019 (sintetizando dados e pesquisas de 2016-2018), a Finlândia foi eleita o país mais feliz do mundo pela segunda vez consecutiva, seguida da Dinamarca, da Noruega e da Islândia; a Holanda e a Suíça ficaram só um pouco na frente da Suécia, o que significa que as nações nórdicas levaram 5 das 7 primeiras colocações. O ranking dos 10 primeiros contou também com Nova Zelândia, Canadá e Áustria. O segundo grupo de 10 foi encabeçado pela Austrália e terminou com a República Tcheca: o Reino Unido ocupou o 15º lugar, a Alemanha, o 17º, e os Estados Unidos entraram no ranking dos 20 primeiros raspando, em 19º.

Isso é o que sai na mídia, em admiração aos sempre felizes nórdicos e dando a entender que as riquezas (mal distribuídas) dos Estados Unidos não podem comprar

Felicidade por país
2016-2018

1. Finlândia (7,769)
2. Dinamarca (7,600)
3. Noruega (7,554)
4. Islândia (7,494)
5. Holanda (7,488)
6. Suíça (7,480)
7. Suécia (7,343)
8. Nova Zelândia (7,307)
9. Canadá (7,278)
10. Áustria (7,246)
11. Austrália (7,228)
15. Reino Unido (7,054)
16. Irlanda (7,021)
17. Alemanha (6,985)
19. Estados Unidos (6,892)
20. República Tcheca (6,852)
23. México (6,595)
24. França (6,592)
27. Guatemala (6,436)
28. Arábia Saudita (6,375)
30. Espanha (6,354)
31. Panamá (6,321)
36. Itália (6,223)
43. Colômbia (6,125)
47. Argentina (6,086)
50. Equador (6,028)
51. Kuwait (6,021)
54. Coreia do Sul (5,895)
58. Japão (5,886)
68. Rússia (5,648)
93. China (5,191)
154. Afeganistão (3,203)
155. República Centro-Africana (3,083)
156. Sudão do Sul (2,853)

Legenda:
- PIB *per capita*
- Apoio social
- Expectativa de vida saudável
- Liberdade para fazer escolhas de vida
- Generosidade
- Percepção de corrupção
- Referência + resíduo

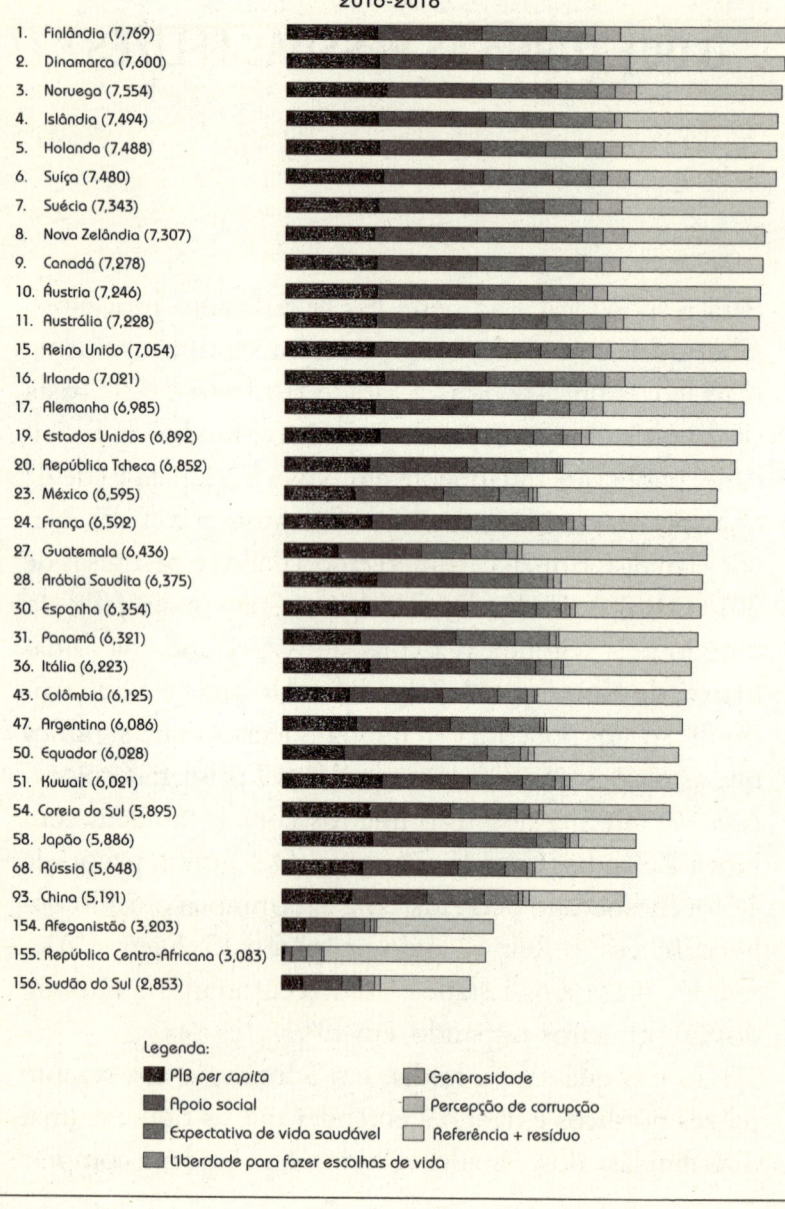

felicidade. O que raramente se informa é o que de fato entra na elaboração desses escores nacionais: PIB *per capita*, apoio social (se a pessoa tem parentes ou amigos com quem pode contar quando enfrenta dificuldades), expectativa de vida saudável (a partir da Lista de Referência Global de 100 Indicadores de Saúde Fundamentais, da Organização Mundial da Saúde), liberdade para fazer escolhas de vida (avaliada numericamente pela pergunta "Qual seu nível de satisfação com sua liberdade de escolher o que faz na vida?"), generosidade ("Você doou dinheiro para uma instituição beneficente no mês passado?") e percepção de corrupção (no governo e na iniciativa privada).

Como todos os índices, esse contém um mix de componentes, incluindo: um indicador notoriamente questionável (PIB nacional convertido em dólares americanos); respostas que não podem ser facilmente comparadas entre culturas (percepção de liberdade de escolha); e escores baseados em variáveis objetivas e reveladoras (expectativa de vida saudável). Essa mistura, por si só, indica que deveria haver uma grande dose de ceticismo em relação a qualquer ranking preciso, e essa sensação é intensamente reforçada quando se olha de perto aquilo que nunca é noticiado: os escores reais dos países (até a terceira casa decimal!) Por coincidência, em 2019 dei palestras nos três países mais felizes do mundo, mas, obviamente, não fui capaz de notar que os finlandeses (7,769) são 2,2% mais felizes que os dinamarqueses (7,600), que, por sua vez, são 0,6% mais felizes que os noruegueses. O absurdo de tudo isso é óbvio. Até mesmo o Canadá, o 9º ranking, tem um escore combinado que é somente 6,3% mais baixo que o da Finlândia. Dadas todas as incertezas inerentes relativas às variáveis constituintes e sua soma simplista, não ponderada, não seria mais preciso, mais honesto (e, é claro, menos digno da atenção da mídia), pelo menos arredondar os escores para a unidade mais próxima? Ou, melhor ainda, não ranquear individualmente e dizer quais são os 10 ou 20 países que estão na frente no ranking?

E há uma notável falta de correlação entre felicidade e suicídio. Ao se colocarem essas variáveis referentes a todos os países europeus em um gráfico, percebe-se a total ausência de relação. De fato, alguns dos países mais felizes têm taxas de suicídio relativamente altas, e alguns lugares bastante infelizes têm uma frequência de suicídios bem baixa.

Mas, além de ser nórdico e rico, o que torna pessoas felizes? Países que parecem fora de lugar no ranking fornecem pistas fascinantes. Infelizmente, é de esperar que Afeganistão, República Centro-Africana e Sudão do Sul sejam os três países menos felizes entre as 156 nações ranqueadas (guerras civis vêm destruindo esses países há muito tempo). Mas o México (um narcoestado com taxas relativamente altas de violência e assassinatos) em 23º lugar, na frente da França? Guatemala na frente da Arábia Saudita? Panamá na frente da Itália? Colômbia na frente do Kuwait? Argentina na frente do Japão? E Equador na frente da Coreia do Sul? Claramente, esses pares formam um padrão notável: os segundos são mais ricos (muitas vezes bem mais ricos), mais estáveis, menos violentos e oferecem uma vida consideravelmente mais fácil do que os primeiros países de cada par, cujas características comuns são óbvias — podem ser relativamente pobres, problemáticos e até mesmo violentos, mas são todos ex--colônias espanholas e, portanto, de maioria esmagadora católica. E todos eles estão entre os 50 primeiros (o Equador está no 50º lugar), bem à frente do Japão (58º) e muito à frente da China (93º), que tem sido vista por ocidentais ingênuos como um verdadeiro paraíso econômico cheio de compradores felizes. Mas, embora Louis Vuitton possa estar faturando uma nota na China, nem os imensos shopping centers nem a liderança do partido onisciente tornam a China feliz; até mesmo os cidadãos da Nigéria (85º), país disfuncional e muito mais pobre, se sentem mais felizes.

As lições são claras: se você não consegue entrar nos 10 primeiros (não sendo nórdico, holandês, suíço, kuwaitiano ou canadense), converta-se ao catolicismo e comece a aprender espanhol. *¡Buena suerte con eso!*

A ASCENSÃO DAS MEGACIDADES

A modernidade significa muitas coisas: riqueza e mobilidade crescentes; comunicação barata e instantânea; abundância de comida disponível; maior expectativa de vida. Mas um observador extraterrestre que enviasse sondas de reconhecimento periodicamente para a Terra ficaria impressionado com uma mudança facilmente observável do espaço: a crescente urbanização que faz as cidades invadirem, como amebas, a zona rural, criando enormes manchas de luz intensa através da noite.

Em 1800, menos de 2% da população mundial vivia em cidades; em 1900, a parcela ainda era de apenas 5%. Em 1950, havia chegado a 30%, e 2007 foi o primeiro ano em que mais da metade da humanidade passou a morar em cidades. Em 2016, uma extensa pesquisa das Nações Unidas constatou que havia 512 cidades com uma população superior a 1 milhão de pessoas, sendo que 45 delas tinham mais que 5 milhões e 31, mais de 10 milhões. Esse grupo das maiores tem um nome especial: "megacidades".

A contínua concentração da humanidade em cidades cada vez maiores é motivada pelas vantagens advindas da aglomeração de pessoas, conhecimento e atividades, muitas vezes devido à colocação de empresas semelhantes: no nível global, pense em Londres e Nova York, as capitais financeiras, e em Shenzhen, na província de Guangdong, na China, a capital dos produtos eletrônicos. A economia de escala reduz gastos; promove a interação entre produtores, fornecedores e consumidores; fornece aos negócios mais mão de obra e conhecimento especializado diversificado; e (apesar da aglomeração e dos problemas ambientais) oferece uma qualidade de vida que atrai talentos, muitas vezes de todo o mundo. As cidades são lugares de incontáveis sinergias e oportunidades de investimento e oferecem educação superior e carreiras gratificantes. É por isso que muitas cidades menores, assim como a zona rural, estão perdendo população, ao passo que as megacidades continuam crescendo.

Ranquear as cidades por tamanho não é tão simples, porque os limites administrativos geram números diferentes daqueles que obtemos quando as megacidades são consideradas unidades funcionais. Tóquio, a maior megacidade do mundo, tem 8 definições territoriais ou estatísticas diferentes, das 23 alas da cidade velha, com menos de 10 milhões de pessoas, até a Região da Capital Nacional, com quase 45 milhões. A definição usada pela administração pública é a de Região Metropolitana de Tóquio (*Tōkyō daitoshi-ken*), definida pelo acesso de transporte em um raio de 70 quilômetros a partir das duas torres do imenso Edifício do Governo Metropolitano (*Tōkyō tochō*), em Shinjuku: a região abriga hoje cerca de 39 milhões de pessoas.

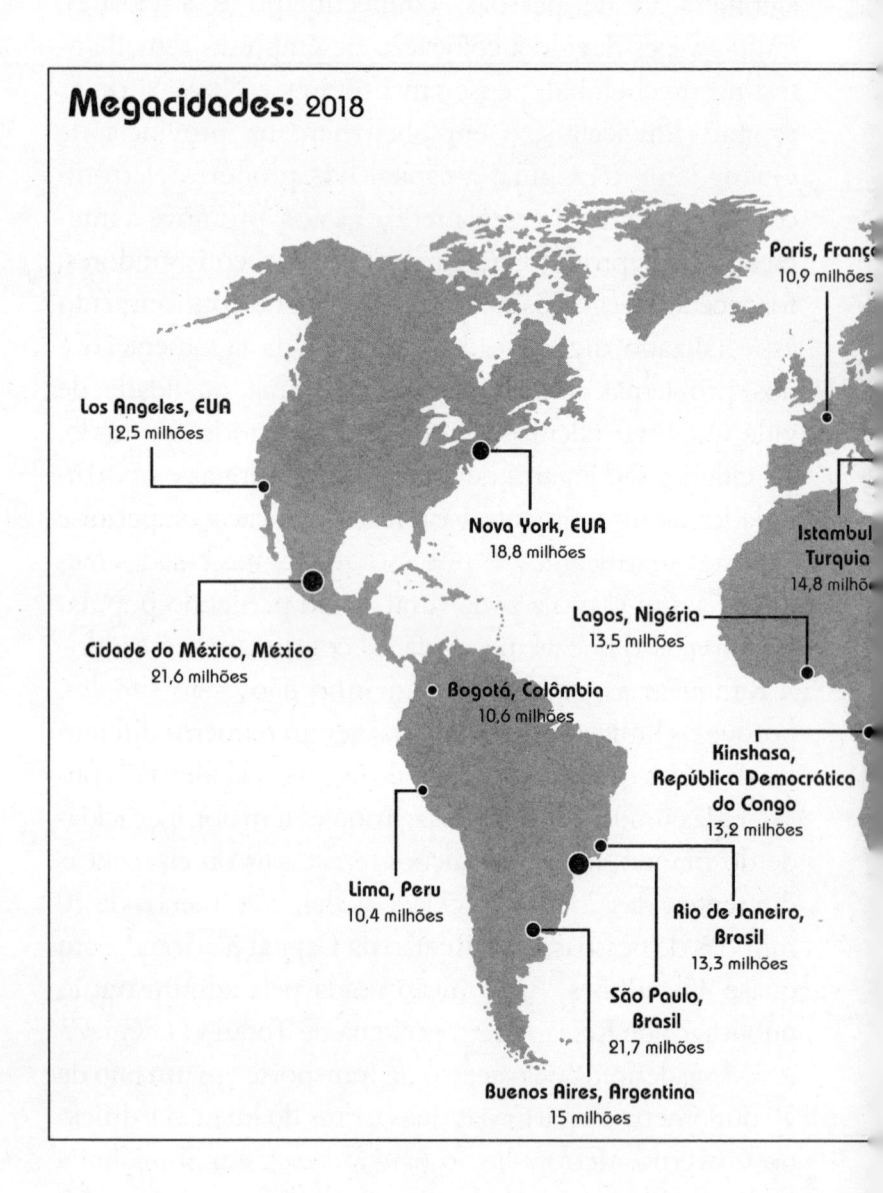

Megacidades: 2018

Paris, França
10,9 milhões

Los Angeles, EUA
12,5 milhões

Nova York, EUA
18,8 milhões

Istambul, Turquia
14,8 milhões

Cidade do México, México
21,6 milhões

Lagos, Nigéria
13,5 milhões

Bogotá, Colômbia
10,6 milhões

Kinshasa, República Democrática do Congo
13,2 milhões

Lima, Peru
10,4 milhões

Rio de Janeiro, Brasil
13,3 milhões

São Paulo, Brasil
21,7 milhões

Buenos Aires, Argentina
15 milhões

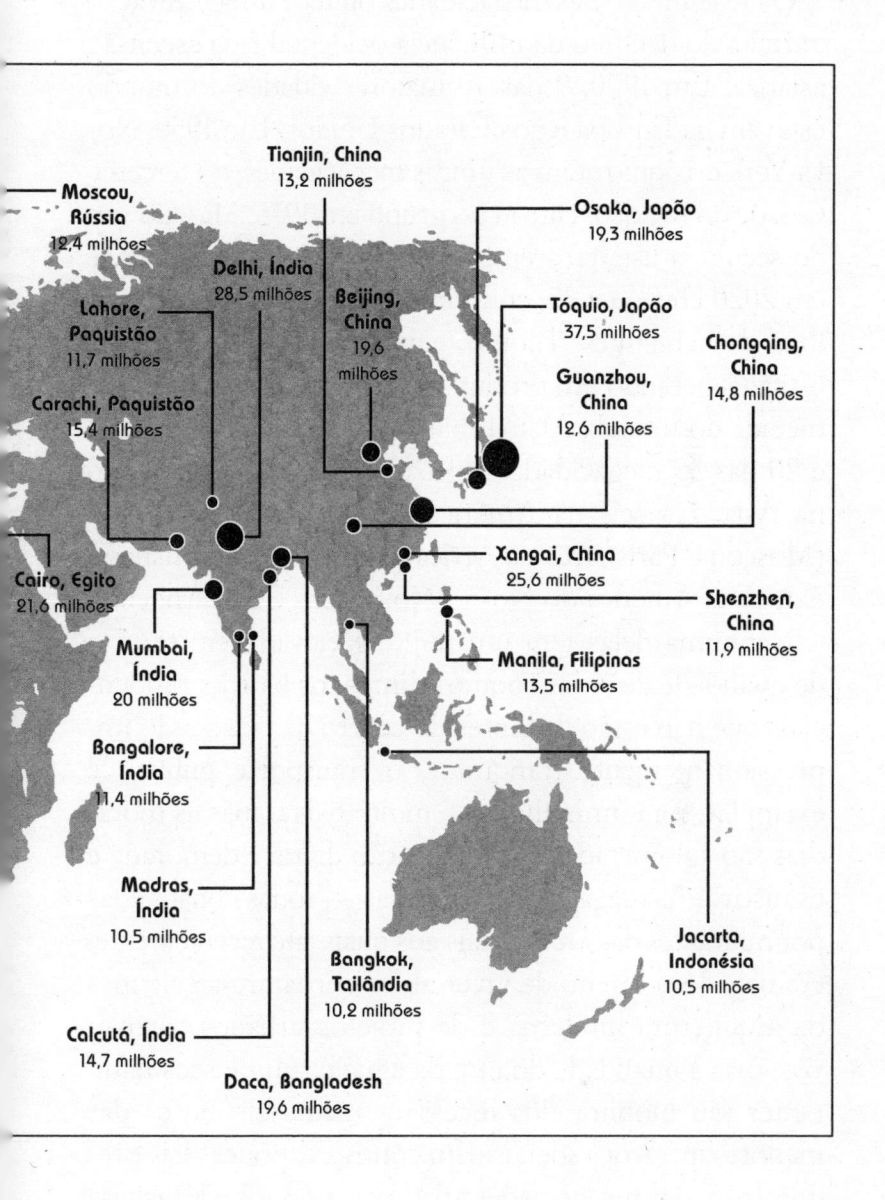

- Moscou, Rússia — 12,4 milhões
- Tianjin, China — 13,2 milhões
- Osaka, Japão — 19,3 milhões
- Delhi, Índia — 28,5 milhões
- Lahore, Paquistão — 11,7 milhões
- Beijing, China — 19,6 milhões
- Tóquio, Japão — 37,5 milhões
- Chongqing, China — 14,8 milhões
- Carachi, Paquistão — 15,4 milhões
- Guanzhou, China — 12,6 milhões
- Cairo, Egito — 21,6 milhões
- Xangai, China — 25,6 milhões
- Shenzhen, China — 11,9 milhões
- Mumbai, Índia — 20 milhões
- Manila, Filipinas — 13,5 milhões
- Bangalore, Índia — 11,4 milhões
- Madras, Índia — 10,5 milhões
- Jacarta, Indonésia — 10,5 milhões
- Bangkok, Tailândia — 10,2 milhões
- Calcutá, Índia — 14,7 milhões
- Daca, Bangladesh — 19,6 milhões

O crescimento das megacidades oferece uma ilustração perfeita do declínio da influência ocidental e da ascensão asiática. Em 1900, 9 das 10 maiores cidades do mundo estavam na Europa e nos Estados Unidos. Em 1950, Nova York e Tóquio eram as únicas megacidades, e a terceira, Cidade do México, entrou no grupo em 1975. Mas, no fim do século, a lista cresceu até englobar 18 megacidades, e em 2020 chegou a 35, com um total de mais de meio bilhão de habitantes. Tóquio (com mais habitantes que o Canadá, gerando um produto econômico igual a cerca de metade do total da Alemanha) continua no topo da lista, e 20 das 35 megacidades (aproximadamente 60%) estão na Ásia. Há seis na América Latina, duas na Europa (Moscou e Paris), três na África (Cairo, Lagos, Kinshasa) e duas na América do Norte (Nova York e Los Angeles).

Nenhuma delas tem um ranking elevado em termos de qualidade de vida: Tóquio é limpa, os bairros residenciais que não estão distantes do centro da cidade são impressionantemente tranquilos, o transporte público é exemplar, e a criminalidade é muito baixa; mas as moradias são aglomeradas e a locomoção diária é demorada e exaustiva. As megacidades chinesas — todas construídas por migrantes das áreas rurais aos quais (até recentemente) era negado o direito de viver ali — tornaram-se vitrines da arquitetura moderna e de projetos urbanos ostensivos, mas a qualidade do ar e da água é ruim e seus habitantes são monitorados incessantemente em busca das menores infrações sociais. Em contraste, poucas leis predominam nas megacidades africanas, e Lagos e Kinshasa são o próprio retrato da desorganização, da miséria e da decadência ambiental. Mas tudo isso faz pouca diferença; todas as megacidades — não importa se é Tóquio (com o maior número de restaurantes consagrados pela crítica), Nova York (com a maior parcela da população nascida no exterior) ou Rio de Janeiro (com uma taxa de homicídios que se aproxima de 40 por 100 mil) — continuam a atrair pessoas. E as Nações Unidas preveem o surgimento de outras 10 megacidades até 2030: seis na Ásia (incluindo Ahmedabad e Hyderabad, na Índia), três na África (Joanesburgo, Dar es-Salaam, Luanda) e Bogotá, na Colômbia.

PAÍSES:
NAÇÕES NA ERA DA GLOBALIZAÇÃO

AS TRAGÉDIAS PROLONGADAS DA PRIMEIRA GUERRA MUNDIAL

Nos últimos tempos, poucos centenários tiveram uma repercussão tão grande quanto o que marcou o fim do primeiro conflito armado envolvendo todo o planeta, em novembro de 2018. A enorme carnificina deixou cicatrizes na memória de toda uma geração, mas seu legado mais trágico foram os domínios comunista na Rússia (1917), fascista na Itália (1922) e nazista na Alemanha (1933). Essas circunstâncias levaram à Segunda Guerra Mundial, que matou ainda mais gente e deixou consequências diretas e indiretas — inclusive a Organização do Tratado do Atlântico Norte (Otan) *vs.* Rússia, e a divisão da Coreia — que ainda atormentam nossas vidas.

Embora a Segunda Guerra Mundial tenha sido mais fatal, pode-se argumentar que a Primeira Guerra constituiu o desastre crítico, pois deu origem a muitas coisas que se seguiram depois. É verdade que a Segunda Guerra empregou muito mais inovações em poder destrutivo, inclusive os aviões de combate mais rápidos já alimentados por motores alternativos; enormes bombardeiros de quatro motores (os B-17); mísseis (os V-1 e V-2 alemães); e,

Batalha do Somme, 1916: tropas britânicas e o tanque *Mark I*

no fim da guerra, as bombas nucleares que destruíram Hiroshima e Nagasaki.

Em comparação, a Primeira Guerra Mundial, com suas frentes de trincheiras que mal avançavam, foi decididamente um conflito menos dinâmico. Mas uma análise mais cuidadosa mostra que os avanços puramente técnicos foram, na verdade, fundamentais para prolongar a duração da guerra e elevar o número de mortos.

Deixando de lado o uso de gases venenosos em combate (nunca mais repetido nessa escala), vários aspectos-chave dos artefatos bélicos modernos foram desenvolvidos e até mesmo aperfeiçoados durante o primeiro conflito. Os primeiros submarinos movidos a diesel foram utilizados em longas incursões para atacar comboios de navios mercantes. Os primeiros tanques foram empregados em combate. Os primeiros bombardeios, tanto por dirigíveis quanto por aviões, foram organizados. O primeiro porta-aviões com aeronaves prontas para combate foi lançado em 1914. Os franceses testaram com sucesso transmissores portáteis que possibilitavam a comunicação por voz de ar para terra em 1916 e de ar para ar em 1917, dando início à longa jornada rumo a componentes eletrônicos cada vez menores e mais duráveis.

Mas, em meio a esses avanços, precisamos destacar a portentosa inovação que permitiu a uma Alemanha sitiada resistir em duas frentes de combate por quatro anos: a síntese da amônia. Quando a guerra começou, a Marinha britânica bloqueou as importações que chegavam à Alemanha vindas do Chile com os nitratos necessários para produzir explosivos. Mas, graças a uma notável coincidência, a Alemanha foi capaz de se abastecer com nitratos feitos em casa. Em 1909, Fritz Haber, professor da Universidade de Karlsruhe, concluiu a longa busca pela síntese da amônia a partir de seus elementos, combinando o nitrogênio e o hidrogênio sob alta pressão e na presença de um catalisador para formar a amônia (NH_3).

Em outubro de 1913, a Basf — o maior conglomerado químico do mundo à época, sob o comando de Carl Bosch — comercializou o processo na primeira fábrica de amônia do mundo, em Oppau, na Alemanha. Essa amônia sintética deveria ser usada na produção de fertilizantes sólidos, tais como nitrato de sódio ou amônio (ver O MUNDO SEM AMÔNIA SINTÉTICA, na seção Alimentos).

No entanto, a guerra começou menos de um ano depois, e, em vez de converter amônia em fertilizantes, a Basf começou a produzir em massa o composto para conversão em ácido nítrico a ser usado na síntese de explosivos de guerra. Uma fábrica de amônia maior foi inaugurada em abril de 1917 em Leuna, a oeste de Leipzig, e a produção combinada das duas fábricas foi suficiente para suprir a necessidade de explosivos da Alemanha até o fim da guerra.

A nova capacidade da indústria de encontrar maneiras para contornar possíveis desabastecimentos ajudou a arrastar a Primeira Guerra Mundial, adicionando milhões de vítimas. Essa aterradora evolução moderna desmente a imagem primitiva da guerra, tantas vezes retratada como prolongados impasses em trincheiras lamacentas, e pavimenta o caminho para uma carnificina ainda maior na geração seguinte.

OS ESTADOS UNIDOS SÃO MESMO UM PAÍS EXCEPCIONAL?

A crença no "excepcionalismo norte-americano" — aquela mistura única de ideais, ideias e amor pela liberdade que se tornou tão poderosa devido a grandes realizações técnicas e econômicas — está viva e passa bem. Até mesmo o ex-presidente Obama, conhecido por sua abordagem racional de governo e, portanto, dono de um endosso relutante, para dizer o mínimo, se manifestou. No começo do seu mandato (em abril de 2009), ele afirmou sua crença ao essencialmente negá-la: "Acredito no excepcionalismo americano, assim como desconfio que os britânicos acreditem no excepcionalismo britânico e os gregos acreditem no excepcionalismo grego." Em maio de 2014, ele cedeu: "Acredito no excepcionalismo americano com cada fibra do meu ser."

Mas tais afirmações não significam nada se não fizerem jus aos fatos. E aqui o que realmente importa não é o produto interno bruto do país nem o número de mísseis em estoque ou de patentes que possa possuir, mas as variáveis que verdadeiramente capturem o bem-estar físico e intelectual dos cidadãos. Essas variáveis são: vida, morte e conhecimento.

EXPECTATIVA DE VIDA
Anos

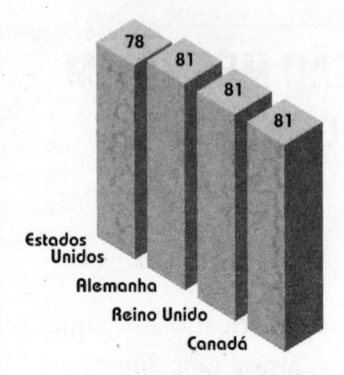

- Estados Unidos: 78
- Alemanha: 81
- Reino Unido: 81
- Canadá: 81

Estados Unidos	Alemanha
28º	24º
Reino Unido	**Canadá**
22º	13º

(36 países da OCDE)

MORTALIDADE INFANTIL
Mortes por mil nascidos vivos

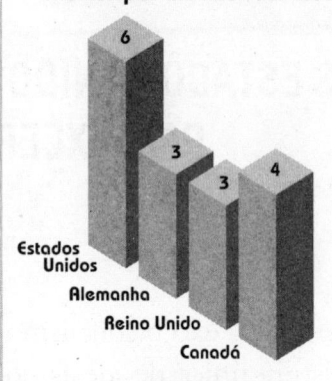

- Estados Unidos: 6
- Alemanha: 3
- Reino Unido: 3
- Canadá: 4

Estados Unidos	Alemanha
33º	19º
Reino Unido	**Canadá**
24º	30º

(36 países da OCDE)

OBESIDADE
% da população

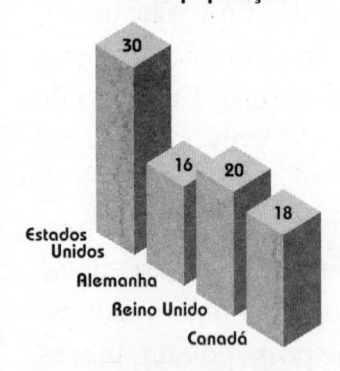

- Estados Unidos: 30
- Alemanha: 16
- Reino Unido: 20
- Canadá: 18

Estados Unidos	Alemanha
1º	19º
Reino Unido	**Canadá**
3º	4º

(36 países da OCDE)

FELICIDADE
Mais alto, 7,769; mais baixo, 2,853

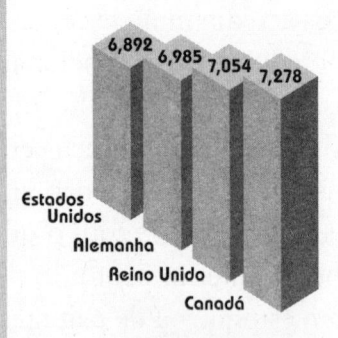

- Estados Unidos: 6,892
- Alemanha: 6,985
- Reino Unido: 7,054
- Canadá: 7,278

Estados Unidos	Alemanha
19º	17º
Reino Unido	**Canadá**
15º	9º

(156 países)

A mortalidade infantil é um excelente parâmetro para representar uma série abrangente de condições, inclusive renda, qualidade de moradia, alimentação, educação e investimento em saúde. Poucos bebês morrem em países ricos, onde as pessoas vivem em boas habitações e onde pais com alto grau de escolaridade (eles próprios bem alimentados) alimentam seus filhos adequadamente e têm acesso a cuidados médicos (ver Que tal a mortalidade infantil como o melhor indicador de qualidade de vida?). Então, qual é a posição dos Estados Unidos entre os aproximadamente 200 países do mundo? A última comparação disponível mostra que, se consideramos o número de 6 bebês que morrem no primeiro ano de vida a cada mil nascidos vivos, os Estados Unidos não figuram entre as 25 primeiras nações. A mortalidade infantil no país é muito mais alta do que na França (4), na Alemanha (3) e no Japão (2), sendo, inclusive, 50% mais alta do que na Grécia (4), um país retratado na imprensa como um caso perdido desde a crise financeira.

Justificar esse péssimo indicador dizendo que os países europeus têm populações homogêneas não funciona: a França e a Alemanha modernas estão cheias de imigrantes (basta passar algum tempo em Marselha ou em Düsseldorf). O que mais importa é o conhecimento parental, uma boa alimentação, a extensão da desigualdade econômica e o acesso a serviços de saúde universais, sendo os Estados Unidos (notoriamente) o único país rico da contemporaneidade sem este último item.

Ao olhar para o fim da viagem, obtém-se um resultado quase tão ruim quanto: a expectativa de vida nos Estados Unidos (quase 79 anos para ambos os sexos) não faz o país figurar nem entre os 24 primeiros no ranking mundial, colocando-se — mais uma vez — atrás da Grécia (cerca de 81) e da Coreia do Sul (quase 83). Os canadenses vivem, em média, três anos a mais, e os japoneses (cerca de 84), quase seis anos a mais.

As conquistas educacionais dos estudantes americanos (ou a falta delas) são examinadas com cuidado a cada nova edição do Programa Internacional de Avaliação de Estudantes (PISA, na sigla em inglês), da Organização para a Cooperação de Desenvolvimento Econômico (OCDE). Os últimos resultados (2018) relativos a estudantes de 15 anos mostram que, em matemática, os Estados Unidos estão logo abaixo da Rússia, da Eslováquia e da Espanha, mas bem abaixo do Canadá, da Alemanha e do Japão. Em ciências, os alunos americanos se classificam logo abaixo do escore médio do PISA (497 contra 501); em letramento em leitura, mal passam da média (498 contra 496) — e estão muito atrás de todos os países ocidentais ricos e populosos. O PISA, como qualquer avaliação desse tipo, tem suas deficiências, mas as diferenças grandes em rankings relativos são claras: não há indício algum de conquistas educacionais excepcionais no que tange aos Estados Unidos.

Os leitores norte-americanos poderão achar esses fatos desconcertantes, mas são indiscutíveis. Nos Estados Unidos, há uma probabilidade maior de que os bebês morram e uma probabilidade menor de que os estudantes no colégio aprendam em comparação com seus pares de outros países ricos. Os políticos podem procurar evidências do excepcionalismo norte-americano o quanto quiserem, mas não o encontrarão nos números, que é onde importa.

POR QUE A EUROPA DEVERIA FICAR MAIS CONTENTE CONSIGO MESMA

Em 1º de janeiro de 1958, Bélgica, França, Itália, Luxemburgo, Holanda e Alemanha Ocidental formaram em conjunto a Comunidade Econômica Europeia (CEE), com o objetivo de promover a integração econômica e o livre-comércio em uma união aduaneira.

Embora as metas imediatas fossem explicitamente econômicas, as aspirações da CEE sempre foram muito mais elevadas. No documento de fundação, o Tratado de Roma, os Estados-membros declaravam sua determinação na "criação de uma união cada vez mais estreita entre os povos da Europa" e na "promoção de um progresso econômico e social equilibrado e sustentável, nomeadamente mediante a criação de um espaço sem fronteiras internas". Naquele momento, esses objetivos pareciam ser bastante irrealistas: a Europa estava dividida não só por preconceitos e desigualdades econômicas nacionais, mas também, de modo mais fundamental, pela Cortina de Ferro, que se estendia do Báltico ao mar Negro, com as nações a leste sendo controladas por Moscou.

O controle soviético foi reafirmado após o fracasso da Primavera de Praga, em 1968 (com as tentativas de reforma na Tchecoslováquia terminando na invasão soviética do país), enquanto a CEE continuava a aceitar novos membros: Reino Unido, Irlanda e Dinamarca, em 1973; Grécia em 1981; Espanha e Portugal, em 1986. E então, depois do colapso da União Soviética, em 1991, o caminho se abriu para a integração pan-europeia. Em 1993, o Tratado de Maastricht estabeleceu a União Europeia; em 1999, foi criada uma moeda comum, o euro; e agora 27 países pertencem ao bloco.

A União Europeia abriga pouco mais de 500 milhões de pessoas, menos de 7% da população global, mas gera aproximadamente 24% do produto econômico mundial, contra 22% dos Estados Unidos. O bloco responde por cerca de 16% das exportações globais — um terço a mais que os Estados Unidos —, incluindo carros, aviões, produtos farmacêuticos e bens de luxo. Além disso, quase metade de seus 27 membros está entre os 30 primeiros países do mundo em termos de qualidade de vida, conforme o Índice de Desenvolvimento Humano das Nações Unidas.

Ainda assim, hoje, a União Europeia está testemunhando crescentes preocupações e desafetos. Os laços estão se afrouxando, e o Reino Unido acabou de sair do bloco.

Na Europa, os comentaristas oferecem intermináveis explicações sobre esse novo ânimo centrífugo: o excessivo controle burocrático exercido por Bruxelas; a reafirmação da soberania nacional; e escolhas econômicas e políticas equivocadas, notavelmente a adoção de uma moeda comum sem responsabilidade fiscal comum.

Porcentagem de europeus que dizem que a União Europeia...

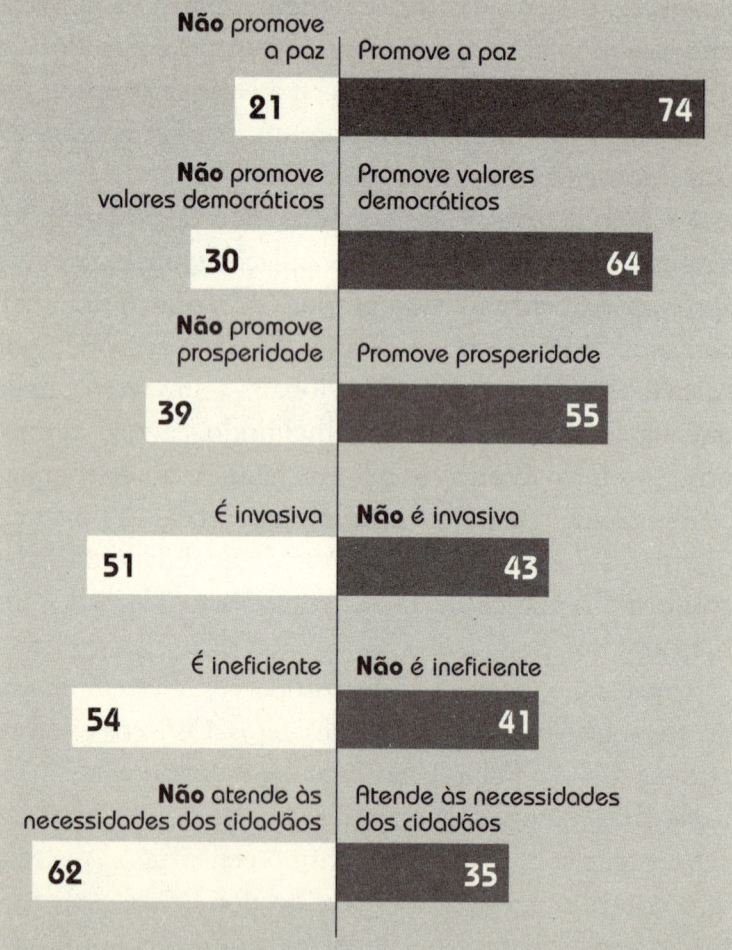

Não promove a paz	Promove a paz
21	74
Não promove valores democráticos	Promove valores democráticos
30	64
Não promove prosperidade	Promove prosperidade
39	55
É invasiva	**Não** é invasiva
51	43
É ineficiente	**Não** é ineficiente
54	41
Não atende às necessidades dos cidadãos	Atende às necessidades dos cidadãos
62	35

Nota: As porcentagens são medianas baseadas em 10 países europeus.

Devo confessar que estou intrigado. Como alguém que nasceu durante a ocupação nazista, que cresceu do lado errado da Cortina de Ferro e cuja história familiar é típica das origens nacionais e linguísticas frequentemente complicadas da Europa, considero a situação do continente hoje — mesmo com todas as suas deficiências — impressionante, boa demais para ser verdade. Essas conquistas são certamente dignas de esforços redobrados para mantê-las unidas.

No entanto, décadas de paz e prosperidade têm sido menosprezadas, e lapsos e dificuldades (alguns inevitáveis, outros imperdoáveis) têm servido para reacender velhos vieses e animosidades. Meu desejo para a Europa é: trabalhem para que dê certo. Um fracasso não pode ser contemplado de maneira leviana.

BREXIT: O QUE MAIS IMPORTA NÃO VAI MUDAR

O que vai ser realmente diferente no Reino Unido pós-Brexit? É claro que muita coisa já mudou no período inesperadamente demorado que antecedeu o acontecimento, e o que ocorreu pode ser bem descrito assim: o país passou por um desorientador período de acusações, amargura, condenações, delírios, falsificações, ilusões, recriminações e testes de sua civilidade.

Mas o que vai mudar de verdade em 5 ou 10 anos nesse novo caminho no que diz respeito às determinantes fundamentais da vida da nação? O mais importante vem em primeiro lugar. Todos nós temos que comer, e as sociedades modernas têm tido extraordinário sucesso em fornecer uma variedade sem precedentes de alimentos por um custo geralmente acessível. Precisamos prover de energia nossas edificações, nossas indústrias e nosso transporte por meio de fluxos incessantes de combustível e eletricidade. Precisamos produzir — e renovar — os alicerces materiais das nossas sociedades, fabricando, construindo e fazendo a manutenção. E precisamos adequar infraestruturas (escolas, hospitais e cuidado com idosos) para educar pessoas e cuidar delas na doença e na velhice. Todo o restante é secundário.

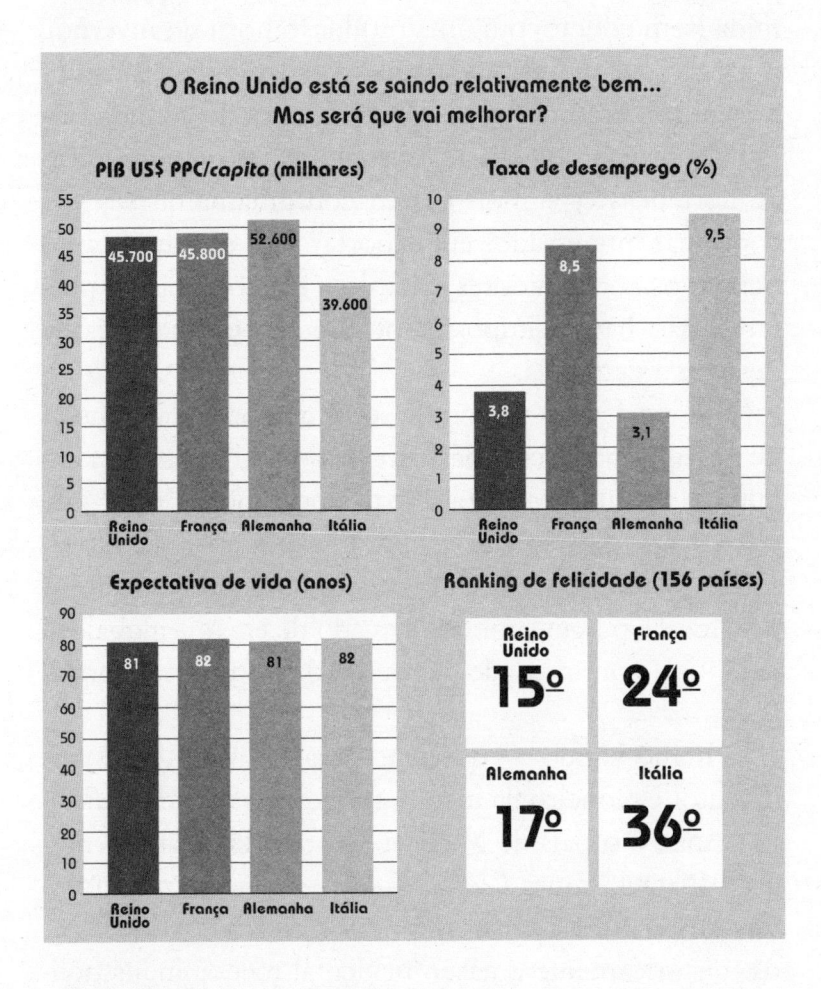

**O Reino Unido está se saindo relativamente bem...
Mas será que vai melhorar?**

PIB US$ PPC/capita (milhares)
- Reino Unido: 45.700
- França: 45.800
- Alemanha: 52.600
- Itália: 39.600

Taxa de desemprego (%)
- Reino Unido: 3,8
- França: 8,5
- Alemanha: 3,1
- Itália: 9,5

Expectativa de vida (anos)
- Reino Unido: 81
- França: 82
- Alemanha: 81
- Itália: 82

Ranking de felicidade (156 países)
- Reino Unido: 15º
- França: 24º
- Alemanha: 17º
- Itália: 36º

Em todos esses escores, as contagens são claras. O Reino Unido não é autossuficiente em produção de alimentos há alguns séculos, e sua dependência de importações duplicou de aproximadamente 20% no começo dos anos 1980 para 40% em anos recentes; e, no curto prazo, nada, exceto um racionamento draconiano de comida (sem contar com uma produção nova no inverno), pode reduzir significativamente essa dependência de importados. Três quartos das importações de comida britânicas provêm da União Europeia, mas os produtores de hortaliças espanhóis e de bacon dinamarqueses vão continuar interessados em exportar seus produtos tanto quanto os consumidores britânicos em comprá-los, portanto não haverá impostos ou precificação capazes de destruir a demanda.

O Reino Unido deixou de ser um exportador líquido de energia (petróleo e gás natural do mar do Norte) em 2003, e, nos últimos anos, o país importou 30%-40% de sua energia primária — sobretudo gás natural. Novamente, não devem ocorrer grandes mudanças no futuro próximo, e o bem suprido mercado de energia global vai garantir a continuidade de preços de importação razoáveis.

O Reino Unido — que um dia já foi o principal país inventor e pioneiro da manufatura moderna e cientificista (afinal, é o país de Michael Faraday, Isambard Kingdom Brunel, James Clerk Maxwell e Charles Algernon Parsons) — já está mais desindustrializado que o Canadá, historicamente a nação ocidental menos industrializada. Em 2018, a manufatura respondia por 9% do PIB britânico, em comparação com 10% no Canadá, 11% nos Estados Unidos e, respectivamente, 19%, 21% e 27% nas superpotências manufatureiras remanescentes, como

Japão, Alemanha e Coreia do Sul... E 32% na Irlanda, cujo percentual bate até mesmo os 29% da China. Ainda assim, mais uma vez, não deve haver qualquer mudança brusca nos arranjos políticos que possa reverter essa tendência histórica.

Como no restante da Europa, a educação moderna do Reino Unido priorizou excessivamente a quantidade em detrimento da qualidade, o sistema de saúde opera com muitas restrições já estudadas (que podem ser ilustradas pelos inúmeros relatos de funcionários do Serviço Nacional de Saúde sobre hospitais sobrecarregados), e a população vai exigir mais recursos conforme envelhece. A razão de dependência de idosos (porcentagem de pessoas com 65 anos ou mais entre todas as pessoas economicamente ativas de 20-64 anos), que ficou em 32% em 2020, ainda que ligeiramente menor que o observado na França ou na Alemanha, chegará a 47% até 2050. Nem uma intervenção governamental, nem uma declaração de soberania recuperada, nem a separação dos burocratas de Bruxelas terão qualquer efeito sobre esse processo inexorável.

Considerando esses dados fundamentais, um observador racional se perguntaria que diferenças tangíveis, que benefícios claros uma reafirmação da insularidade britânica poderia trazer. Podem-se pintar alegações falsas em ônibus, fazer promessas extravagantes, inspirar um sentido efêmero de orgulho ou satisfação, mas nenhum desses fatores intangíveis pode mudar aquilo em que o Reino Unido se tornou: uma nação que envelhece; um país desindustrializado e desgastado, cujo PIB *per capita* é só um pouco maior que a média irlandesa (algo que Swift, Gladstone ou Churchill teriam considerado inimaginável); uma antiga potência que já deixou de sê-lo, que repousa sua singularidade em príncipes problemáticos e séries de TV que se passam em mansões campestres decadentes, com um número exagerado de criados.

PREOCUPAÇÕES COM O FUTURO DO JAPÃO

Em 2 de setembro de 1945, representantes do governo japonês assinaram o instrumento de rendição no convés do *USS Missouri*, ancorado na baía de Tóquio. Assim terminou talvez a mais temerária de todas as guerras modernas, cujo resultado foi decidido pela superioridade técnica americana antes mesmo de ter começado. O Japão já tinha perdido em termos materiais quando atacou Pearl Harbor. Em 1940, os Estados Unidos produziam cerca de 10 vezes mais aço que o Japão, e, durante a guerra, a diferença cresceu ainda mais.

A devastada economia japonesa só se recuperou do pico pré-guerra a partir de 1953. Mas, àquela altura, as fundações da espetacular ascensão do país haviam sido assentadas. Em pouco tempo, suas exportações de venda rápida abrangiam desde os primeiros rádios transistorizados (Sony) até os primeiros petroleiros gigantes de petróleo cru (Sumitomo). O primeiro Honda Civic chegou aos Estados Unidos em 1973, e em 1980 os carros japoneses representavam 30% do mercado americano. Em 1973-1974, o Japão, que dependia das importações de petróleo cru, foi duramente atingi-

População japonesa ao longo do tempo

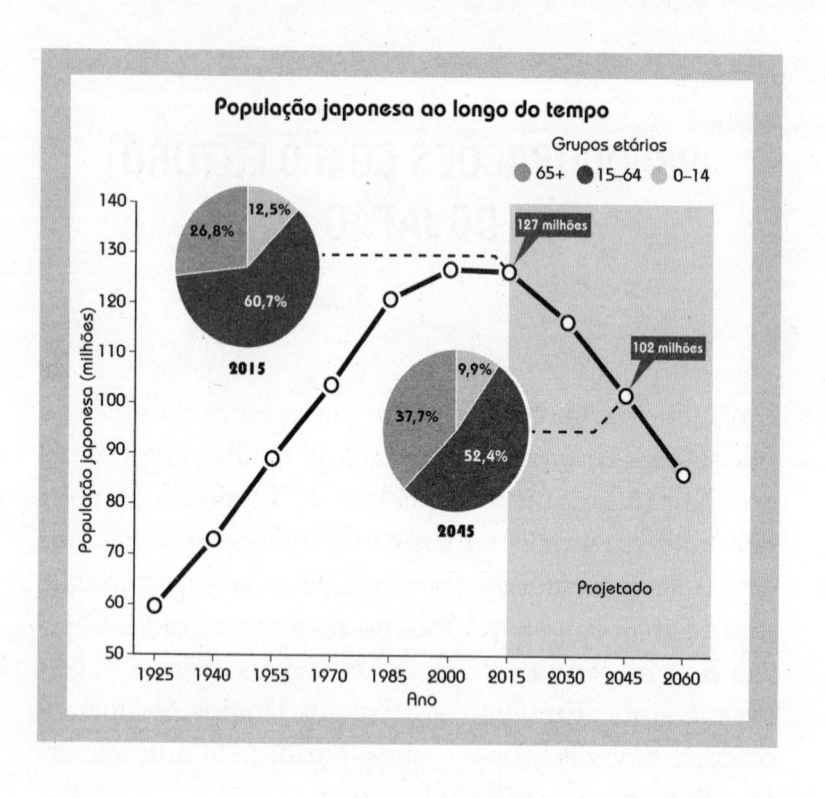

Grupos etários: 65+, 15–64, 0–14

2015: 12,5% / 60,7% / 26,8%
2045: 9,9% / 52,4% / 37,7%

127 milhões
102 milhões

Projetado

do pela decisão da Organização dos Países Exportadores de Petróleo (Opep) de quintuplicar o preço de suas exportações, mas se ajustou rapidamente, buscando eficiência energética, e, em 1978, tornou-se a segunda economia do mundo, só atrás dos Estados Unidos. Em 1985, o iene era tão forte que o país norte-americano, sentindo-se ameaçado pelas importações japonesas, forçou a desvalorização da moeda. Contudo, mesmo depois a economia foi às alturas: nos cinco anos que se seguiram a janeiro de 1985, o índice Nikkei subiu mais de três vezes.

Era bom demais para ser verdade; de fato, o sucesso escondia uma enorme bolha econômica de ações e imóveis com preços inflados. Em janeiro de 2000, 10 anos depois de seu pico, o Nikkei tinha a metade do seu valor de 1990 e só recentemente superou a marca mínima.

Hoje, fabricantes de produtos eletrônicos icônicos como Sony, Toshiba e Hitachi se esforçam para manter os lucros. Toyota e Honda, marcas automotivas com alcance global, que um dia já foram conhecidas por sua incomparável confiabilidade, estão fazendo recalls de milhões de veículos. Desde 2014, os airbags defeituosos motivaram a Takata a fazer o maior recall de peças manufaturadas já realizado. Em 2013, as baterias de íon-lítio pouco confiáveis da GS Yuasa causaram problemas no novo *Boeing 787*. Acrescentem-se a isso frequentes trocas de governo, o tsunami de março de 2011 seguido pelo desastre de Fukushima, constantes preocupações em relação à imprevisível Coreia do Norte e a piora das relações com a China e a Coreia do Sul, e o resultado é um quadro realmente preocupante.

E existe um problema ainda mais fundamental. No longo prazo, o destino das nações é determinado pelas tendências da população. O Japão não só é o país que mais envelhece entre as maiores potências econômicas (neste momento, um em cada quatro japoneses tem mais de 65 anos, e, em 2050, essa parcela será de aproximadamente 40%), como também sua população está diminuindo. Os 127 milhões de hoje vão se reduzir a 97 milhões até 2050, e as previsões mostram escassez da força de trabalho jovem na construção civil e nos serviços de saúde. Quem manterá as imensas e admiravelmente eficientes infraestruturas de transporte do Japão? Quem cuidará de milhões de idosos? Em 2050, haverá mais pessoas acima de 80 anos que crianças.

O destino das principais nações do mundo tem seguido trajetórias específicas de ascensão e retração, mas talvez a maior diferença em seus caminhos seja o tempo passado no auge de sua performance: algumas tiveram um platô relativamente prolongado, seguido de um declínio constante (tanto o império britânico quanto os Estados Unidos do século XX se encaixam nesse padrão); outras tiveram uma ligeira ascensão, que levou a um breve pico, seguido de um declínio mais ou menos rápido. O Japão claramente está nesta última categoria. Sua veloz ascensão pós-Segunda Guerra Mundial terminou no fim dos anos 1980 e vem descendo a ladeira desde então: ao longo de uma única geração, da miséria à admirada — e temida — superpotência econômica, depois à estagnação e à retração de uma sociedade que envelhece. O governo japonês vem tentando encontrar saídas, mas não é fácil fazer reformas radicais em um país de cartas marcadas eleitorais que ainda não considera seriamente nem mesmo uma imigração em escala moderada e precisa fazer as pazes definitivas com seus vizinhos.

ATÉ ONDE A CHINA PODE IR?

Alguns marcos históricos são antecipados em anos. Quantos artigos foram escritos sobre como a China vai ultrapassar os Estados Unidos e se tornar a maior economia do mundo em — faça sua aposta — 2015, 2020 ou 2025? O prazo depende dos critérios monetários usados. Se consideramos a paridade do poder de compra (PPC), que compara o produto econômico dos países eliminando as distorções causadas por flutuações nas taxas de câmbio das moedas nacionais, a China já é a primeira. Segundo o Fundo Monetário Internacional (FMI), em 2019, o PIB do gigante asiático corrigido pela PPC era cerca de 32% superior ao total dos Estados Unidos.

Se nos basearmos na taxa de câmbio entre yuan e o dólar americano, os Estados Unidos estão bem na frente: cerca de 50% a mais em 2019 (21,4 trilhões *vs*. 14,1 trilhões de dólares). Contudo, até mesmo com a recente desaceleração no crescimento do PIB — de dois dígitos a uma taxa oficial de 6% a 7% ao ano e, na realidade, menos que isso —, a China ainda continua crescendo consideravelmente mais que os Estados Unidos. Portan-

Razão de dependência China-Estados Unidos

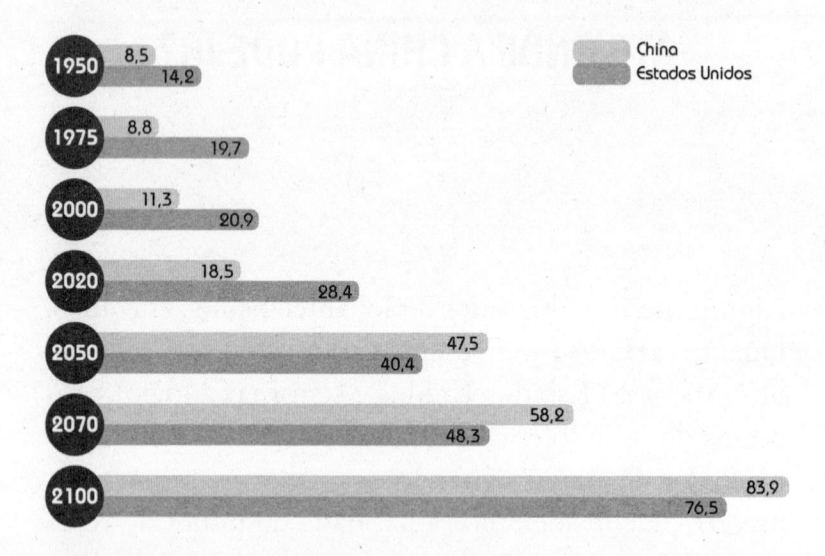

Ano	China	Estados Unidos
1950	8,5	14,2
1975	8,8	19,7
2000	11,3	20,9
2020	18,5	28,4
2050	47,5	40,4
2070	58,2	48,3
2100	83,9	76,5

to, é apenas uma questão de tempo até a China se tornar o nº 1, mesmo em termos nominais.

O caminho para o status de nº 1 começou em 1978, quando o país modernizou sua economia, deixando para trás 30 anos de má administração. Há décadas, a China é o maior produtor de grãos, carvão e cimento do mundo e, há anos, é o maior exportador de bens manufaturados em geral e artigos eletrônicos em particular. Não há nada de surpreendente nisso: a população chinesa é a maior do mundo (1,4 bilhão de habitantes em 2016), e sua nova e modernizada economia exige uma saída de bens e serviços igualmente grande.

Mas, em termos relativos, a China não é exatamente rica: segundo os cálculos generosos da PPC feitos pelo

Banco Mundial, o PIB *per capita* do país era de 19.504 dólares em 2019, o que o colocava em 73º lugar no ranking global, atrás de Montenegro e da Argentina e só um pouco na frente da República Dominicana, do Gabão e de Barbados. Não se pode dizer que seja uma posição impressionante. Todo mundo sabe que os chineses ricos compram imóveis em Vancouver e Londres, bem como relógios incrustados de diamantes nas Galeries Lafayette em Paris, mas são uma pequeníssima minoria.

O PIB e o número de *nouveaux riches* são medidas enganosas da real qualidade de vida na China. O meio ambiente vem se deteriorando. A poluição atmosférica nas cidades é péssima: segundo a Organização Mundial da Saúde, o nível máximo aceitável de partículas com diâmetro inferior a 2,5 nanômetros é de 25 nanômetros por metro cúbico de ar; porém, em muitas cidades, chega a 500 microgramas por metro cúbico. Algumas cidades alcançaram um nível máximo superior a mil. Em 2015, a média em Beijing foi de 80 microgramas por metro cúbico, em comparação com menos de 10 em Nova York. Tais níveis extremamente altos de poluição aumentam a incidência de doenças respiratórias e cardíacas e reduzem a expectativa de vida.

A poluição da água também é endêmica. Aproximadamente metade da população das áreas rurais carece de saneamento moderno. O país tem menos terra arável *per capita* do que a Índia e, ao contrário do Japão, que é muito menor, nunca dependeu das importações em grande escala. As reservas de petróleo e gás natural da China são inferiores às reservas americanas, sendo que as importações de petróleo cru recentes contribuem com mais de 60% do consumo total, enquanto os Estados Unidos importam pouco hoje. E é melhor não pensar em um desastre como o de Fukushima em um país onde tantos reatores nucleares foram construídos às pressas em províncias costeiras densamente habitadas, ou em outra pandemia começando em um dos populares mercados de animais vivos.

Por fim, a população do país está envelhecendo com bastante rapidez — é por isso que, em 2015, o Partido Comunista abandonou a política do filho único —, e, como resultado, a vantagem demográfica já está recuando. A proporção entre pessoas economicamente ativas e dependentes chegou ao auge em 2010, e, à medida que ela cai, o mesmo ocorrerá com o dinamismo industrial da China.

Já vimos isso antes. Compare o Japão de 1990, cuja ascensão parecia desafiar todo o mundo ocidental, com o Japão de 2020, 30 anos após a estagnação econômica (ver Preocupações com o futuro do Japão, capítulo anterior). Essa talvez seja a melhor percepção do provável contraste entre a China de 2020 e a de 2050.

ÍNDIA OU CHINA

A Índia como nº 1? Está nas cartas: a Índia em breve suplantará a China como o país mais populoso do mundo. A questão é se a Índia também vai desafiar a China como potência econômica.

Pelo menos desde a queda do império romano, sucessivas dinastias chinesas comandam mais pessoas do que qualquer outro governo. A China tinha aproximadamente 428 milhões de habitantes em 1912, quando o domínio imperial se encerrou; 542 milhões em 1949, quando os comunistas assumiram o poder; 1,27 bilhão em 2000; e cerca de 1,4 bilhão no fim de 2019. A desaceleração da taxa de crescimento é resultado direto da política do filho único, adotada em 1979 e encerrada em 2015 (ver capítulo anterior). Enquanto isso, a população da Índia foi de 356 milhões em 1950 para 1,05 bilhão em 2000 e 1,37 bilhão no fim de 2019.

A vantagem da China vem encolhendo rapidamente. E, dada a confiabilidade das previsões demográficas de curto prazo, parece claro que a população indiana ultrapassará a chinesa no máximo em 2025 (segundo a mais recente previsão de mediana da ONU) e talvez já em 2023.

Índia ou China: 2020

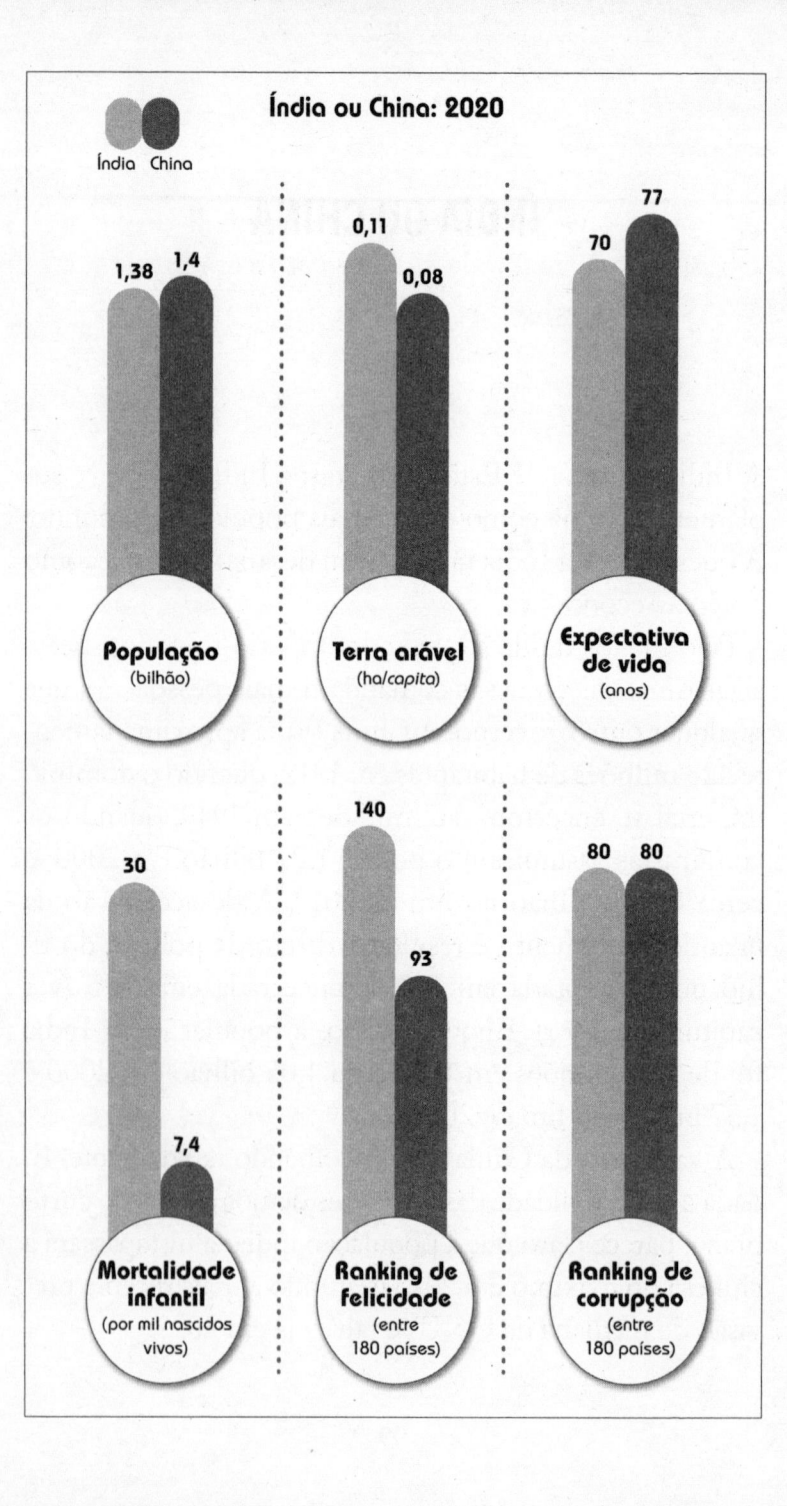

Índia | **China**

População (bilhão)
- Índia: 1,38
- China: 1,4

Terra arável (ha/capita)
- Índia: 0,11
- China: 0,08

Expectativa de vida (anos)
- Índia: 70
- China: 77

Mortalidade infantil (por mil nascidos vivos)
- Índia: 30
- China: 7,4

Ranking de felicidade (entre 180 países)
- Índia: 140
- China: 93

Ranking de corrupção (entre 180 países)
- Índia: 80
- China: 80

A comparação entre esses dois gigaestados é fascinante. Em ambos, há o aborto seletivo de meninas, criando proporções anormais entre os sexos na taxa de natalidade. A taxa normal é de 1,06 homem para uma mulher, mas, na Índia, é de 1,12 e, na China, de 1,15.

Ambos os países são assolados pela corrupção: segundo o último Índice de Percepção de Corrupção, da Transparência Internacional, a Índia e a China estão em 80º lugar entre os 180 países do ranking (a Dinamarca é o país menos corrupto, e a Somália, o mais corrupto). Em ambos os países, a desigualdade econômica medida pelo índice de Gini é muito alta — cerca de 48 na Índia e 51 na China (em comparação com 25 na Dinamarca, 33 no Reino Unido e 38 nos Estados Unidos). E, em ambos os países, as classes abastadas competem em ostentação, colecionando automóveis caros e residências palacianas. Mukesh Ambani, presidente da Reliance Industries Limited, é dono da residência privada mais cara do mundo; seu Antilia, um arranha-céu de 27 andares construído em 2012, tem uma vista perfeita das favelas de Mumbai.

Mas há também diferenças fundamentais. O rápido crescimento econômico a partir de 1980 fez a China ser de longe o mais rico dos dois países, com um PIB nominal (pela estimativa do FMI para 2019) quase cinco vezes maior que o da Índia (14,1 trilhões *vs.* 2,9 trilhões de dólares). Em 2019, a média *per capita* chinesa, medida em termos de paridade do poder de compra, era (segundo o FMI) mais que o dobro da média indiana (20.980 *vs.* 9.030 dólares).

Por sua vez, a China é um Estado de partido único rigidamente controlado, cujo governo é encabeçado por um comitê de 7 homens idosos, enquanto a Índia continua sendo um regime imperfeito, mas inegavelmente democrático. Em 2019, a Freedom House concedeu à Índia 75 pontos em seu índice de liberdade, em comparação com parcos 11 pontos para a China (o Reino Unido obteve 93, e o Canadá, 99).

Outra comparação é igualmente reveladora: algumas das principais realizações chinesas no campo da alta tecnologia são a censura na internet e o monitoramento invasivo da população como parte do novo e abrangente Sistema de Crédito Social; uma das grandes realizações da Índia na mesma área é sua desproporcional contribuição para a liderança de empresas de tecnologia no país e no exterior. Muitos imigrantes indianos alcançaram a chefia no Vale do Silício: Sundar Pichai, no Google; Satya Nadella, na Microsoft; Shantanu Narayen, na Adobe; e Sanja Jha, ex-CEO da GlobalFoundries, só para mencionar os mais proeminentes.

Será fascinante ver até que ponto a Índia pode reproduzir o sucesso econômico da China. Esta, por sua vez, precisa lidar com a perda de dividendo demográfico: desde 2012, sua razão de dependência — o número de pessoas velhas ou jovens demais para trabalhar dividido pelo número de pessoas em idade de trabalhar — vem crescendo (hoje está pouco acima de 40%). A questão é se o país se tornará velho antes de se tornar verdadeiramente rico. Ambas as nações lidam com enormes problemas ambientais e terão o desafio de alimentar sua população — mas a Índia tem cerca de 50% mais terras cultiváveis.

Uma última complicação: essas duas potências nucleares ainda precisam assinar um tratado para pôr fim a suas disputas territoriais em relação à cordilheira do Himalaia. Eles chegaram às vias de fato sobre a questão, mais notavelmente, em 1962. As coisas podem ficar delicadas quando potências ascendentes se localizam uma de cada lado de uma fronteira disputada.

E, mesmo assim, esse conflito não é o desafio mais imediato da Índia. Mais prementes são a necessidade de abaixar a taxa de fecundidade o mais rápido possível (se nada mais mudar, isso aumentaria a renda *per capita*), os desafios de manter a autossuficiência alimentar (um país com mais de 1,4 bilhão de pessoas é grande demais para depender de importações) e de encontrar uma saída para a deterioração das relações entre hindus e muçulmanos.

POR QUE A INDÚSTRIA MANUFATUREIRA CONTINUA IMPORTANTE

A indústria manufatureira tornou-se ao mesmo tempo maior e menor. Entre 2000 e 2017, o valor mundial dos produtos manufaturados mais que dobrou, de 6,1 trilhões para 13,2 trilhões de dólares. Nesse meio-tempo, a importância *relativa* da manufatura vem caindo rapidamente, seguindo os passos da retração anterior da agricultura (que hoje responde por apenas 4% da produção econômica mundial). Com base em estatísticas nacionais uniformizadas das Nações Unidas, a contribuição do setor manufatureiro para a produção econômica mundial declinou de 25% em 1970 para menos de 16% em 2017.

O declínio foi registrado no mercado de ações, que valoriza mais empresas de serviços do que as maiores indústrias manufatureiras. No fim de 2019, o Facebook — aquele estoque sempre alimentado de selfies — tinha um valor de mercado de quase 575 bilhões de dólares, quase três vezes mais que o da Toyota, a principal fabricante de carros de passeio do mundo. E a SAP, a maior fabricante de software da Europa, valia cerca de 60% mais que a Airbus, a maior fabricante de jatos do continente.

Ainda assim, a indústria manufatureira continua importante para a saúde econômica de um país, porque nenhum outro setor gera tantos empregos bem remunerados. O Facebook, por exemplo, no fim de 2019, tinha cerca de 43 mil empregados, ao passo que a Toyota tinha, mais ou menos, 370 mil no ano fiscal de 2019. Fabricar coisas ainda é fundamental.

As quatro maiores economias continuam sendo as quatro maiores potências manufatureiras e, em 2018, contribuíram com cerca de 60% da produção mundial do setor. A China estava no topo da lista (por volta de 30%), seguida por Estados Unidos (cerca de 17%), Japão e Alemanha. Mas a importância relativa da manufatura em cada uma dessas economias difere bastante. O setor contribuiu com mais de 29% do PIB da China em 2018 — e, no mesmo ano, chegou a 21% no Japão e na Alemanha e apenas 12% nos Estados Unidos.

Se classificarmos os países segundo o valor manufaturado *per capita*, a Alemanha, com aproximadamente 10.200 dólares em 2018, fica no topo entre os quatro maiores, seguida por Japão, com cerca de 7.900 dólares, Estados Unidos, com cerca de 6.800 dólares, e China, com somente 2.900 dólares. Mas o líder global é a Irlanda, país que, até entrar para a União Europeia (na época conhecida como CEE) em 1973, tinha apenas um pequeno setor manufatureiro. Os baixos impostos cobrados das indústrias (12,5%) têm atraído dezenas de multinacionais, que hoje produzem 90% das exportações de produtos manufaturados da Irlanda, e

A manufatura cria empregos: apenas 2 dos 10 maiores países manufatureiros têm desemprego acima de 5%

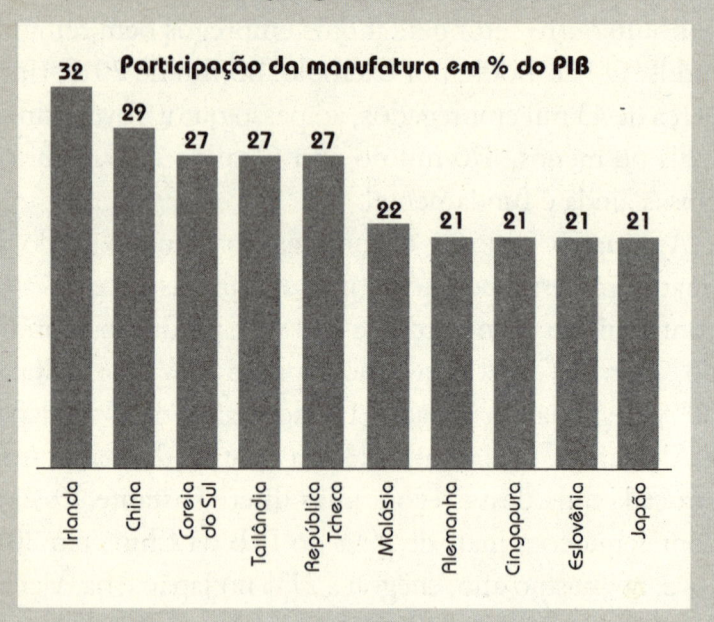

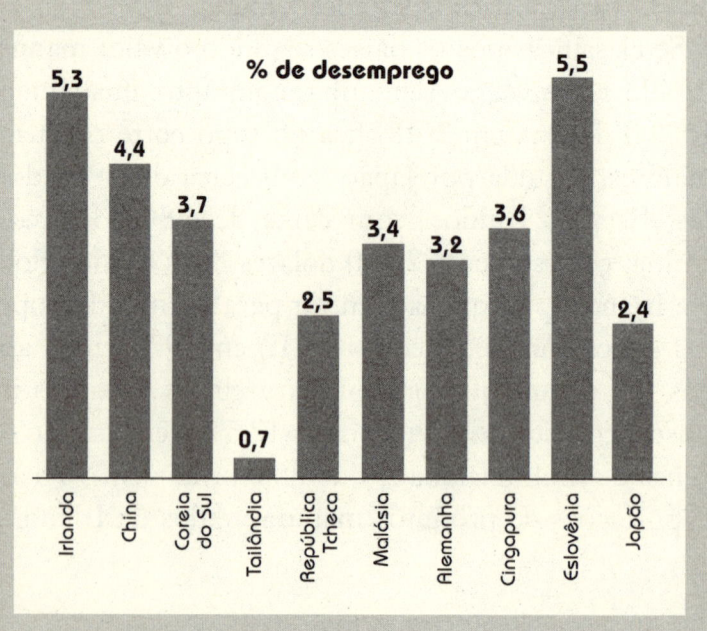

Participação da manufatura em % do PIB

País	%
Irlanda	32
China	29
Coreia do Sul	27
Tailândia	27
República Tcheca	27
Malásia	22
Alemanha	21
Cingapura	21
Eslovênia	21
Japão	21

% de desemprego

País	%
Irlanda	5,3
China	4,4
Coreia do Sul	3,7
Tailândia	0,7
República Tcheca	2,5
Malásia	3,4
Alemanha	3,2
Cingapura	3,6
Eslovênia	5,5
Japão	2,4

o valor da manufatura *per capita* no país ultrapassou 25 mil dólares por ano, na frente dos 15 mil dólares na Suíça. Quando pensamos no setor manufatureiro suíço, pensamos em empresas nacionais famosas como Novartis e Roche (farmacêuticas) ou o Grupo Swatch (relógios, inclusive Longines, Omega, Tissot e outras marcas famosas). Quando pensamos na manufatura irlandesa, pensamos na Apple, na Johnson & Johnson ou na Pfizer — todas estrangeiras.

Os países onde os produtos manufaturados contribuem com mais de 90% do comércio total de mercadorias incluem não só a China e a Irlanda, mas também Bangladesh, a República Tcheca, Israel e a Coreia do Sul. A Alemanha está perto de 90%; a parcela nos Estados Unidos está abaixo de 70%.

O balanço líquido do comércio internacional de itens manufaturados também é revelador, porque indica duas coisas: a medida em que um país pode satisfazer sua necessidade de produtos e a demanda pelos seus produtos no exterior. Como é esperado, Suíça, Alemanha e Coreia do Sul têm grandes superávits, enquanto o déficit no comércio de bens nos Estados Unidos bateu um novo recorde em 2018, com 91 bilhões de dólares, ou cerca de 2.700 dólares *per capita* — o preço a pagar pela importação de eletrônicos, roupas, sapatos, móveis e artigos de cozinha vindos da Ásia.

Mas o país norte-americano permaneceu superavitário por gerações até 1982, ao passo que a China teve déficits crônicos até 1989. Quais são as chances de os

Estados Unidos compensarem o enorme desequilíbrio no comércio de manufaturados que mantêm com a China ou de a Índia replicar o sucesso da China no setor?

RÚSSIA E ESTADOS UNIDOS: AS COISAS NUNCA MUDAM

As tensões entre a Rússia e os Estados Unidos que surgiram na segunda década do século XXI são apenas a última encarnação da duradoura rivalidade entre as superpotências. Em agosto de 2019, o país norte-americano se retirou do Tratado das Forças Nucleares de Alcance Intermediário, firmado com o antigo rival; ambos os países estão desenvolvendo novos mísseis e vêm se digladiando sobre o futuro da Ucrânia, que fazia parte da antiga União Soviética.

Ao analisar as décadas de confronto entre os dois países, fica claro que um dos momentos decisivos ocorreu numa sexta-feira, dia 4 de outubro de 1957, quando a União Soviética colocou em órbita o *Sputnik*, o primeiro satélite artificial lançado pela humanidade. Tecnicamente, era um objeto modesto: uma esfera de 58 centímetros de diâmetro, quase 84 quilos, dotada de quatro antenas em forma de vara. Embora as três baterias de prata-zinco correspondessem a praticamente 60% da massa total, geravam apenas 1 watt, suficiente para transmitir bipes curtos e estridentes em 20,007 e 40,002 mega-hertz por três semanas. O satélite circundou o planeta 1.440 vezes

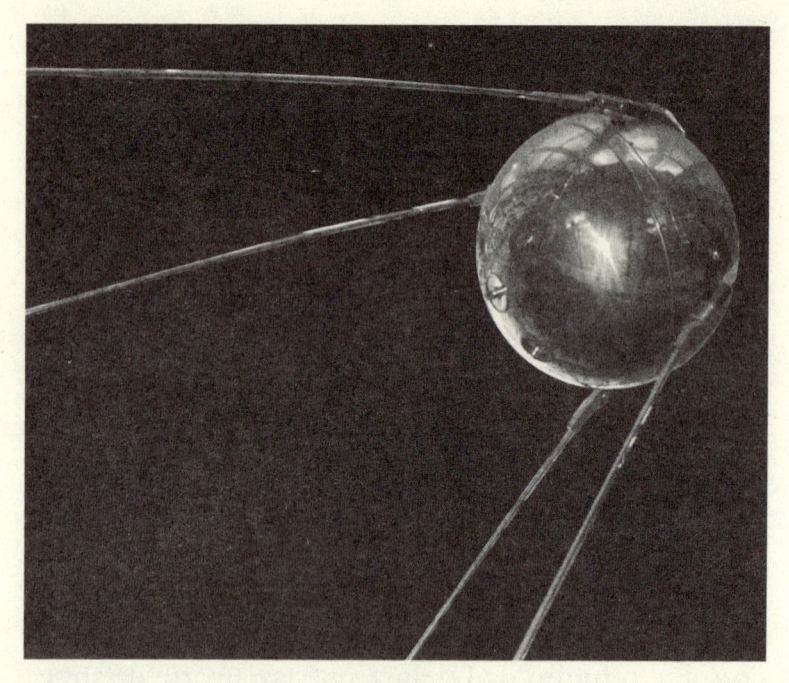

Sputnik

antes de cair na Terra envolto em uma bola de fogo em 4 de janeiro de 1958.

O *Sputnik* não deveria ter sido uma surpresa. Tanto os soviéticos quanto os americanos tinham expressado sua intenção de colocar satélites em órbita durante o Ano Geofísico Internacional (1957-1958), e os soviéticos haviam até publicado alguns detalhes técnicos antes do lançamento. Mas não foi assim que o público percebeu a pequena esfera e seus bipes no fim de 1957.

O mundo ocidental reagiu com espanto e admiração; os Estados Unidos, com constrangimento. E o constrangimento se aprofundou ainda mais em dezembro, quando o foguete *Vanguard TV3*, com lançamento programado às pressas em resposta ao *Sputnik*, explodiu na plataforma de lançamento em Cabo Canaveral apenas dois segundos antes da decolagem. Membros da delegação soviética nas Nações Unidas perguntaram aos colegas americanos se gostariam de receber assistência técnica por meio do programa soviético para países subdesenvolvidos.

Essa humilhação pública levou à urgência de acelerar o programa espacial do país, eliminar o óbvio atraso técnico e investir na educação em matemática e ciência. O impacto sofrido pelo sistema escolar dos Estados Unidos talvez tenha sido o maior em sua história.

Tudo isso teve grande e especial significado para mim. Em outubro de 1957, eu era adolescente e todo dia, no caminho para a escola na Tchecoslováquia, olhava para a Alemanha Ocidental, inacessível atrás dos arames farpados e campos minados. Podia muito bem ser outro planeta. Pouco antes, o premiê soviético, Nikita Kruschev, dissera para o Ocidente "Vamos enterrar vocês", e suas bravatas sobre a supremacia da ciência e da engenharia comunistas encontraram sustentação nas reações de quase pânico dos Estados Unidos. Essa demonstração do poder soviético levou muitos de nós a temer que aquilo não chegaria ao fim a tempo para nossa geração.

Mas, no fim, provou-se que nunca houve uma lacuna científica ou de engenharia: os Estados Unidos logo assumiram a primazia no lançamento de satélites de comunicação, espionagem e meteorológicos. Pouco mais de 10 anos depois da surpresa do *Sputnik*, Neil Armstrong e Buzz Aldrin pisaram na Lua — um lugar que nenhum cosmonauta soviético alcançaria.

E, 11 anos depois do *Sputnik*, o império soviético sofreu um baque — mesmo que temporário — durante a Primavera de Praga, quando a Tchecoslováquia tentou adotar uma forma mais livre de governo (ainda comunista). Como resultado, até mesmo tchecos que não eram membros do Partido Comunista puderam obter passaportes para viajar ao Ocidente. Então, em agosto de 1969, minha esposa e eu pousamos em Nova York, apenas semanas antes que as fronteiras fossem fechadas por mais duas décadas.

Em 1975, pouco depois de nos mudarmos dos Estados Unidos para o Canadá, a primeira grande exposição no recém-construído Centro de Convenções de Winnipeg foi sobre o programa espacial soviético. Um modelo do *Sputnik* em tamanho real foi pendurado por arames no alto do saguão principal. Enquanto eu subia a escada rolante e observava aquela esfera reluzente, fui transportado de volta para 4 de outubro de 1957, quando, para mim, o satélite e seus bipes sinalizavam não uma conquista da engenharia e da ciência, mas o medo de que o poder soviético continuasse pelo resto da minha vida.

Nós conseguimos ir embora, mas, como dizem os franceses, *plus ça change, plus c'est la même chose* [Quanto mais as coisas mudam, mais são as mesmas].

IMPÉRIOS EM DECLÍNIO: NADA DE NOVO SOB O SOL

Manter um império, seja na forma de um governante (imperador ou imperatriz), seja na de um governo imperial de fato (definido por poder econômico e militar e sustentado pela projeção de poder e por alianças inconstantes), nunca foi fácil. É difícil comparar a longevidade de impérios, devido a seus diferentes graus de centralização e ao exercício real de um efetivo controle territorial, político e econômico. Mas um fato chama a atenção: apesar das crescentes capacidades militares, técnicas e econômicas dos maiores países do mundo, manter grandes impérios por extensos períodos tem se tornado mais difícil.

Quando, em 2011, Samuel Arbesman, na época no Instituto de Ciências Sociais Quantitativas da Universidade Harvard, analisou a duração de 41 impérios antigos que existiram entre 3000 a.E.C. e 600 E.C., descobriu que a duração dos governos era de 220 anos em média, mas variava muito, sendo que os impérios que duraram pelo menos 200 anos, eram aproximadamente 6 vezes mais comuns que aqueles que sobreviveram por 8 séculos. Além disso, os 3 impérios mais duradouros — o elamita,

Longevidade de impérios e "impérios" recentes

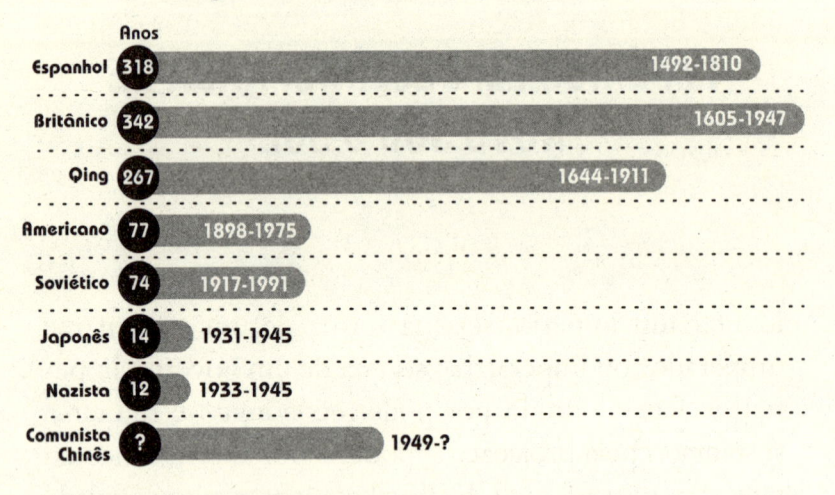

Império	Anos	Período
Espanhol	318	1492-1810
Britânico	342	1605-1947
Qing	267	1644-1911
Americano	77	1898-1975
Soviético	74	1917-1991
Japonês	14	1931-1945
Nazista	12	1933-1945
Comunista Chinês	?	1949-?

na Mesopotâmia, que durou 10 séculos; e os Impérios Antigo e Novo do Egito, cada um com 5 séculos — chegaram à maturidade antes de 1000 a.E.C. (o Elam, em cerca de 1600 a.E.C.; os impérios egípcios, em 2800 e 1500 a.E.C.).

Não houve escassez de impérios após 600 E.C., mas uma olhada mais cuidadosa revela que não houve ganhos de longevidade. É claro que a China teve continuamente alguma forma de governo imperial até 1911, mas com uma dúzia de dinastias diferentes — inclusive as estabelecidas por invasores estrangeiros, a Yuan mongol, de curta duração (127-1368) e a Qing (1644-1911) — exercendo distintos níveis de controle sobre os territórios que encolhiam e se expandiam, muitas vezes com tênues reivindicações sobre as regiões a norte e a oeste do núcleo Han.

Não há consenso sobre a duração dos impérios espanhol e britânico. Se considerarmos 1492 como o início do império espanhol e 1810 como seu fim de fato, trata-se de apenas pouco mais de 3 séculos de domínio de Madri (ou, após 1584, de El Escorial). E será que devemos definir o tempo do império britânico partindo de 1497 (quando da viagem de John Cabot à América do Norte) ou de 1604 (momento da assinatura do Tratado de Londres, que pôs fim à Guerra Anglo-Espanhola) e terminando (excluindo-se os microterritórios ultramarinos remanescentes, de Anguila a Turks e Caicos) em 1947 (ano da perda da Índia) ou 1960 (quando a Nigéria, nação mais populosa da África, se tornou independente)? As últimas datas nos dariam 356 anos.

Não houve nenhum império capaz de durar todo o século XX. A última dinastia chinesa, Qing, terminou em 1911 após 267 anos de domínio, e o novo império comunista foi estabelecido apenas em 1949. O império soviético, sucessor dos Romanovs, acabou recuperando o controle da maior parte do território antes dominado pelos czares (a Finlândia e partes da Polônia sendo as principais exceções) e, após a Segunda Guerra Mundial, estendeu seu controle sobre a Europa oriental e a central à medida que a Cortina de Ferro descia do Báltico ao mar Negro.

Durante a Guerra Fria, o império parecia poderoso para os cabeças da Otan e para quem formulava as políticas em Washington, mas, para quem via de dentro (vivi sob esse domínio nos meus primeiros 26 anos de vida), não parecia tão formidável. Mesmo assim, foi uma surpresa ver, no fim, sua fácil dissolução; o governo durou da primeira semana de novembro de 1917 até a última semana de dezembro de 1991 — 74 anos e 1 mês, a média de vida de um homem europeu.

As agressões japonesa e alemã tiveram, felizmente, uma vida ainda mais curta. As tropas japonesas começaram a ocupar a Manchúria em setembro de 1931; a partir de 1937, o exército se apoderou de várias províncias na China oriental; a partir de 1940 se apossou de Vietnã, Camboja, Tailândia, Birmânia e de quase todo o território que hoje corresponde à Indonésia; e, em junho de 1942, ocupou Attu (a ilha no extremo ocidental do arquipélago das Aleutas, no Alasca) e a ilha de Kiska, cerca de 300 quilômetros a oeste. Esses dois postos avançados ocidentais foram perdidos apenas 13 meses depois, e a capitulação do Japão foi assinada em 2 de setembro de 1945; a expansão imperial durou, portanto, quase exatamente 14 anos. Nesse meio-tempo, o Terceiro Reich da Alemanha, que deveria durar mil anos, se foi 12 anos e 3 meses após Adolf Hitler se tornar *Reichkanzler* em 30 de janeiro de 1933.

E o "império" americano? Mesmo que acreditássemos na sua real existência e definíssemos seu começo em 1898 (quando da Guerra Hispano-Americana e da tomada das Filipinas, de Porto Rico e de Guam), deveríamos acreditar que sua influência ainda é forte? A Segunda Guerra Mundial foi o último conflito importante com uma vitória decisiva dos Estados Unidos; o resto (Guerras da Coreia, do Vietnã, do Afeganistão e do Iraque) foi uma mistura difícil de definir entre derrotas (custosas) e exaustão de ambas as partes. Até mesmo a breve Guerra do Golfo (1990-1991) não foi uma vitória óbvia, pois levou diretamente (12 anos depois) à invasão e ao impasse de anos sangrentos (2003-2011) no Iraque. E a participação do país no produto econômico global vem declinando firmemente desde seu pico artificial, em 1945 (quando todas as outras economias importantes estavam ou destruídas ou exauridas pela guerra), e muitos países na suposta zona de influência imperial americana mostravam pouca inclinação para consentir e seguir. Claramente não é um "império" cuja duração pode ser medida.

E quem deveria prestar uma atenção mais cuidadosa a essas lições de declínio imperial? Obviamente o Partido Comunista da China, que está tentando subjugar o Tibete e Xinjiang, cujas políticas não conquistaram aliados genuínos ao longo das extensas fronteiras do país e estenderam os domínios até o mar da China meridional, e cuja decisão de investir pesadamente (como na Rota da Seda) em países asiáticos e africanos mais pobres tem o objetivo de comprar influência política de longo prazo. Em outubro de 2019, o partido celebrou 70 anos de domínio imperial: dada a história da longevidade imperial moderna, quais são as chances de que ainda exista daqui a 70 anos?

MÁQUINAS, PROJETOS, APARELHOS:
INVENÇÕES QUE CONSTRUÍRAM O MUNDO MODERNO

COMO OS ANOS 1880 CRIARAM O MUNDO MODERNO

Segundo os adoradores do mundo eletrônico, o fim do século XX e as duas primeiras décadas do século XXI nos trouxeram uma quantidade sem precedentes de invenções marcantes. Mas isso é um categórico mal-entendido, pois a maioria dos avanços recentes são variações de duas descobertas fundamentais mais antigas: os microprocessadores (ver A INVENÇÃO DOS CIRCUITOS INTEGRADOS) e a exploração das ondas de rádio, como parte do espectro eletromagnético. Microchips mais potentes e mais especializados estão hoje por trás do funcionamento de tudo, de robôs industriais e pilotos automáticos de aviões a jato até equipamentos de cozinha e câmeras digitais, e a marca global mais popular de comunicação móvel usa ondas de rádio de alta frequência.

Na verdade, talvez a época mais inventiva da história humana tenham sido os anos 1880. Há alguma invenção e descoberta histórica que mais moldou o mundo moderno do que a eletricidade e os motores de combustão interna?

A eletricidade, por si só, sem os microchips, basta para construir um mundo sofisticado e abastado (como na década de 1960). Contudo, o mundo eletrônico, governado por microchips, depende de suprimentos de eletricidade cujo projeto fundamental deriva de sistemas de geração de energia térmicos e hídricos que chegaram ao mercado comercial em 1882 e ainda fornecem mais de 80% da eletricidade do mundo. E nós aspiramos a torná-la acessível pelo menos 99,9999% do tempo, de modo que possa servir como pedra angular de qualquer eletrônico.

Acrescente-se a isso os feitos de Benz, Maybach e Daimler, cujo sucesso com motores movidos a gasolina

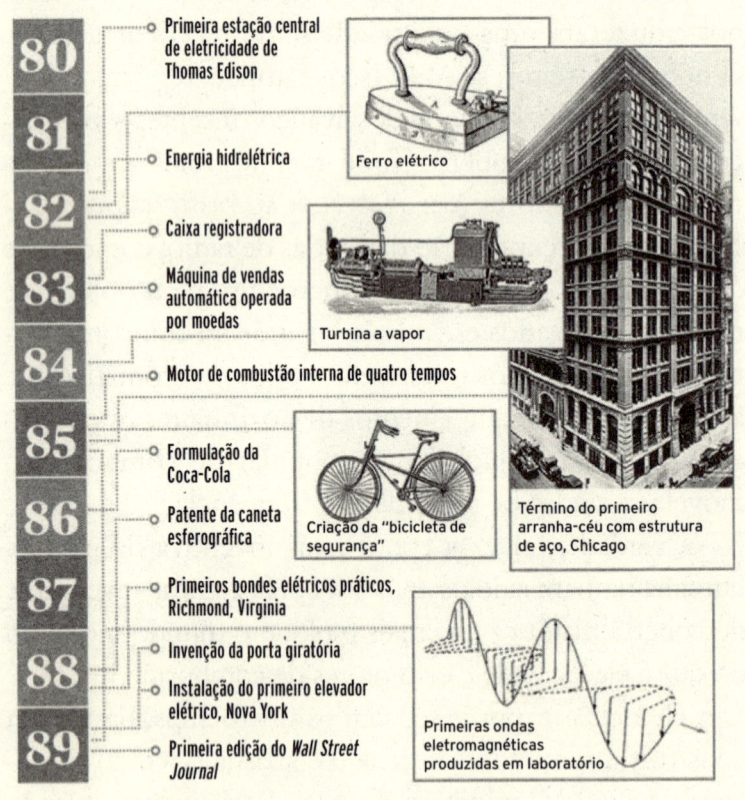

Ano	Evento
80	Primeira estação central de eletricidade de Thomas Edison
81	Energia hidrelétrica — Ferro elétrico
82	Caixa registradora
83	Máquina de vendas automática operada por moedas — Turbina a vapor
84	Motor de combustão interna de quatro tempos
85	Formulação da Coca-Cola
86	Patente da caneta esferográfica — Criação da "bicicleta de segurança" — Término do primeiro arranha-céu com estrutura de aço, Chicago
87	Primeiros bondes elétricos práticos, Richmond, Virginia
88	Invenção da porta giratória — Instalação do primeiro elevador elétrico, Nova York — Primeiras ondas eletromagnéticas produzidas em laboratório
89	Primeira edição do *Wall Street Journal*

Os milagrosos anos 1880

inspirou Rudolf Diesel a propor uma alternativa mais eficiente apenas uma década mais tarde (ver POR QUE AINDA NÃO SE DEVE DESCARTAR O DIESEL). No fim do século XIX, também foram feitos os projetos conceituais do mais eficiente motor de combustão interna: a turbina a gás. E foi na década de 1880 que os experimentos de Heinrich Hertz provaram a existência das ondas eletromagnéticas (produzidas pela oscilação de campos elétricos e magnéticos), cujo comprimento de onda cresce a partir dos raios cósmicos muito curtos até os raios X, a radiação ultravioleta, visível e infravermelha e as micro-ondas e as ondas de rádio. Sua existência havia sido prevista por James Clerk Maxwell décadas antes, mas Hertz preparou as bases práticas para nosso mundo remoto e sem fio.

Os anos 1880 também estão embutidos em nossa vida de formas mais discretas. Mais de uma década atrás, em *Creating the Twentieth Century* [Criando o século XX], descrevi diversas experiências do cotidiano americano por meio de artefatos e ações oriundos dessa década milagrosa. Hoje em dia, uma mulher acorda em uma cidade americana e prepara uma xícara de café da marca Maxwell House (lançada em 1886). Ela considera comer suas panquecas favoritas, as de Aunt Jemima (vendidas desde 1889), mas opta por aveia Quaker (disponível desde 1884). Ela passa sua blusa com um ferro elétrico (patenteado em 1882), aplica desodorante (disponível desde 1888), mas não consegue embrulhar seu almoço porque acabaram os sacos de papel pardo (o processo de fazer papel de embrulho resistente passou a ser comercializado na década de 1880).

Ela pega um veículo leve sobre trilhos (descendente direto dos bondes elétricos que começaram a circular nas cidades americanas nos anos 1880), quase é atropelada por uma bicicleta (cuja versão moderna — com rodas de mesmo tamanho e corrente — foi outra criação daquela década: ver OS MOTORES VIERAM ANTES DAS BICICLETAS!), então passa por uma porta giratória (instalada pela primeira vez em um edifício na Filadélfia em 1888) e entra em um arranha-céu com estrutura de aço (o primeiro foi inaugurado em Chicago em 1885). Ela para em uma banca de jornal no primeiro andar, compra um exemplar do *The Wall Street Journal* (editado desde 1889) com um homem que guarda o dinheiro em uma caixa registradora (patenteada em 1883). Então, a mulher sobe até o 10º andar de elevador (o primeiro elevador elétrico foi instalado em um prédio de Nova York em 1889), para diante de uma máquina de vendas automática (introduzida, na sua forma moderna, em 1883) e compra uma Coca-Cola (formulada em 1886). Antes de começar o trabalho, anota alguns lembretes com caneta esferográfica (patenteada em 1888).

Os anos 1880 foram milagrosos e nos deram diversas contribuições, como desodorantes, lâmpadas baratas, elevadores confiáveis e a teoria do eletromagnetismo — embora a maioria das pessoas, perdidas em seus efêmeros tuítes e fofocas em redes sociais, não tenha a menor consciência do verdadeiro alcance de sua dívida cotidiana.

COMO OS MOTORES ELÉTRICOS IMPULSIONAM A CIVILIZAÇÃO MODERNA

Os dispositivos elétricos foram se aprimorando aos trancos e barrancos nos anos 1880, a década das primeiras usinas elétricas, das lâmpadas incandescentes duráveis e dos transformadores. Mas, na maior parte do tempo, os avanços nos motores elétricos ficaram para trás.

Os motores rudimentares de corrente contínua (CC) datam da década de 1830, quando Thomas Davenport, de Vermont, patenteou o primeiro motor americano e o usou para movimentar uma prensa de tipos móveis, e Moritz von Jacobi, de São Petersburgo, usou motores para impulsionar um pequeno bote movido a roda de pás no rio Neva. Mas esses dispositivos alimentados a bateria não podiam competir com a potência do vapor. Mais de 25 anos se passaram até que Thomas Edison finalmente lançasse uma caneta elétrica de estêncil para duplicar documentos, alimentada por um motor de corrente contínua. Quando a distribuição comercial de eletricidade começou, em 1882, os motores elétricos se tornaram comuns, e, em 1887, os fabricantes americanos já vendiam cerca de 10 mil unidades por ano, algumas delas operando os primeiros elevadores elétricos.

Todos os motores, porém, funcionavam por corrente contínua.

Coube ao sérvio Nikola Tesla, ex-empregado de Edison, montar uma oficina própria para desenvolver um motor que pudesse funcionar com corrente alternada (CA). As metas eram economia, durabilidade, facilidade de operação e segurança. Mas Tesla não foi o primeiro a ir a público: em março de 1888, o engenheiro italiano Galileo Ferraris deu uma palestra sobre motores de CA na Real Academia das Ciências de Turim e publicou suas descobertas um mês depois. Isso foi um mês antes da palestra correspondente de Tesla no Instituto Americano de Engenheiros Elétricos. No entanto, foi Tesla, com a ajuda de generosos investidores americanos, quem projetou não só os motores de indução de CA, mas também os transformadores necessários e o sistema de distribuição de CA. As duas patentes básicas de seu motor polifásico foram concedidas em 1888. Ele requisitou cerca de mais 40 até 1891.

Em um motor polifásico, cada polo eletromagnético no estator (o componente fixo) tem múltiplos enrolamentos, cada um dos quais transporta correntes alternadas de igual frequência e amplitude, mas de fases diferentes entre si (em um motor trifásico, a diferença é de um terço de período).

George Westinghouse adquiriu as patentes de CA de Tesla em julho de 1888. Um ano depois, a Westinghouse Co. começou a vender o primeiro utensílio elétrico pequeno do mundo: um ventilador alimentado por um mo-

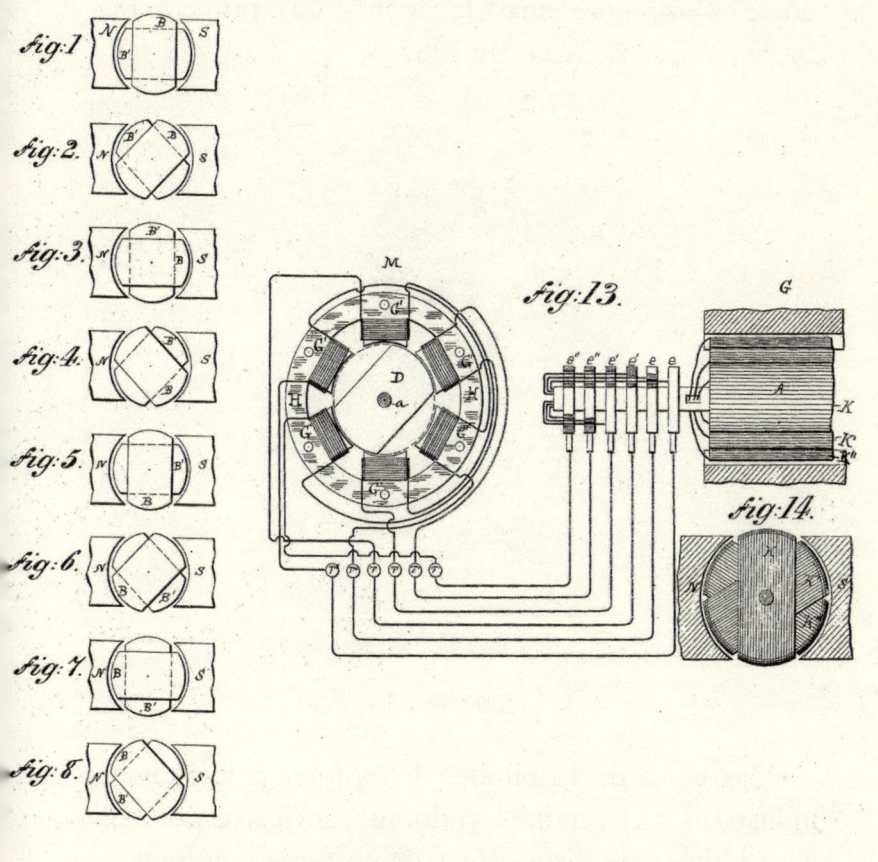

Ilustrações anexas à patente norte-americana do motor
elétrico da CA de Tesla

tor CA de 125 watts. A primeira patente de Tesla era de um motor bifásico; os lares modernos dependem de vários motores elétricos de CA pequenos e monofásicos; e máquinas maiores, mais eficientes, trifásicas, são comuns em indústrias. Mikhail Osipovich Dolivo-Dobrovolsky, um engenheiro russo que trabalhava como eletricista-

-chefe na empresa alemã AEG, construiu o primeiro motor de indução trifásico em 1889.

Nikola Tesla quando jovem

Hoje, cerca de 12 bilhões de motores pequenos não industriais são vendidos todo ano, inclusive por volta de 2 bilhões de dispositivos de corrente contínua minúsculos (com até 4 milímetros de diâmetro), usados para gerar vibrações de alerta em celulares, cujo consumo de energia é de apenas uma pequena fração de watt. Na outra ponta do espectro, estão os motores de 6,5--12,2 megawatts que alimentam os trens de alta velocidade (TGVs, na sigla em francês) na França, enquanto os maiores motores estacionários usados para alimentar compressores, grandes ventiladores e esteiras têm uma capacidade superior a 60 megawatts. Essa combinação de ubiquidade e potência deixa claro que os motores elétricos são verdadeiramente indispensáveis para prover de energia a civilização moderna.

TRANSFORMADORES: APARELHOS SILENCIOSOS, PASSIVOS, DISCRETOS

Nunca gostei de quem faz alarde sobre revoluções científicas e técnicas iminentes, como fusão de baixo custo, viagem supersônica barata e a terraformação de outros planetas. Mas gosto dos aparelhos simples que movem grande parte da civilização moderna, em particular os que o fazem de maneira discreta — ou até invisível.

Nenhum aparelho se encaixa melhor nessa descrição do que um transformador. Pessoas que não estudaram engenharia podem ter uma consciência vaga de que tais aparelhos existem, mas não têm ideia de como funcionam e como são indispensáveis para a vida cotidiana.

Os fundamentos teóricos foram alicerçados no começo dos anos 1830, com a descoberta da indução eletromagnética por Michael Faraday e Joseph Henry, independentemente. Eles demonstraram que um campo magnético variável pode induzir uma corrente de voltagem mais alta (processo conhecido como "ampliação") ou mais baixa ("redução"). Mas foi necessário mais meio século até Lucien Gaulard, John Dixon Gibbs, Charles Brush e Sebastian Ziani de Ferranti projetarem os primeiros protótipos de transformador usáveis. Em segui-

O maior transformador do mundo: Siemens, na China

da, um trio de engenheiros húngaros — Ottó Bláthy, Miksa Déri e Károly Zipernowsky — aperfeiçoou o projeto ao construir um transformador toroidal (em forma de donut), que apresentaram em 1885.

Já no ano seguinte, um projeto melhor foi proposto por um trio de engenheiros americanos — William Stanley, Albert Schmid e Oliver B. Shallenberger, que trabalhavam para George Westinghouse. O aparelho logo assumiu a forma do clássico transformador Stanley, que foi mantida desde então: um núcleo central de ferro feito de lâminas finas de aço-silício, uma parte em forma de "E" e outra em forma de "I", para que as espirais de cobre pré-enrolado deslizassem com facilidade.

Em sua apresentação para o Instituto Americano de Engenheiros Elétricos, em 1912, Stanley se mostrou maravilhado, e com razão, porque o aparelho oferecia "uma solução tão simples e completa para um problema difícil, que reprime todas as tentativas mecânicas de regulagem. E trabalha com facilidade, segurança e economia com as vastas cargas de energia que são instantaneamente fornecidas ou extraídas. É confiável, forte e certeiro. Essa mistura de aço e cobre equilibra forças extraordinárias de forma tão bela que elas quase passam despercebidas".

As maiores versões modernas desse duradouro projeto possibilitaram a transmissão de eletricidade a grandes distâncias. Em 2018, a Siemens entregou o primeiro de sete transformadores de 1.100 quilovolts que poderão quebrar recordes e fornecer energia elétrica a várias províncias chinesas ligadas a uma corrente contínua de alta voltagem com aproximadamente 3.300 quilômetros de comprimento.

A quantidade de transformadores disponíveis superou qualquer coisa que Stanley pudesse ter imaginado, graças à explosão de aparelhos eletrônicos portáteis que precisam ser carregados. Em 2016, só a produção global de smartphones foi superior a 1,8 bilhão de unidades, cada uma sustentada por um carregador abrigando um transformador minúsculo. Você não precisa desmontar seu carregador para ver o coração desse pequeno dispositivo: na internet, é possível achar a imagem de um carregador de iPhone desmembrado, tendo o transformador como um de seus componentes maiores.

Porém, muitos carregadores contêm transformadores ainda menores. Eles são aparelhos distintos do modelo criado por Stanley (isto é, sem espiras enroladas), que se baseiam no efeito piezoelétrico — a capacidade de um cristal em produzir uma corrente sob tensão e de uma corrente em tensionar ou deformar um cristal. As ondas sonoras que incidem sobre esse cristal podem produzir corrente, e o fluxo de uma corrente através desse cristal pode produzir som. Dessa maneira, uma corrente pode ser usada para criar outra corrente de voltagem muito diferente.

E a mais recente inovação são os transformadores eletrônicos. Eles têm volume e massa reduzidos em comparação com as unidades tradicionais e se tornarão particularmente importantes para integrar à grade fontes de eletricidade intermitentes — eólica e solar — e possibilitar microgrades de corrente contínua.

POR QUE AINDA NÃO SE DEVE DESCARTAR O DIESEL

Em 17 de fevereiro de 1897, Moritz Schröter, um professor de teoria da engenharia da Universidade Técnica de Munique, conduziu o teste oficial de certificação do novo motor de Rudolf Diesel. O objetivo era verificar a eficiência da máquina e, assim, demonstrar sua conveniência para o desenvolvimento comercial.

O motor de 4,5 toneladas métricas tinha um desempenho impressionante: na potência máxima de 13,4 quilowatts (ou 18 cavalos, como uma motocicleta pequena moderna), sua eficiência líquida alcançou 26%, muito melhor que qualquer motor a gasolina contemporâneo. Com óbvio orgulho, Diesel escreveu à esposa: "Nenhum projeto de motor alcançou o que o meu fez, então posso ter a orgulhosa consciência de ser o primeiro na minha área de especialidade." Mais tarde, naquele ano, a eficiência líquida do motor atingiu 30%, conferindo à máquina o dobro da eficiência dos motores de Otto a gasolina da época.

No decorrer do tempo, essa diferença na eficiência diminuiu, mas os motores a diesel de hoje continuam pelo menos 15% a 20% mais eficientes que seus rivais

Patente norte-americana de Rudolf Diesel de seu novo motor de combustão interna

movidos a gasolina. Os motores a diesel têm diversas vantagens: utilizam combustível de uma densidade energética mais elevada (contêm aproximadamente 12% mais energia que o mesmo volume de gasolina, portanto um veículo pode ir mais longe com o mesmo volume de tanque); sua autoignição envolve taxas de compressão que são o dobro das taxas de motores a gasolina (resultando em uma combustão mais completa e gás de escapamento mais frio); podem queimar combustível de qualidade mais baixa e, logo, mais barato; e os modernos sistemas de injeção eletrônica podem dispensar o combustível nos cilindros em altas pressões, resultando em mais eficiência e exaustão mais limpa.

Contudo, em 1897, de forma decepcionante, o teste que estabeleceu o recorde não provocou um desenvolvimento comercial acelerado. A conclusão de Diesel de que tinha "uma máquina de meticuloso potencial comercial" e de que "o resto se desenvolverá automaticamente por si só" estava errada. Somente em 1911 a embarcação dinamarquesa *Selandia* se tornou o primeiro cargueiro movido por um motor a diesel, e tais motores só dominaram a navegação depois da Primeira Guerra Mundial. A tração ferroviária pesada foi sua primeira conquista terrestre, seguida pelo transporte rodoviário pesado, veículos off-road e maquinário agrícola e de construção. O primeiro carro a diesel, o Mercedes-Benz 260 D, foi lançado em 1936. Hoje, na União Europeia, cerca de 40% de todos os carros de passeio são movidos a diesel, mas, nos Estados Unidos (onde a gasolina é mais barata), eles representam apenas 3%.

A esperança inicial de Rudolf Diesel era que os motores pequenos fossem usados basicamente por produtores pequenos e independentes como ferramentas de descentralização industrial, porém, mais de 120 anos depois, ocorre exatamente o contrário. Os motores a diesel possibilitaram, de maneira incontestável, uma produção industrial centralizada e foram os agentes principais e insubstituíveis da globalização. Eles alimentam praticamente todos os grandes navios cargueiros, caminhões-cegonha e caminhões que carregam materiais básicos como petróleo, gás natural liquefeito, minérios, cimento, fertilizantes e grãos, assim como os caminhões e trens de carga.

A maioria dos itens que os leitores deste livro ingerem ou vestem é transportada pelo menos uma vez (mas, em geral, muitas vezes) por máquinas movidas a diesel. Frequentemente, são produtos de outros continentes: roupas de Bangladesh, laranjas da América do Sul, petróleo cru do Oriente Médio, bauxita da Jamaica, carros do Japão, computadores da China. Sem os baixos custos operacionais, alta eficiência, alta confiabilidade e grande durabilidade dos motores a diesel, teria sido impossível atingir o grau de globalização que define a economia moderna hoje.

Ao longo de mais de um século de uso, os motores a diesel aumentaram tanto em capacidade quanto em eficiência. As maiores máquinas em navegação estão, hoje, na casa de mais de 81 megawatts (109 mil cavalos de potência), e sua eficiência líquida máxima é de pouco mais de 50% — melhor que a das turbinas a gás, que é de aproximadamente 40% (ver Por que turbinas a gás ainda são a melhor escolha).

Os motores a diesel estão aqui para ficar. Não existem alternativas imediatamente disponíveis que possam continuar integrando a economia global de forma tão acessível, eficiente e confiável quanto os motores de Diesel.

CAPTURANDO O MOVIMENTO: DE CAVALOS A ELÉTRONS

O fotógrafo inglês Eadweard Muybridge (1830-1904) ficou famoso nos Estados Unidos em 1867 ao montar um estúdio móvel no vale Yosemite e produzir grandes chapas de prata mostrando as esplêndidas vistas do local. Cinco anos depois, foi contratado por Leland Stanford, então presidente da ferrovia Central Pacific, anteriormente governador da Califórnia e mais tarde o fundador da universidade que leva seu nome em Palo Alto. Stanford — que também criava cavalos — desafiou Muybridge a resolver uma velha indagação: será que as quatro patas de um cavalo não tocam o chão quando ele corre?

Foi difícil para Muybridge encontrar a comprovação. Em 1872, ele tirou (e depois perdeu) uma única imagem de um cavalo trotando com os quatro cascos no ar. Mas então perseverou e encontrou uma solução: capturar objetos em movimento com câmeras cujo diafragma era capaz de atingir uma velocidade de 1/1.000 segundo.

O experimento conclusivo ocorreu em 19 de junho de 1878, na fazenda de Stanford em Palo Alto. Muybridge enfileirou câmeras com chapas de vidro acionadas por um fio ao longo da pista, usou um fundo de lençóis brancos

O cavalo a galope de Muybridge

para obter um melhor contraste e copiou as imagens resultantes em uma sequência de fotografias estáticas (silhuetas) sobre o disco de um dispositivo circular simples que chamou de zoopraxiscópio, no qual uma série de fotos estáticas girava rapidamente, transmitindo movimento.

Sallie Gardner, o cavalo que Stanford providenciara para o teste, claramente erguia ao mesmo tempo as quatro patas ao galopar. Mas o movimento aéreo não ocorria conforme retratado em quadros famosos, talvez o mais notável sendo *O Derby de 1821 em Epsom*, de Théodore Géricault, exposto no Louvre, que mostra as patas do animal estendidas e afastadas do corpo. Na verdade, isso ocorria quando as patas ficavam debaixo do corpo, exatamente antes do momento em que o cavalo dava impulso com as patas traseiras.

Esse trabalho levou à *magnum opus* de Muybridge, que ele preparou para a Universidade da Pensilvânia. Começando em 1883, o fotógrafo deu início a uma longa série que retratava a locomoção animal e humana. Sua criação se baseava em 24 câmeras fixadas em paralelo a uma pista de 36 metros com dois conjuntos portáteis de 12 baterias em cada extremidade. O fundo da pista era ressaltado, e os animais ou as pessoas ativavam os diafragmas, rompendo fios esticados.

O produto final foi um livro com 781 chapas, publicado em 1887. Esse compêndio mostrava não apenas animais domésticos correndo (cães e gatos, vacas e porcos), mas também um bisão, um veado, um elefante, um tigre e um avestruz, além de um papagaio voando. As sequências humanas retratavam corridas e também subidas, descidas, levantamentos, lançamentos, lutas, uma criança engatinhando e uma mulher despejando um balde de água em outra mulher.

Os famosos mil quadros por segundo de Muybridge logo se tornaram 10 mil. Em 1940, o projeto patenteado de uma câmera espelhada rotativa aumentou a taxa para 1 milhão de quadros por segundo. Em 1999, Ahmed Zewail ganhou o prêmio Nobel de Química por desenvolver um espectrógrafo capaz de capturar os estados de transição de reações químicas em uma escala de fentossegundos — isto é, 10^{-15} segundos, ou um milionésimo de bilionésimo de segundo.

Hoje, podemos usar pulsos de laser intensos e ultrarrápidos para capturar eventos separados por meros attossegundos, ou 10^{-18} segundos. Essa resolução temporal possibilita ver o que até há pouco era oculto de qualquer acesso experimental direto: os movimentos dos elétrons em escala atômica.

Muitos exemplos ilustram o extraordinário progresso científico e de engenharia que fizemos desde as últimas décadas finais do século XIX, e este livro detalha vários casos impressionantes — inclusive a eficácia luminosa da luz (ver POR QUE A LUZ DO SOL AINDA É A MELHOR) e o custo corrigido de uso-performance da eletricidade (ver O CUSTO REAL DA ELETRICIDADE). Mas o contraste entre as descobertas de Eadweard Muybridge e Ahmed Zewail é tão impressionante quanto qualquer outro avanço no qual eu possa pensar: da resposta à questão dos cascos do cavalo no ar para a observação de elétrons fugazes.

DO FONÓGRAFO AO STREAMING

Thomas Edison detinha quase 1.100 patentes nos Estados Unidos e mais de 2.300 patentes pelo mundo quando faleceu, em 1931, aos 84 anos. De longe, a mais famosa foi a da lâmpada incandescente, mas nem o recipiente de vidro com vácuo no interior nem o uso de um filamento incandescente foram ideias de Edison. Mais fundamental foi a concepção, inteiramente nova, do sistema completo de geração, transmissão e conversão de eletricidade, que ele colocou em operação primeiro em Londres e depois em Manhattan, em 1882.

Mas, quando o assunto é originalidade que beira a magia, nada se compara com a Patente nº 200.521 de Edison nos Estados Unidos, emitida em 19 de fevereiro de 1878, sobre a ineditíssima maneira de escutar um som gravado.

O fonógrafo (aparelho de gravação e reprodução mecânica do som) nasceu a partir do telégrafo e do telefone. O inventor passou anos aperfeiçoando o primeiro — a maioria de suas primeiras patentes estava relacionada com telégrafos de impressão — e tinha ficado intrigado com o segundo desde seu surgimento, em 1876.

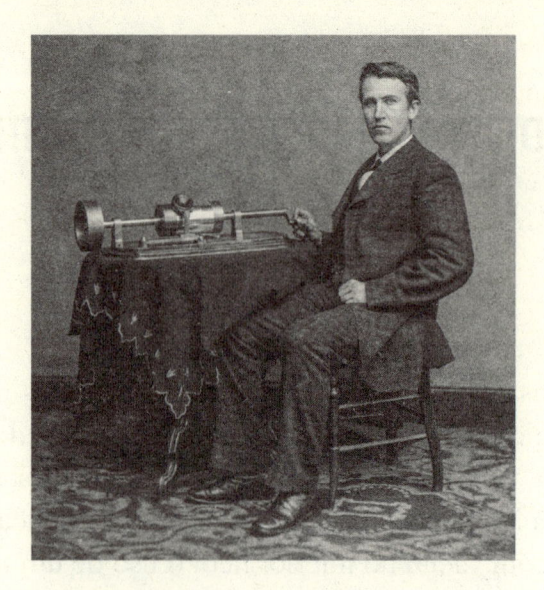

Thomas Edison com seu fonógrafo

Edison obteve as primeiras patentes relacionadas com o telefone em 1878. Ele notou que, ao tocar uma fita de telégrafo gravada em alta velocidade, se produziam ruídos que se assemelhavam a palavras faladas. O que aconteceria se gravasse uma mensagem telefônica prendendo uma agulha ao diafragma do receptor, produzisse uma fita intercalada e então reproduzisse essa fita? Edison projetou um pequeno dispositivo dotado de um cilindro com ranhuras revestidas de papel laminado que podia receber e registrar facilmente os movimentos do diafragma. "Então gritei 'Mary tinha um carneirinho' etc.", recordou Edison mais tarde. "Ajustei o reprodutor, e a máquina reproduziu perfeitamente. Nunca fiquei tão surpreso em toda a minha vida. Todo mundo ficou atônito. Sempre tive medo de coisas que funcionam na primeira tentativa."

Então, Edison fez um tour com o fonógrafo e o levou até a Casa Branca. Anunciava-o (de modo incongruente) como "A Última Realização de Thomas Edison" e esperava que um dia toda família americana pudesse comprar a máquina. No fim da década de 1880, fez grandes melhorias em seu projeto, usando cilindros revestidos de cera (originalmente concebidos por colegas de Alexander Graham Bell, inventor do telefone) e um motor elétrico movido a bateria, comercializando-o como um gravador de vozes da família e caixa de música, bem como uma máquina de ditar para negócios e audiolivro para os cegos.

No entanto, as vendas nunca foram espetaculares. Os cilindros de cera, especialmente as versões iniciais, eram frágeis, difíceis de fazer e, portanto, caros. Em 1887, a American Graphophone Company obtete a patente de uma versão rival do aparelho, mas ele continuava caro (o equivalente a 4 mil dólares de hoje).

Nos anos 1880, Edison se preocupou em introduzir e aperfeiçoar as lâmpadas elétricas, bem como inventar e projetar sistemas de geração e transmissão. Mas, em 1898, começou a vender o Fonógrafo Padrão Edison por 20 dólares, ou cerca de 540 dólares em valores de hoje. Um ano depois surgiu um modelo Gem, mais barato, por apenas 7,50 dólares (o mesmo preço, aproximadamente, de uma cama de ferro da Sears, Roebuck & Co.). Mas, em 1912, enquanto Edison produzia em massa cilindros de celuloide inquebráveis, os discos de gravação de goma-

-laca para gramofone (patenteados inicialmente por Emile Berliner em 1887) já haviam tomado conta.

Edison sempre achou difícil abandonar suas primeiras invenções. Os últimos cilindros de fonógrafo foram fabricados em outubro de 1929. Os discos planos com ranhuras em espiral, usados no gramofone, predominaram na maior parte do século XX, até que novos modos de gravação sonora surgiram em rápida sucessão. As vendas de LPs nos Estados Unidos tiveram seu pico em 1978, as fitas cassete, uma década depois, e então os CDs, introduzidos em 1984, em 1999. Essas vendas foram reduzidas à metade apenas 7 anos depois e hoje foram superadas pelos downloads de música, inclusive em serviços de streaming remoto gratuito. Como Edison teria enxergado esses métodos desmaterializados de reproduzir o som?

A INVENÇÃO DOS CIRCUITOS INTEGRADOS

Em 1958, 11 anos depois que os Laboratórios Bell reinventaram o transístor, ficou claro que os semicondutores só seriam capazes de conquistar o mercado eletrônico se pudessem ser miniaturizados. Não era possível ir muito além na solda a mão de componentes separados para formar circuitos, mas, como muitas vezes ocorre, a solução veio exatamente quando foi necessária.

Em julho de 1958, Jack S. Kilby, da Texas Instruments, propôs a ideia do monólito. Em sua solicitação de patente, ele o descrevia como "um novo circuito eletrônico miniaturizado fabricado a partir de um corpo de material semicondutor que contém uma junção difusa *p-n* na qual todos os componentes do circuito eletrônico estão integrados no corpo do material semicondutor". Kilby ressaltava que "não há limite para a complexidade ou configuração de circuitos que podem ser feitos desta maneira".

A ideia era perfeita, mas sua execução — conforme descrita na solicitação de patente em fevereiro de 1959 — era impossível, porque as conexões entre os fios se erguiam, como um arco, acima da superfície da placa, dificultando a confecção de um componente plano. Kilby sabia que isso não daria certo, então acrescentou uma nota explicando que as conexões deveriam ser feitas de outras maneiras. Como exemplo, propôs o depósito de ouro sobre uma fina camada de óxido de silício na superfície da placa.

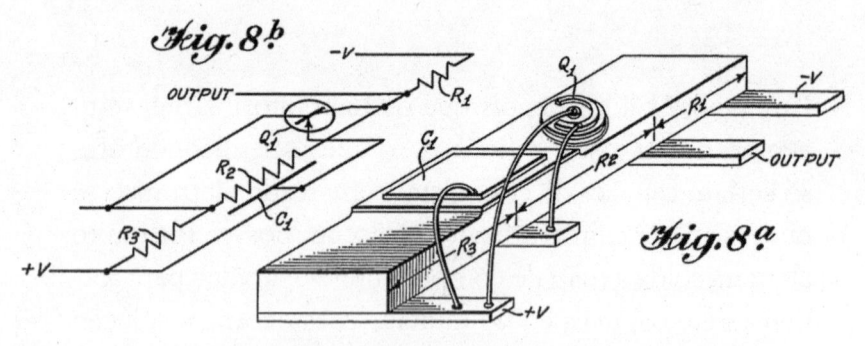

Circuito integrado: a patente dos "fios voadores" de Kilby

Sem o conhecimento de Kilby, em janeiro de 1959, Robert Noyce, então diretor de pesquisa da Fairchild Semiconductor Corporation, anotou em seu caderno de laboratório uma versão melhorada da mesmíssima ideia. "Seria desejável fazer múltiplos dispositivos em uma peça única de silício, no intuito de estabelecer interconexões entre aparelhos como parte do processo de fabricação e, assim, reduzir tamanho, peso etc., bem como custo por elemento ativo", escreveu Noyce. Além disso, o desenho que acompanhava a solicitação de patente de Noyce, de julho de 1959, não continha nenhum fio voador, mas retratava claramente um transístor plano e "pinos na forma de tiras metálicas depositadas a vácuo ou de alguma outra forma, estendendo-se aderentes à camada de óxido isolante para formar as conexões elétricas com e entre várias regiões do corpo do semicondutor sem provocar curto-circuito nas junções".

A patente de Noyce foi emitida em abril de 1961; a de Kilby, em julho de 1964. O litígio chegou até a Suprema Corte, que, em 1970, recusou a audiência, mantendo a decisão de uma corte inferior que dava prioridade a Noyce. A decisão não fez diferença na prática, porque, em 1966, as duas empresas tinham feito um acordo para compartilhar suas licenças de produção, e as origens do circuito integrado tornaram-se mais um excepcional exemplo de invenções concorrentes independentes. A ideia conceitual básica era idêntica; ambos os inventores receberam a Medalha Nacional de Ciências e entraram para o Hall da Fama dos Inventores Nacionais. Noyce viveu apenas até os 62 anos, mas Kilby sobreviveu para compartilhar um prêmio Nobel de Física em 2000, aos 77 anos, 5 antes de sua morte.

A Texas Instruments chamou os novos projetos de "elementos micrológicos". Eles foram escolhidos para controlar mísseis balísticos intercontinentais e ajudar o homem a pousar na Lua.

Os aprimoramentos subsequentes nessa tecnologia, descritos pela ainda válida Lei de Moore (ver A MALDIÇÃO DE MOORE: POR QUE O PROGRESSO TÉCNICO DEMORA MAIS DO QUE SE PENSA), têm sido um dos avanços mais marcantes de nossa época. Os circuitos integrados básicos progrediram até que, em 1971, se tornaram micro-

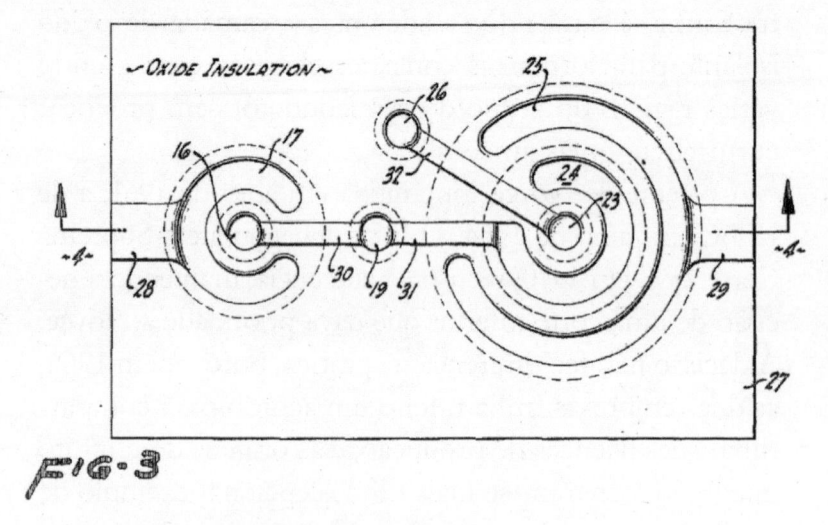

Circuito integrado: patente do circuito plano de Noyce

processadores com milhares de componentes e, a partir de meados da década de 1980, projetos que possibilitaram o desenvolvimento de computadores pessoais. Em 2003, já haviam sido fabricados 100 milhões de componentes, e, em 2015, a marca de 10 bilhões de transístores foi quebrada. Isso representa um crescimento agregado de 8 ordens de grandeza desde 1965, em média cerca de 37% ao ano, sendo que o número de componentes de uma dada área dobrou a cada 2 anos, aproximadamente. Isso significa que, em comparação com os últimos desenvolvimentos em termos de capacidade, o desempenho equivalente em meados dos anos 1960 teria requerido componentes 100 milhões de vezes maiores. Como disse o famoso físico Richard Feynman, há espaço de sobra lá embaixo.

A MALDIÇÃO DE MOORE: POR QUE O PROGRESSO TÉCNICO DEMORA MAIS DO QUE SE PENSA

Em 1965, Gordon Moore — na época diretor de Pesquisa e Desenvolvimento da Fairchild Semiconductor — observou: "A complexidade do custo mínimo de componentes aumentou em um fator de mais ou menos 2 por ano... No curto prazo, espera-se certamente que essa taxa continue crescendo, isso se não aumentar." No longo prazo, o fator de duplicação se firmou em cerca de 2 anos, ou uma taxa de crescimento exponencial de 35% ao ano. Essa é a Lei de Moore.

À medida que os componentes foram ficando menores, mais densos, mais rápidos e mais baratos, sua potência aumentou, e os custos de muitos produtos e serviços foram reduzidos, especialmente computadores e celulares. O resultado foi uma revolução eletrônica.

Essa revolução, no entanto, foi ao mesmo tempo uma bênção e uma maldição, pois teve o efeito inesperado de aumentar as expectativas de progresso técnico. É garantido que, com o progresso rápido, logo teremos carros elétricos autônomos, a cura individualizada do câncer e a impressão 3-D instantânea de corações e rins. Dizem até que esse progresso pavimentará o caminho da transição de combustíveis fósseis para energias renováveis em nível mundial.

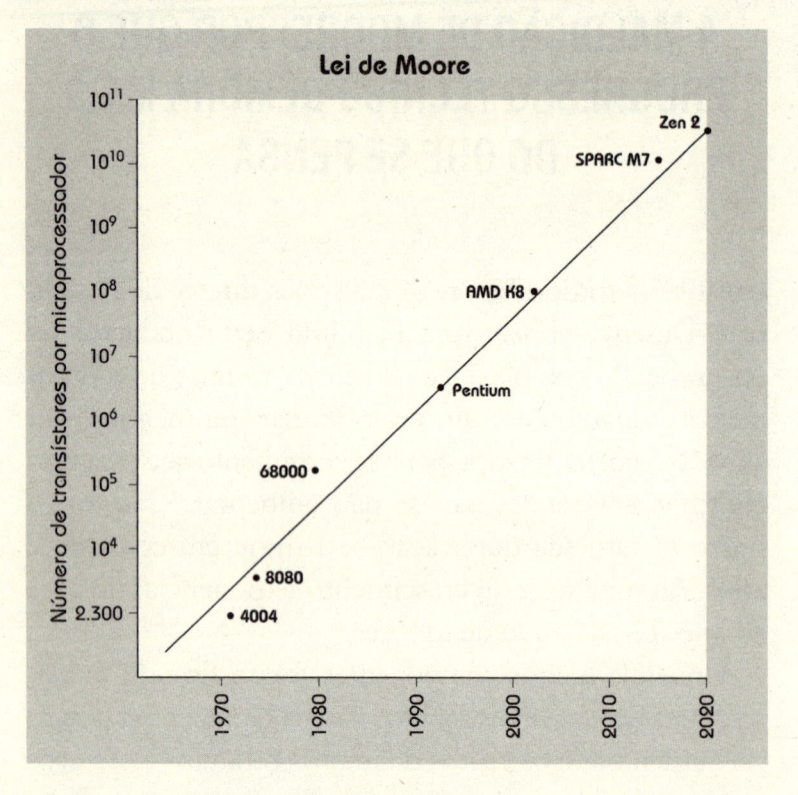

Lei de Moore

Gráfico do número de transístores por microprocessador (10^{11} a 2.300) versus ano (1970 a 2020), mostrando: 4004, 8080, 68000, Pentium, AMD K8, SPARC M7, Zen 2.

Mas o tempo que a densidade dos transístores leva para ser duplicada não serve como parâmetro para o progresso técnico de forma geral. A vida moderna depende de muitos processos que se aperfeiçoam com bastante lentidão, em especial a produção de alimentos e energia e o transporte de pessoas e bens. Essas taxas lentas prevalecem no que se refere não só aos avanços pré-1950, mas também aos aperfeiçoamentos e inovações essenciais que coincidem com o desenvolvimento dos transístores (sua primeira aplicação comercial foi em aparelhos de audição em 1952).

O milho, principal produto agrícola dos Estados Unidos, viu sua produção média crescer 2% ao ano desde 1950. As safras de arroz, principal produto agrícola da China, vêm subindo cerca de 1,6% nos últimos 50 anos. A eficiência com que os turbogeradores a vapor convertem energia térmica em eletricidade aumentou anualmente cerca de 1,5% ao longo do século XX; se compararmos os turbogeradores a vapor de 1900 com as usinas de energia de ciclo combinado de 2000 (que ligam turbinas a gás com aquecedores a vapor), essa taxa anual aumenta para 1,8%. Os avanços no campo da iluminação têm sido mais impressionantes que qualquer outro setor de conversão de eletricidade, mas, entre 1881 e 2014, a eficácia luminosa (lumens por watt) cresceu apenas 2,6% ao ano em relação à iluminação interna e 3,1% à externa (ver POR QUE A LUZ DO SOL AINDA É A MELHOR).

A velocidade das viagens intercontinentais aumentou dos 35 quilômetros por hora que os grandes transatlânticos faziam em 1900 para os 885 quilômetros por hora que o *Boeing 707* atingia em 1958, um aumento médio de 5,6% ao ano. Mas a velocidade dos aviões a jato permaneceu essencialmente constante desde então — a velocidade de cruzeiro do *Boeing 787* é apenas alguns pontos percentuais mais rápida que a do 707. Entre 1973 e 2014, a eficiência de conversão de combustível dos novos carros de passeio americanos (mesmo excluindo as enormes

SUVs e picapes) aumentou em uma taxa anual de apenas 2,5%, de 13,5 para 37 milhas por galão (ou seja, de 17,4 para 6,4 litros por 100 quilômetros). Por fim, o custo de energia do aço (coque, gás natural e eletricidade), o metal mais essencial da nossa civilização, foi reduzido de aproximadamente 50 gigajoules por tonelada para menos de 20 entre 1950 e 2010 — ou seja, uma taxa anual aproximada de 1,7%.

Os fundamentos da energia, de materiais e de transporte que possibilitam o funcionamento da civilização moderna e circunscrevem seu escopo de ação estão melhorando de forma constante, mas lenta. A maior parte dos ganhos em performance varia de 1,5% a 3% ao ano, assim como as reduções no custo.

Assim, fora do mundo dominado pelos microchips, a inovação não obedece à Lei de Moore, progredindo em taxas que são uma ordem de grandeza menores.

A ASCENSÃO DOS DADOS: DADOS DEMAIS, RÁPIDO DEMAIS

Era uma vez uma época em que a informação era depositada apenas nos cérebros humanos e os antigos bardos podiam passar horas recontando histórias de conflitos e conquistas. Então, a armazenagem externa de dados foi inventada.

Pequenos cilindros e tábuas de argila, inventados na Suméria, no sul da Mesopotâmia, cerca de 5 mil anos atrás, continham muitas vezes apenas uma dúzia de caracteres cuneiformes naquela língua antiga, equivalente a algumas centenas (ou 10^2) de bytes. A *Oresteia*, uma trilogia de tragédias gregas escritas por Ésquilo no século V a.E.C., tem um total aproximado de 300 mil (ou 10^5) bytes. A biblioteca de senadores ricos na Roma imperial abrigava centenas de rolos, e um acervo grande continha pelo menos 100 megabytes (10^8 bytes).

Uma mudança radical surgiu com Johannes Gutenberg e sua prensa de tipos móveis. Por volta de 1500, menos de meio século após sua introdução, já tinham sido impressas mais de 11 mil novas edições de livros na Europa. Esse aumento extraordinário foi acompanhado por progressos em outras formas de armazenamento de informação. Primeiro, vieram as partituras musicais, ilustrações e mapas em forma de litografias e xilogravuras. Depois, no século XIX, fotografias, gravações de som e filmes. Novos modelos criados durante o século XX incluíam fitas magnéticas e discos long-play; e, a partir da década de 1960, os computadores expandiram o escopo da digitalização de modo a abranger imagens médicas (uma mamografia digital equivale a 50 megabytes), animações de filmes (2-3 gigabytes), movimentações financeiras internacionais e, por fim, o envio massivo de e-mails em forma de spam (mais de 100 milhões de mensagens por minuto). Tais informações digitalizadas logo ultrapassaram todos os materiais impressos. As peças e os poemas completos de Shakespeare somam 5 megabytes, o equivalente a apenas uma única fotografia em alta resolução, ou 30 segundos de som em alta-fidelidade, ou 8 segundos de um vídeo de alta definição em streaming.

Os materiais impressos foram, assim, reduzidos a um componente marginal de todo o armazenamento global de informações. No ano 2000, todos os livros da Biblioteca do Congresso continham mais de 10^{13} bytes (mais de 10 terabytes), mas isso era menos de 1% da coleção total (10^{15} bytes, ou cerca de 3 petabytes) quando todas as fotografias, mapas, filmes e gravações de áudio foram adicionados.

E, no século XXI, há uma produção ainda mais acelerada de informações. No último levantamento de dados gerados por minuto, a Domo, um serviço de armazenamento em nuvem, listou mais de 97 mil horas de vídeo disponíveis por streaming na Netflix, quase 4,5 milhões

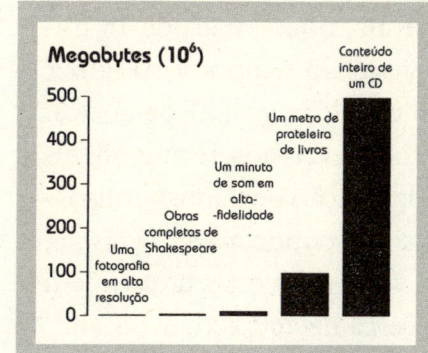

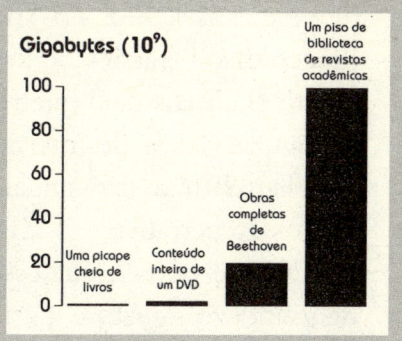

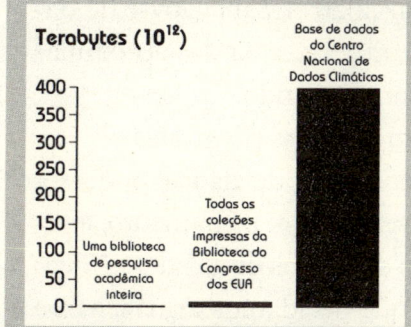

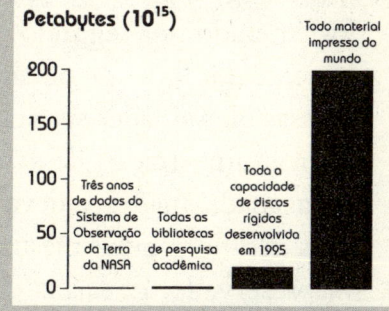

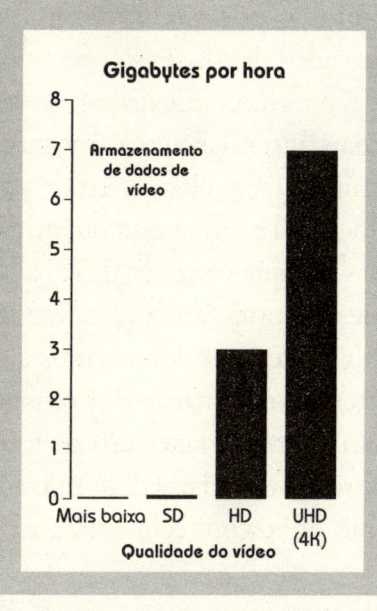

Megabytes (10^6)

- Uma fotografia em alta resolução
- Obras completas de Shakespeare
- Um minuto de som em alta-fidelidade
- Um metro de prateleira de livros
- Conteúdo inteiro de um CD (500)

Gigabytes (10^9)

- Uma picape cheia de livros
- Conteúdo inteiro de um DVD
- Obras completas de Beethoven (20)
- Um piso de biblioteca de revistas acadêmicas (100)

Terabytes (10^{12})

- Uma biblioteca de pesquisa acadêmica inteira
- Todas as coleções impressas da Biblioteca do Congresso dos EUA
- Base de dados do Centro Nacional de Dados Climáticos (400)

Petabytes (10^{15})

- Três anos de dados do Sistema de Observação da Terra da NASA
- Todas as bibliotecas de pesquisa acadêmica
- Toda a capacidade de discos rígidos desenvolvida em 1995 (20)
- Todo material impresso do mundo (200)

Gigabytes por hora — Armazenamento de dados de vídeo

Qualidade do vídeo	GB/hora
Mais baixa	0
SD	0
HD	3
UHD (4K)	7

de vídeos assistidos no YouTube, pouco mais de 18 milhões de solicitações de previsão do tempo no Weather Channel e mais de 3 quatrilhões de bytes (3,1 petabytes) de outros dados de internet somente nos Estados Unidos. Em 2016, a taxa anual de criação de dados ultrapassou os 16 zettabytes (1 ZB corresponde a 10^{21} bytes), e, em 2025, espera-se que esse valor suba mais uma ordem de grandeza — isto é, para cerca de 160 zettabytes (10^{23} bytes). Segundo a Domo, em 2020, 1,7 megabyte de dados é gerado por segundo para cada uma das aproximadamente 8 bilhões de pessoas no mundo.

Essas quantidades suscitam algumas perguntas óbvias. Apenas uma fração dessa enchente de dados pode ser armazenada, mas qual deve ser? O armazenamento apresenta desafios óbvios mesmo se menos de 1% desse fluxo for preservado. E, seja lá o que decidamos armazenar, a pergunta seguinte é por quanto tempo esses dados devem ser preservados. Nada disso precisa durar para sempre, mas qual é o período ideal?

O prefixo mais alto no Sistema Internacional de Unidades (no qual mil = 10^3, milhão = 10^6) é yotta (10^{24}, ou um trilhão de trilhões). Teremos essa quantidade de bytes em uma década, e será cada vez mais difícil avaliar esses dados — mesmo que seja uma tarefa cada vez mais delegada às máquinas. E, uma vez que comecemos a criar mais de 50 trilhões de bytes de informação por pessoa por ano, haverá alguma chance real de fazer uso de todos esses dados? Afinal, há diferenças fundamentais entre dados acumulados, informação útil e conhecimento analítico.

SENDO REALISTA QUANTO À INOVAÇÃO

As sociedades modernas são obcecadas por inovação. No fim de 2019, as buscas no Google geravam 3,21 bilhões de resultados para "inovação", muito acima de "terrorismo" (481 milhões), "crescimento econômico" (cerca de 1 bilhão) e "aquecimento global" (385 milhões). Somos levados a acreditar que a inovação abrirá todas as portas que pudermos conceber: proporcionar uma expectativa de vida bem superior aos 100 anos, combinar consciência humana e artificial, gerar energia solar essencialmente gratuita.

Essa genuflexão desprovida de crítica perante o altar da inovação está equivocada sob dois aspectos. Primeiro, ignora as grandes e fundamentais pesquisas que fracassaram após receberem imensos investimentos financeiros. E, segundo, não explica por que nos apegamos com tanta frequência a uma prática inferior mesmo sabendo que existe um curso de ação superior.

O reator reprodutor* rápido, assim chamado porque produz mais combustível nuclear do que consome, é um dos exemplos mais notáveis de um fracasso prolongado e

---

* Também conhecido como reator regenerador. (N. T.)

custoso no campo da inovação. Em 1974, a General Electric previu que, por volta do ano 2000, 90% da eletricidade nos Estados Unidos viria de reprodutores rápidos. Esse era apenas o reflexo de uma difundida expectativa: na década de 1970, os governos de França, Japão, União Soviética, Reino Unido e Estados Unidos investiam pesadamente no desenvolvimento de reprodutores. Mas os altos custos, problemas técnicos e preocupações ambientais levaram ao encerramento dos programas britânico, francês, americano (e também os menores alemão e italiano), enquanto China, Índia, Japão e Rússia ainda estão operando reatores experimentais. Depois que o mundo como um todo gastou bem mais de 100 bilhões de dólares em valores de hoje durante 6 décadas de esforços, não houve compensação comercial.

Protótipo de um trem *maglev* apresentado pela China Railway Rolling Stock Corporation em 2019

Outras inovações fundamentais que ainda são uma promessa sem preocupação comercial incluem carros movidos a hidrogênio (célula de combustível), trens de levitação magnética (*maglev*) e energia termonuclear. Esta última talvez seja o exemplo mais notório de uma inovação que fica cada vez mais para trás.

A segunda categoria de inovações fracassadas — coisas que continuamos fazendo, mas sabemos que não deveríamos — vai de práticas cotidianas a conceitos teóricos.

Dois exemplos irritantes são o horário de verão e o embarque em aviões. Por que todos os anos continuamos implementando o "horário de verão" (a economia de energia é o pretexto da mudança) se sabemos que, na realidade, não há economia alguma? E o embarque em voos comerciais atualmente leva mais tempo que nos anos 1970, apesar de conhecermos diversos métodos que são mais rápidos do que os favoritos e ineficientes de hoje. Poderíamos, por exemplo, dispor as pessoas sentadas em uma pirâmide invertida, embarcando-as alternadamente atrás e na frente ao mesmo tempo (revezando para evitar gargalos) ou abolindo a marcação de assentos.

E por que medimos o crescimento da economia pelo produto interno bruto? O PIB é só o valor anual total de todos os bens e serviços transacionados em um país. Esse valor sobe não apenas quando a vida fica melhor e a economia progride, mas também quando acontecem coisas ruins para as pessoas ou o meio ambiente. Vendas mais altas de álcool, mais pessoas dirigindo embriagadas, mais acidentes, mais internações em pronto-socorro, mais ferimentos e contusões, mais gente na cadeia — o PIB sobe. Mais corte de madeira ilegal nos trópicos, mais desmatamento e perda de diversidade, mais vendas de artigos de madeira — novamente o PIB sobe. Sabemos muito bem disso, mas ainda idolatramos uma taxa de crescimento anual do PIB elevada, independentemente de onde venha.

A mente humana tem muitas preferências irracionais: adoramos especular sobre inovações loucas e ousadas, mas não fazemos questão de resolver pequenos desafios com base em inovações práticas à espera de serem implementadas. Por que não melhoramos o embarque em aviões em vez de nos iludirmos com visões de trens *hyperloop* e vida eterna?

COMBUSTÍVEIS E ELETRICIDADE:
FORNECENDO ENERGIA ÀS SOCIEDADES

POR QUE TURBINAS A GÁS AINDA SÃO A MELHOR ESCOLHA

Em 1939, a primeira turbina a gás industrial do mundo começou a gerar eletricidade em uma usina de energia em Neuchâtel, Suíça. A máquina, instalada pela Brown Boveri, expelia o escape sem fazer uso do calor produzido, e o compressor da turbina consumia aproximadamente três quartos da potência gerada. Isso resultava numa eficiência de apenas 17%, ou aproximadamente 4 megawatts.

A interrupção provocada pela Segunda Guerra Mundial e as consequentes dificuldades econômicas fizeram da turbina de Neuchâtel uma exceção pioneira até 1949, quando a Westinghouse e a General Electric apresentaram seus primeiros projetos de potência limitada. Não havia pressa de instalá-las, pois o mercado era dominado por grandes usinas a carvão que geravam eletricidade a custos menores. Em 1960, a mais potente das turbinas a gás atingiu 20 megawatts, uma ordem de grandeza a menos que a produção da maioria dos turbogeradores a vapor.

Em novembro de 1965, o grande blecaute de energia elétrica no nordeste dos Estados Unidos fez muita gente mudar de ideia, pois as turbinas a gás podiam operar em carga total em poucos minutos. Mas os aumentos no preço do petróleo e do gás, assim como uma decrescente demanda por eletricidade, impediram que a nova tecnologia se expandisse rapidamente. A mudança veio apenas no fim dos anos 1980; em 1990, quase metade dos novos geradores de eletricidade instalados nos Estados Unidos eram turbinas a gás de crescente potência, confiabilidade e eficiência.

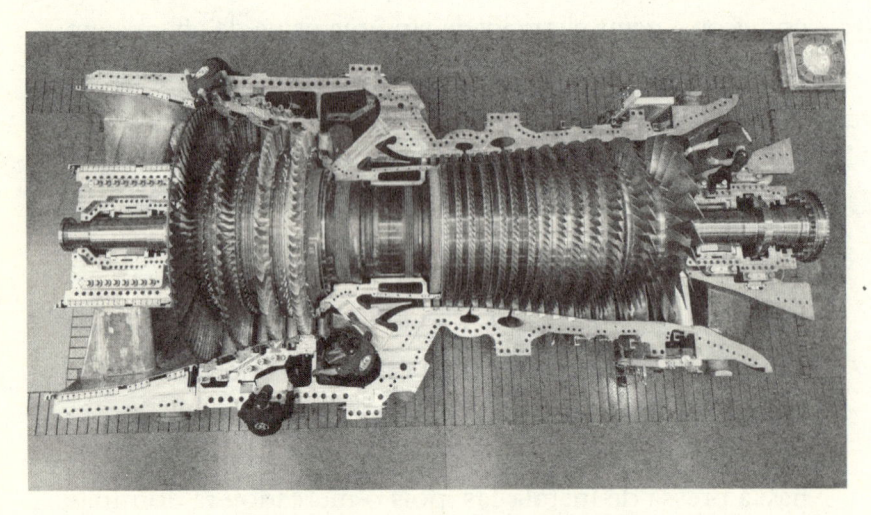

Interior de uma grande turbina a gás

Mas até mesmo eficiências superiores a 40% produzem gases de escape de aproximadamente 600 °C, quentes o bastante para gerar vapor em uma turbina a vapor anexada. Essa composição de turbina a gás e turbina a vapor — CCGT (sigla em inglês para turbina a gás de ciclo combinado) — começou a ser desenvolvida no fim da década de 1960, e hoje os modelos mais eficientes chegam a 60%. É o menor desperdício observado entre agentes básicos.

A Siemens atualmente oferece uma CCGT para uma geração útil nominal de 593 megawatts, aproximadamente 40 vezes mais potente que a máquina de Neuchâtel, operando com eficiência de 63%. A turbina a gás 9HA da General Electric entrega 571 megawatts ao operar sozinha (geração de ciclo simples) e 661 megawatts (eficiência de 63,5%) quando acoplada com uma turbina a vapor (CCGT).

As turbinas a gás são as fornecedoras ideais de potência de pico e a melhor opção de reserva para a geração intermitente de energia eólica e solar. Nos Estados Unidos, são de longe a escolha mais acessível para novas instalações de energia. Prevê-se que o custo alavancado da eletricidade (uma medida do custo do tempo de vida total de um projeto energético) para novas instalações que entrarem em funcionamento em 2023 é de cerca de 60 dólares por megawatt-hora para turbogeradores a vapor alimentados com carvão com captura parcial de carbono, 48 dólares por megawatt para fotovoltaicas solares e 40 dólares por megawatt para vento em terra — porém, menos de 30 dólares por megawatt para turbinas a gás convencionais e menos de 10 dólares por megawatt para CCGTs.

As turbinas a gás também são usadas ao redor do mundo na produção combinada de eletricidade e calor. Muitas indústrias precisam de vapor e água quente para fornecer energia a sistemas de aquecimento central que são particularmente comuns em grandes cidades europeias. Essas turbinas foram até mesmo usadas para aquecer e iluminar extensas estufas na Holanda, oferecendo o benefício adicional de gerar dióxido de carbono e acelerando o crescimento dos vegetais. As turbinas a gás também acionam compressores em muitos empreendimentos industriais e nas estações de bombeamento de tubos condutores de longa distância.

O veredito é claro: não há uma máquina de combustão que combine tantas vantagens quanto as turbinas a gás modernas. São compactas, de fácil transporte e instalação e relativamente silenciosas, acessíveis e eficientes, oferecendo resultados quase instantâneos e podendo operar sem resfriamento de água. Tudo isso faz delas máquinas sem igual no fornecimento tanto de energia mecânica quanto de calor.

E sua longevidade? A turbina de Neuchâtel foi desligada em 2002, após 63 anos de operação — não devido a alguma falha na máquina, mas por causa de um gerador danificado.

ENERGIA NUCLEAR: UMA PROMESSA NÃO CUMPRIDA

A era da geração comercial de energia nuclear começou em 17 de outubro de 1956, quando a rainha Elizabeth II acionou o funcionamento de Calder Hall, na costa noroeste da Inglaterra. Sessenta anos é tempo suficiente para julgar a tecnologia, e minha avaliação de uma década atrás ainda é a melhor que tenho: "um fracasso bem-sucedido".

A parte do sucesso está bem documentada. Depois de um início lento, a construção de reatores começou a acelerar no fim dos anos 1960, e, em 1977, mais de 10% da eletricidade nos Estados Unidos vinha da fissão, subindo para 20% até 1991. Foi uma penetração de mercado mais rápida do que a das células fotovoltaicas e turbinas eólicas a partir dos anos 1990.

No fim de 2019, havia, no mundo, 449 reatores em operação (e 53 em construção), muitos com fatores de capacidade acima de 90%. Esse é o percentual do resultado potencial que os reatores tinham, em média, ao longo de 1 ano, produzindo o dobro de eletricidade que a combinação de células fotovoltaicas e turbinas eólicas. Em 2018, a energia nuclear forneceu a maior parte da eletricidade na

Número de reatores nucleares operáveis

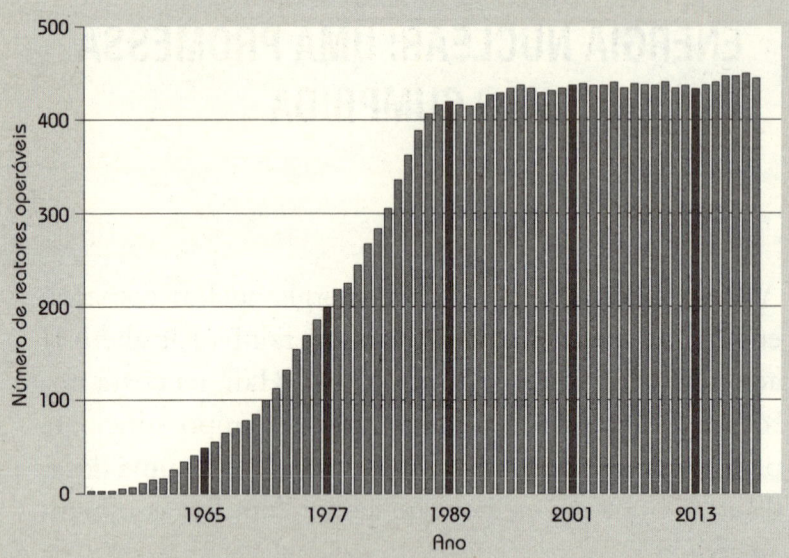

Produção de energia nuclear

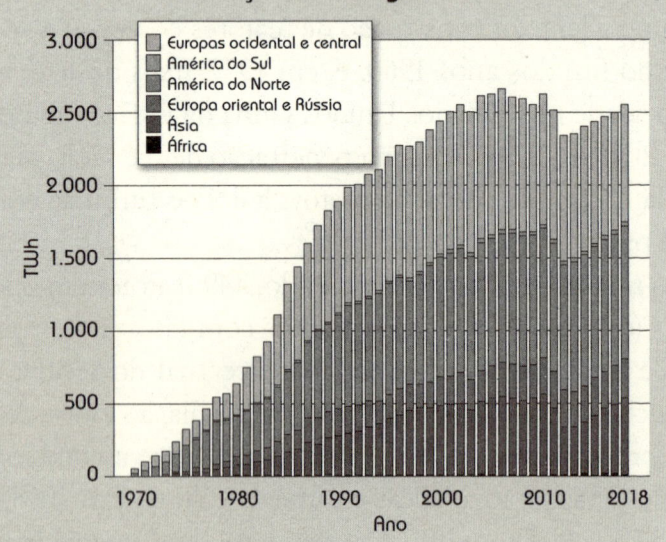

- Europas ocidental e central
- América do Sul
- América do Norte
- Europa oriental e Rússia
- Ásia
- África

França (cerca de 71%), 50% na Hungria, 38% na Suíça, e, na Coreia do Sul, a parcela foi de 24%, enquanto, nos Estados Unidos, ficou pouco abaixo de 20%.

A parte do "fracasso" tem a ver com expectativas frustradas. A alegação de que a energia nuclear seria "barata demais para mensurar" não é apócrifa: foi o que Lewis L. Strauss, presidente da Comissão de Energia Atômica dos Estados Unidos, declarou à Associação Nacional de Divulgação Científica, em Nova York, em setembro de 1954. E alegações igualmente audaciosas ainda estavam por vir. Em 1971, Glenn Seaborg, ganhador do prêmio Nobel e na época presidente da Comissão de Energia Atômica, previu que os reatores nucleares gerariam praticamente toda a eletricidade do mundo por volta do ano 2000. Seaborg visualizou gigantescos "nuplexos" costeiros dessalinizando a água do mar; satélites geoestacionários alimentados por reatores nucleares compactos para transmitir programas de TV; enormes navios-tanques movidos a energia nuclear; e explosivos nucleares que alterariam o fluxo dos rios e escavariam cidades subterrâneas. Por sua vez, a propulsão nuclear transportaria homens a Marte.

Mas o projeto de gerar eletricidade a partir da fissão empacou na década de 1980, na medida em que a demanda por eletricidade nas economias abastadas caiu e os problemas com usinas de energia nuclear se multiplicaram. E três fracassos foram preocupantes: os acidentes em Three Mile Island, na Pensilvânia, em 1979; em Chernobyl, na Ucrânia, em 1986; e em Fukushima, no Japão, em 2011, forneceram mais provas para aqueles que se opunham à fissão em quaisquer circunstâncias.

Nesse meio-tempo, os custos da construção de usinas nucleares eram excessivos, e havia uma frustrante incapacidade de criar uma forma aceitável de armazenar permanentemente o combustível nuclear gasto (que ainda hoje é armazenado de forma temporária em recipientes nas instalações das usinas de energia). Tampouco tem sido bem-sucedida a substituição por reatores mais seguros e baratos que o modelo dominante de reatores de água pressurizada, os quais são essencialmente versões encalhadas dos projetos de submarinos da Marinha dos Estados Unidos dos anos 1950.

Como resultado, o Ocidente ainda não foi convencido, as companhias de eletricidade mantêm cautela, a Alemanha e a Suécia estão a caminho de fechar todas as suas usinas, e até mesmo a França planeja cortes. Os reatores que estão em construção no mundo não serão capazes de compensar a capacidade a ser perdida conforme os reatores mais velhos forem sendo fechados nos próximos anos.

As únicas economias de ponta com grandes planos de expansão estão na Ásia, lideradas por China e Índia, mas até mesmo esses países não têm muito a fazer para reverter o declínio da parcela de energia nuclear na geração mundial de eletricidade. Essa parcela teve seu pico de aproximadamente 18% em 1996, caiu para 10% em 2018, e espera-se que suba um pouco, para apenas 12%, até 2040, segundo a Agência Internacional de Energia.

Há muitas coisas que poderíamos fazer — acima de tudo, usar projetos melhores de reatores e resolver a questão da armazenagem de resíduos — para gerar uma parcela significativa de eletricidade a partir da fissão nuclear e, assim, limitar as emissões de carbono. Mas isso exigiria uma análise não tendenciosa dos fatos e uma abordagem realmente de longo prazo da política energética global. E não vejo sinais reais de nada disso.

POR QUE PRECISAMOS DE COMBUSTÍVEIS FÓSSEIS PARA GERAR ENERGIA EÓLICA

As turbinas eólicas são os símbolos mais visíveis da busca por energia renovável. Ainda assim, embora explorem o vento, que é a forma mais gratuita e ecológica que a geração de energia pode assumir, as máquinas em si são a pura corporificação dos combustíveis fósseis.

Enormes caminhões levam aço e outras matérias-primas para o local, equipamentos de terraplanagem abrem caminho em terrenos que, de outro modo, seriam inacessivelmente elevados, grandes guindastes erguem as estruturas — e todas essas máquinas queimam diesel. O mesmo ocorre com trens e navios de carga que transportam os materiais necessários para a produção de cimento, aço e plástico. Para uma turbina de 5 megawatts, o aço, sem contar os outros materiais, responde, em média, por 150 toneladas das fundações reforçadas de concreto, 250 toneladas dos eixos e das nacelas do rotor (que abrigam a caixa de engrenagens e o gerador) e 500 toneladas das torres.

Se a eletricidade gerada pelo vento viesse a suprir 25% da demanda global em 2030, até mesmo com capacidade média de 35%, um valor alto, uma potência eólica instalada agregada de aproximadamente 2,5 terawatts exigiria cerca de 450 milhões de toneladas de aço. E isso sem contar o metal de torres, cabos e transformadores para as novas conexões de transmissão de alta voltagem que seriam necessárias para conectar tudo à rede.

Um bocado de energia é usado na fabricação do aço. Minério de ferro sinterizado ou peletizado é fundido em alto-forno, alimentado de coque feito de carvão, e recebe infusões de carvão em pó e gás natural. O ferro-gusa (ferro feito em altos-fornos) é descarbonizado em fornos básicos de oxigênio. Então, o aço passa por processos contínuos de moldagem (até que o aço fundido fique no formato aproximado do produto final). O aço usado na construção de turbinas incorpora tipicamente cerca de 35 gigajoules por tonelada.

Grande lâmina plástica de uma turbina eólica moderna: difícil de fazer, mais difícil de transportar e ainda mais difícil de reciclar

Para fabricar aço de forma a possibilitar a operação de turbinas eólicas em 2030, seria necessária uma quantidade de combustível fóssil equivalente a mais de 600 milhões de toneladas de carvão.

Uma turbina de 5 megawatts tem três aerofólios de aproximadamente 60 metros de comprimento, cada um pesando cerca de 15 toneladas. Eles têm núcleos de madeira balsa leve ou espuma e laminações externas feitas principalmente de resinas de epóxi ou poliéster reforçadas com fibra de vidro. O vidro é feito por meio da fundição de dióxido de silício e outros óxidos minerais em fornos alimentados por gás natural. As resinas começam com etileno derivado de hidrocarbonetos leves — mais comumente os produtos da fragmentação da nafta, gás de petróleo liquefeito ou do etano no gás natural.

O composto final reforçado com fibra incorpora uma ordem de 170 gigajoules por tonelada. Portanto, para obter 2,5 terawatts de potência eólica instalada em 2030, precisaríamos de uma massa agregada de rotores de aproximadamente 23 milhões de toneladas, incorporando o equivalente a cerca de 90 milhões de toneladas de petróleo cru. E, quando tudo estiver no lugar, a estrutura inteira precisa ser à prova d'água, com resinas cuja síntese começa com o etileno. Outro subproduto do petróleo requerido é o lubrificante para as caixas de engrenagens das turbinas, que precisa ser trocado periodicamente durante as duas décadas que compõem o tempo de vida da máquina.

Sem dúvida, em menos de um ano, uma turbina eólica bem localizada e construída vai gerar a mesma energia que gastou para ser produzida. No entanto, tudo será na forma de energia intermitente — ao passo que a produção, a instalação e a manutenção continuam criticamente dependentes de energias fósseis específicas. Além disso, não temos substitutos não fósseis prontamente disponíveis para utilização em grande escala comercial que sirvam para a maioria dessas energias — coque para fundição do minério de ferro; carvão e coque de petróleo para abastecer fornos de cimento; nafta e gás natural como matéria-prima e combustível para a síntese de plásticos e a fabricação da fibra de vidro; combustível diesel para navios, caminhões e maquinário de construção; lubrificante para as caixas de engrenagens.

Até que todas as energias usadas para produzir as turbinas eólicas e células fotovoltaicas venham de fontes de energia renováveis, a civilização moderna permanecerá fundamentalmente dependente de combustíveis fósseis.

QUAL É O TAMANHO MÁXIMO DE UMA TURBINA EÓLICA?

As turbinas eólicas com certeza aumentaram de tamanho. Quando a empresa dinamarquesa Vestas deu início à tendência rumo ao gigantismo, em 1981, suas máquinas de três lâminas eram capazes de gerar meros 55 quilowatts. Esse valor pulou para 500 quilowatts em 1995, alcançou 2 megawatts em 1999 e hoje está em 5,6 megawatts. Em 2021, a MHI Vestas Offshore Wind's M164 terá eixos de 105 metros de altura, girando lâminas de 80 metros e gerando até 10 megawatts de energia; será a primeira turbina de dois dígitos disponível comercialmente. Para não ficar atrás, a GE Renewable Energy está desenvolvendo uma máquina de 12 megawatts, com uma torre de 260 metros e lâminas de 107 metros, também a entrar em funcionamento em 2021.

Isso é claramente um exagero, embora se deva observar que projetos ainda maiores também foram assim considerados. Em 2011, o projeto UpWind liberou o chamado "pré-projeto" de uma máquina offshore de 20 megawatts com um diâmetro de rotação de 252 metros (três vezes a envergadura das asas de um *Airbus A380*) e um diâmetro de eixo de 6 metros. Até aqui, o limite

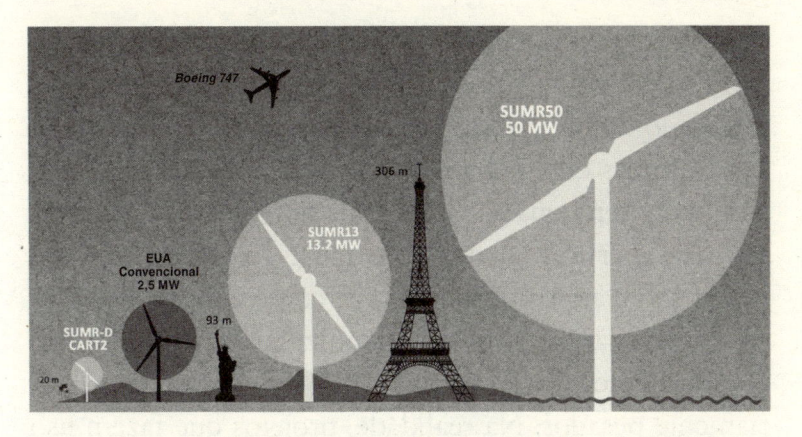

Comparações de alturas e diâmetros das lâminas de
turbinas eólicas

dos maiores projetos conceituais está em 50 megawatts, com altura superior a 300 metros e lâminas de 200 metros capazes de fletir (como copas de palmeiras) quando açoitadas por ventos furiosos.

Insinuar, como fez um entusiástico defensor da ideia, que tal estrutura não apresentaria problemas técnicos porque não é mais alta que a Torre Eiffel, construída 130 anos atrás, é escolher uma comparação inapropriada. Se a altura construível fosse o fator determinante para o projeto de uma turbina eólica, então poderíamos muito bem nos referir ao Burj Khalifa, em Dubai, um arranha-céu de 800 metros inaugurado em 2010, ou à Jeddah Tower, que atingirá mil metros quando ficar pronta. Erigir uma torre alta não é um grande problema; mas outra coisa é projetar uma torre alta que possa sustentar uma nacela imensa e lâminas giratórias operando em segurança por muitos anos.

Turbinas maiores precisam enfrentar os inescapáveis efeitos de escala. A potência da turbina aumenta com o quadrado do raio varrido por suas lâminas: uma turbina com lâminas que tenham o dobro do comprimento teoricamente seria quatro vezes mais potente. Mas a expansão da superfície varrida pelo rotor coloca um esforço maior sobre a estrutura inteira, e, como a massa da lâmina deveria (à primeira vista) aumentar com o cubo do comprimento, projetos maiores devem ser extraordinariamente pesados. Na realidade, projetos que fazem uso de materiais sintéticos leves e madeira balsa podem manter o expoente real na casa de 2,3.

Mesmo assim, a massa (e, portanto, o custo) é somada. Cada uma das três lâminas da máquina de 10 megawatts da Vestas pesará 35 toneladas, e a nacela chegará a quase 400 toneladas (para esta última massa, pense em levantar seis tanques de guerra Adams algumas centenas de metros). O projeto recordista da GE terá lâminas de 55 toneladas, uma nacela de 600 toneladas e uma torre de 2.550 toneladas. O mero transporte de tais lâminas longas e pesadas é um desafio incomum, embora pudesse ser facilitado caso se optasse por um projeto segmentado.

Explorar limites prováveis de capacidade comercial é mais proveitoso que prever máximos específicos para determinadas datas. A potência da turbina eólica é igual a metade da densidade do ar (123 quilos por metro cúbico) vezes a área varrida pelas lâminas (*pi* vezes o raio ao quadrado) vezes o cubo da velocidade do vento. Presumindo uma velocidade do vento de 12 metros por segundo e um coeficiente de conversão de energia de 0,4, então uma turbina de 100 megawatts exigiria rotores de aproximadamente 550 metros de diâmetro.

Para estimar quando obteremos tal máquina, basta responder à seguinte pergunta: quando seremos capazes de produzir lâminas de 275 metros de compostos plásticos e madeira balsa, calcular o transporte e acoplamento com nacelas pendentes a 300 metros acima do solo, assegurar sua sobrevivência a ventos ciclônicos e garantir sua operação confiável por pelo menos 15 ou 20 anos? Não é para já.

A LENTA ASCENSÃO DAS CÉLULAS FOTOVOLTAICAS

Em março de 1958, um foguete foi lançado de Cabo Canaveral levando o satélite *Vanguard I*: uma pequena esfera de alumínio de 1,46 quilo que foi o primeiro objeto a usar células fotovoltaicas em órbita.

Como salvaguarda, um dos dois transmissores do satélite era carregado por baterias de mercúrio, mas elas falharam após somente três meses. Graças ao efeito fotoelétrico, as seis pequenas células de silício monocristalino — absorvendo luz (fótons) no nível atômico e liberando elétrons — foram capazes de fornecer um total de apenas 1 watt e continuaram alimentando um transmissor-farol até maio de 1964.

Isso aconteceu porque, no espaço, o custo não era empecilho. Em meados dos anos 1950, as células fotovoltaicas custavam 300 dólares por watt. O custo caiu para aproximadamente 80 dólares por watt no meio da década de 1970, passou então para 10 dólares no fim dos anos 1980, 1 dólar em 2011, e, no fim de 2019, as células fotoelétricas eram vendidas por apenas 8-12 centavos de dólar por watt, sendo que o custo com certeza diminuirá ainda mais no futuro próximo (é claro que o custo de instalação de painéis fotovoltaicos e do equipamento associado para gerar eletricidade é substancialmente mais

Vista aérea da Estação de Energia Ouarzazate Noor, no Marrocos. Com 510 megawatts, é a maior instalação fotovoltaica do mundo

alto, dependendo da escala de um projeto, que hoje varia de minúsculas instalações em telhados a grandes campos solares em desertos).

Essa é uma boa notícia, porque as células fotovoltaicas têm uma densidade de energia mais alta que qualquer outra forma de conversão de energia renovável. Mesmo como média anual já atingem 10 watts por metro quadrado em lugares ensolarados, mais de uma ordem de grandeza que os biocombustíveis. E, com uma crescente eficiência de conversão e melhor rastreamento, deve ser possível aumentar os fatores de capacidade anual de 20% a 40%.

Mas levou um bom tempo até chegarmos a esse ponto. Edmond Becquerel descreveu pela primeira vez o efeito fotovoltaico em uma solução em 1839, e William Adams e Richard Day o descobriram no selênio em 1876. As oportunidades comerciais se abriram somente quando a célula de silício foi inventada, na Bell Telephone Laboratories, em 1954. Mesmo na época, o custo por watt se manteve em torno de 300 dólares (mais de 2.300 dólares em valores de 2020), e, exceto pelo uso em alguns brinquedos, as células fotovoltaicas simplesmente não eram práticas.

Foi Hans Ziegler, um engenheiro eletrônico do Exército norte-americano, quem voltou atrás na decisão inicial da Marinha dos Estados Unidos de usar apenas baterias no *Vanguard*. Nos anos 1960, as células fotovoltaicas possibilitaram o fornecimento de energia a satélites muito maiores, que revolucionaram as telecomunicações, a espionagem espacial, as previsões meteorológicas e o monitoramento de ecossistemas. À medida que os custos caíam, multiplicavam-se as aplicações, e as células fotovoltaicas começaram a alimentar as luzes de faróis marítimos, plataformas marinhas de perfuração de petróleo e gás natural, além de cruzamentos ferroviários.

Comprei minha primeira calculadora científica solar — a Galaxy Solar TI-35, da Texas Instruments — quando ela foi lançada, em 1985. Suas quatro células (cada uma com cerca de 170 milímetros quadrados) ainda funcionam bem, passados mais de 30 anos.

Mas a geração mais consistente de eletricidade fotovoltaica precisou esperar por maiores reduções de preço dos módulos. Em 2000, a geração fotovoltaica global fornecia menos de 0,01% da eletricidade global; uma década depois, a parcela cresceu uma ordem de grandeza, chegando a 0,16%; e, em 2018, estava em 2,2%, uma fração ainda pequena em comparação com a eletricidade produzida pelas estações hidrelétricas do mundo (quase 16% da produção total em 2018). Hoje, em algumas regiões ensolaradas, a geração solar faz uma diferença considerável, mas em termos globais ainda tem um longo caminho a percorrer para rivalizar com a força da água.

Nem mesmo a previsão mais otimista — a da Agência Internacional de Energia Renovável — espera que a produção fotovoltaica compense a diferença até 2030. Mas as células fotovoltaicas podem gerar 10% da eletricidade mundial em 2030. A essa altura, terão se passado cerca de 7 décadas desde que as pequenas células do *Vanguard I* começaram a fornecer energia para seu transmissor-farol e cerca de 150 anos desde que o efeito fotovoltaico foi descoberto em um sólido. As transições de energia em escala global levam tempo.

POR QUE A LUZ DO SOL AINDA É A MELHOR

Pode-se rastrear de forma aproximada o progresso da civilização pela iluminação — acima de tudo, a potência, o custo e a eficácia luminosa. A última medida refere-se à capacidade de uma fonte luminosa de produzir uma resposta significativa no olho, e é o fluxo luminoso total (em lumens) dividido pela potência nominal (em watts).

Em condições fotópicas (isto é, sob luz boa, que permite a percepção de cores), a eficácia luminosa da luz visível tem um pico de 683 lumens por watt em um comprimento de onda de 555 nanômetros. Isso na parte verde do espectro — a cor que parece, em qualquer nível de potência, a mais brilhante.

Durante milênios, nossas fontes de luz artificial se mantiveram três ordens de grandeza atrás desse pico teórico. As velas tinham eficácia luminosa de apenas 0,2 a 0,3 lúmen por watt; as luzes de gás de carvão (comuns em cidades europeias durante o século XIX) tinham um desempenho 5 ou 6 vezes melhor; e os filamentos de carbono nas primeiras lâmpadas incandescentes de Edison se saíam apenas um pouco melhor que isso. As eficácias deram um salto com os filamentos de metal: primeiro com o ósmio, em 1898, para 5,5 lumens por watt; depois de 1901, com o tântalo, para 7 lumens por watt; e, mais ou menos uma década mais tarde, a radiação do tungstênio no vácuo subiu até 10 lumens por watt. Colocar filamentos de tungstênio em uma mistura de nitrogênio e argônio elevou a eficácia das lâmpadas domésticas comuns para 12 lumens por watt, e os filamentos espiralados, a partir de 1934, ajudaram a elevar a eficácia das incandescentes para mais de 15 lumens por watt em lâmpadas de 100 watts, que eram a fonte-padrão de luz forte nas duas primeiras décadas após a Segunda Guerra Mundial.

A iluminação baseada em princípios diferentes — lâmpadas de sódio a baixa pressão e lâmpadas de vapor de mercúrio a baixa pressão (lâmpadas fluorescentes) — foi introduzida na década de 1930, mas só teve o uso difundido nos anos 1950. Hoje as melhores lâmpadas fluorescentes com conectores eletrônicos podem produzir cerca de 100 lumens por watt; lâmpadas de sódio a alta pressão produzem 150 lumens por watt; e lâmpadas de sódio a baixa pressão podem chegar a 200 lumens por watt. No entanto, as lâmpadas de baixa pressão produzem apenas luz amarela monocromática em 589 nanômetros, e é por isso que não são usadas em residências, apenas na iluminação de ruas.

Nossa maior esperança hoje reside em díodos emissores de luz (LEDs, na sigla em inglês). Os primeiros foram inventados em 1962 e forneciam apenas luz vermelha; uma década depois, veio o verde; e então, nos anos 1990,

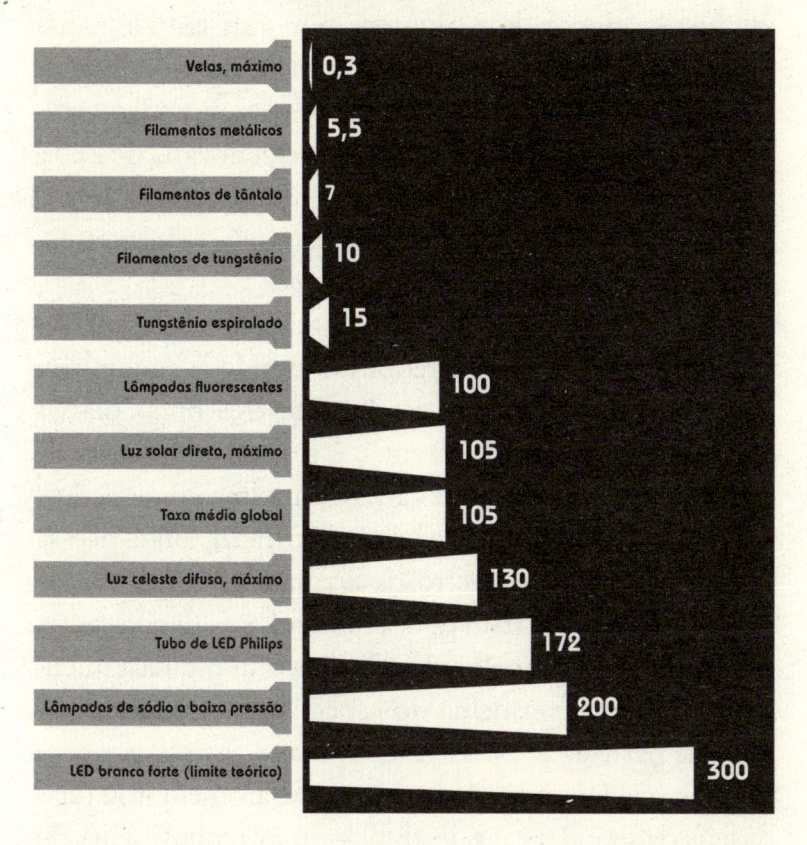

Lumens por watt

Velas, máximo	0,3
Filamentos metálicos	5,5
Filamentos de tântalo	7
Filamentos de tungstênio	10
Tungstênio espiralado	15
Lâmpadas fluorescentes	100
Luz solar direta, máximo	105
Taxa média global	105
Luz celeste difusa, máximo	130
Tubo de LED Philips	172
Lâmpadas de sódio a baixa pressão	200
LED branca forte (limite teórico)	300

o azul de alta intensidade. Revestindo esses LEDs azuis com fósforos fluorescentes, os engenheiros foram capazes de converter parte da luz azul em cores mais quentes e assim produzir luz branca adequada para iluminação interior. O limite teórico para LEDs de luz branca forte é de aproximadamente 300 lumens por watt, mas ainda falta muito para as lâmpadas disponíveis comercialmente atingirem esse valor nominal. Nos Estados Unidos, onde o padrão é 120 volts, a Philips vende LEDs que oferecem eficácia luminosa de 89 lumens por watt em lâmpadas tipo bulbo na cor branca suave e com luminosidade regulável (*dimmer*), substituindo as lâmpadas incandescentes de 100 watts. Na Europa, onde a voltagem varia de 220 a 240 volts, a companhia vende um tubo de LED de 172 lumens por watt, substituindo os tubos fluorescentes europeus de 1,5 metro de comprimento.

LEDs de alta eficácia já proporcionam significativas economias de energia ao redor do mundo — e também têm a vantagem de fornecer luz por três horas diárias durante mais ou menos 20 anos; e, se você se esquecer de desligá-los, dificilmente notará na próxima conta de luz. Mas, como as outras fontes de luz artificial, ainda não se comparam com o espectro da luz natural. As lâmpadas incandescentes emitiam pouca luz azul, e as fluorescentes mal emitiam o vermelho; LEDs têm muito pouca intensidade na parte vermelha do espectro e intensidade demais na parte azul. Não agradam muito aos olhos.

A eficácia luminosa de fontes artificiais melhorou duas ordens de grandeza desde 1880 — mas replicar a luz do sol em interiores ainda continua fora de alcance.

POR QUE PRECISAMOS DE BATERIAS MAIORES

Seria muito mais fácil expandir nosso uso de energia solar e eólica se tivéssemos meios melhores de armazenar as grandes quantidades de energia de que precisaríamos para preencher as lacunas no fluxo dessa energia.

Mesmo na ensolarada Los Angeles, uma casa típica com telhado que contivesse painéis fotovoltaicos suficientes para atender às suas necessidades médias ainda enfrentaria déficits diários de até 80% da demanda em janeiro e superávits diários de até 65% em maio. Essa casa poderia ser retirada da rede apenas se for instalada uma volumosa e cara composição de baterias de íon-lítio. E até mesmo uma pequena rede nacional — com potência de 10 a 30 gigawatts — poderia se basear inteiramente em fontes intermitentes, contanto que tivesse capacidade de armazenagem em escala de gigawatts para trabalhar por muitas horas.

Desde 2007, mais da metade da humanidade mora em áreas urbanas, e até 2050 mais de 6,3 bilhões de pessoas viverão em cidades, correspondendo a dois terços da população global, com uma parcela crescente em megacidades de mais de 10 milhões de habitantes (ver A ASCENSÃO DAS

MEGACIDADES). A maioria dessas pessoas vai morar em edifícios, então a possibilidade de geração local será limitada, mas elas precisarão de um abastecimento incessante de eletricidade para suas casas, serviços, indústrias e transportes.

Pense numa megacidade asiática atingida por um tufão por um ou dois dias. Mesmo se linhas de longa distância pudessem suprir mais da metade da demanda da cidade, ela ainda necessitaria de muitos gigawatts-hora armazenados para suportar a situação até que a geração intermitente pudesse ser restaurada (ou usar combustível fóssil como reserva — exatamente o que estamos tentando evitar).

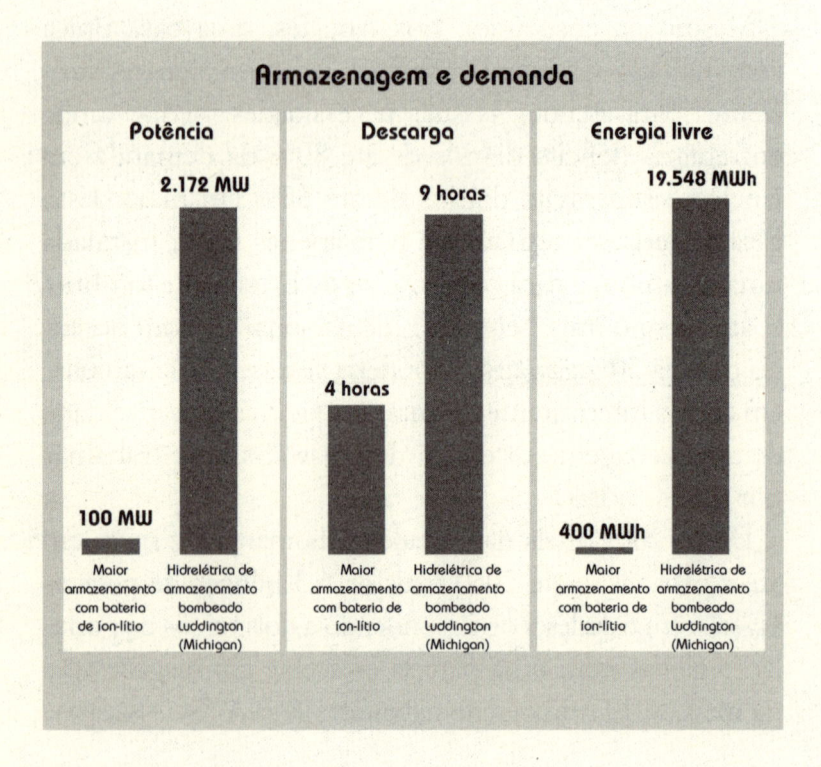

Armazenagem e demanda

Potência	Descarga	Energia livre
2.172 MW	9 horas	19.548 MWh
100 MW	4 horas	400 MWh
Maior armazenamento com bateria de íon-lítio	Hidrelétrica de armazenamento bombeado Luddington (Michigan)	Maior armazenamento com bateria de íon-lítio / Hidrelétrica de armazenamento bombeado Luddington (Michigan)

As baterias de íon-lítio são atualmente os cavalos de carga em termos de armazenagem, tanto em aplicações estacionárias quanto nas móveis. Elas empregam um composto de lítio no eletrodo positivo e grafite no negativo (baterias comuns de carro de chumbo-ácido usam dióxido de chumbo e chumbo nos eletrodos). Mas, apesar de ter uma densidade de energia muito mais alta que as baterias de chumbo-ácido, as de íon-lítio ainda são inadequadas para atender às necessidades de armazenagem em larga escala e longo prazo. O maior sistema de armazenagem, compreendendo mais de 18 mil baterias de íon-lítio, está sendo construído em Long Beach para a Edison do sul da Califórnia pela AES Corporation. Quando for finalizada, em 2021, será capaz de operar com 100 megawatts por 4 horas. Mas essa energia total de 400 megawatts-hora ainda é duas ordens de grandeza inferior ao que uma grande cidade asiática necessitaria caso seja privada de seu abastecimento intermitente.

Então temos que aumentar a escala da armazenagem, mas como? As baterias de sódio-enxofre têm maior densidade de energia que as de íon-lítio, mas o metal líquido quente é um eletrólito extremamente inconveniente. As baterias de fluxo, que armazenam energia diretamente no eletrólito, ainda estão no primeiro estágio de desenvolvimento. Os supercapacitores não podem prover eletricidade durante tempo suficiente. E o ar comprimido e os volantes de inércia, os favoritos da mídia, só puderam ser usados em mais ou menos uma dúzia de instalações pequenas ou médias. Talvez a maior esperança de longo prazo seja utilizar eletricidade solar barata para decompor a água por eletrólise e usar o hidrogênio produzido como combustível de multipropósitos, mas tal economia baseada no hidrogênio não é iminente.

Assim, quando a escala das coisas aumenta, ainda precisamos nos basear em uma tecnologia que remonta aos anos 1890: armazenamento bombeado. Constrói-se um reservatório em um lugar alto, faz-se a ligação por meio de canos com outro reservatório mais baixo, e usa-se a eletricidade noturna, mais barata, para bombear água morro acima de modo a girar as turbinas durante as horas de pico de demanda. O armazenamento bombeado é responsável por mais de 99% da capacidade de armazenamento mundial, mas inevitavelmente envolve perda de energia da ordem de 25%. Muitas instalações têm uma capacidade de curto prazo superior a 1 gigawatt — a maior é de 3 gigawatts —, e seria necessário mais de uma para uma megacidade que dependa completamente de geração solar e eólica.

A maioria das megacidades, porém, não está nem perto das escarpas íngremes ou dos vales montanhosos profundos necessários para o armazenamento bombeado. Muitas — inclusive Xangai, Calcutá e Carachi — se localizam em planícies costeiras. Elas só poderiam se basear no armazenamento bombeado através de transmissão de longa distância.

É evidente a necessidade por armazenamento de energia mais flexível, em maior escala e menos custoso. Mas o milagre está demorando para sair.

POR QUE NAVIOS PORTA-CONTÊINERES ELÉTRICOS SÃO DIFÍCEIS DE NAVEGAR

Praticamente tudo que vestimos ou usamos em casa um dia esteve guardado em contêineres em navios cujos motores a diesel os propulsionaram da Ásia, emitindo partículas e dióxido de carbono. Com certeza você deve estar pensando: poderíamos fazer isso melhor.

Afinal, usamos locomotivas elétricas há mais de um século e trens elétricos de alta velocidade há mais de meio século e recentemente expandimos a frota global de carros elétricos. Por que não temos navios porta-contêineres elétricos?

Na realidade, o primeiro deles foi programado para começar a operar em 2021: o *Yara Birkeland*, construído pela Marin Teknikk, da Noruega, é não somente o primeiro navio porta-contêineres movido a eletricidade, com emissões zero, mas também a primeira embarcação comercial autônoma.

Mas não descartemos ainda os navios gigantes movidos a diesel e seu papel crucial em uma economia globalizada. Eis um cálculo rápido que explica por quê...

Os contêineres têm tamanhos diferentes, mas a maioria é do padrão de unidades equivalentes a 20 pés (TEU, na sigla em inglês) — prismas retangulares de 6,1 metros (20 pés) de comprimento e 2,4 metros de largura. Os primeiros porta-contêineres pequenos dos anos 1960 transportavam meras centenas de TEUs; atualmente, quatro navios lançados em 2019, pertencentes à MSC Switzerland (*Gülsün*, *Samar*, *Leni* e *Mia*), detêm o recorde, com 23.756 cada um. Quando viajam muito devagar (16 nós, para economizar combustível), esses navios vão de Hong Kong a Hamburgo (via canal de Suez), um percurso de mais de 21 mil quilômetros, em 30 dias.

Consideremos o *Yara Birkeland*. Ele levará apenas 120 TEUs, sua velocidade de serviço será de 6 nós, e sua ope-

Modelo do *Yara Birkeland*

ração mais longa pretendida será de 30 milhas náuticas — entre Herøya e Larvik, na Noruega. As embarcações de contêineres mais modernas transportam, portanto, aproximadamente 200 vezes mais caixas a distâncias quase 400 vezes maiores, 3 ou 4 vezes mais rápido do que o navio elétrico pioneiro pode operar.

Quais são os pré-requisitos para que um navio elétrico transporte até 18 mil TEUs, uma carga intercontinental comum hoje em dia? Em uma viagem de 31 dias, a maioria das embarcações a diesel eficientes atualmente queima 4.650 toneladas de combustível (petróleo residual de baixa qualidade ou diesel), com cada tonelada contendo 42 gigajoules. Trata-se de uma densidade de energia de aproximadamente 11.700 watts-hora por quilo, *versus* 300 watts-hora por quilo para as baterias de íon-lítio de hoje — uma diferença de quase 40 vezes.

A demanda total de combustível para a viagem é de cerca de 195 terajoules, ou 54 gigawatts-hora. Grandes motores a diesel (e os que estão instalados em navios porta-contêineres são os maiores que temos) têm eficiência de aproximadamente 50%, o que significa que a energia efetivamente utilizada para propulsão é metade da demanda total de combustível, ou cerca de 27 gigawatts-hora. Para atender a essa demanda, grandes motores elétricos operando com 90% de eficiência precisariam de aproximadamente 30 gigawatts-hora de eletricidade.

Mesmo se carregássemos o navio com as melhores baterias comerciais de íon-lítio (300 watts-hora por quilo), a embarcação ainda teria de transportar cerca de 100 mil toneladas dessas baterias para ir sem parar da Ásia à Europa em um mês (para efeito de comparação, os carros elétricos contêm cerca de 500 quilos, ou 0,5 tonelada, de baterias de íon-lítio). Essas baterias, por si sós, ocupariam cerca de 40% da capacidade máxima de carga — uma proposta economicamente desvantajosa, sem contar o desafio de carregar e operar o navio. E, mesmo se forçássemos as baterias até obter uma densidade energética de 500 watts-hora por quilo antes do que seria esperado, um navio de 18 mil TEUs ainda precisaria de aproximadamente 60 mil toneladas delas para uma viagem intercontinental longa a uma velocidade relativamente baixa.

A conclusão é óbvia. Para ter um navio elétrico com baterias e motores que ultrapassassem o peso do combustível (cerca de 5 mil toneladas) e do motor a diesel (cerca de 2 mil toneladas), com as dimensões dos grandes porta-contêineres de hoje, precisaríamos de baterias com densidade de energia mais do que 10 vezes superior à das melhores unidades de íon-lítio atuais.

Mas essa é uma exigência realmente difícil: nos últimos 70 anos, a densidade de energia das melhores baterias comerciais nem sequer quadruplicou.

O CUSTO REAL DA ELETRICIDADE

Em muitos países ricos, o novo século trouxe uma mudança na trajetória de longo prazo dos preços da eletricidade: eles aumentaram não só em termos monetários atuais, mas até mesmo depois de feitas as correções pela inflação. Mesmo assim, a eletricidade continua custando uma admirável pechincha — ainda que, conforme esperado, seja uma pechincha com muitas peculiaridades de um país para outro, devido não apenas às contribuições específicas de diferentes fontes, mas também à persistente regulação governamental.

A perspectiva histórica mostra a trajetória de um valor extraordinário, e isso explica a onipresença da eletricidade no mundo moderno. Quando corrigido pela inflação (e expresso em moeda constante de 2019), o preço médio da eletricidade residencial nos Estados Unidos caiu de 4,81 dólares por quilowatt-hora em 1902 (quando a média nacional começou a ser registrada) para 30,5 centavos de dólar em 1950, depois para 12,2 centavos em 2000; e, no começo de 2019, era apenas um pouco mais alto, 12,7 centavos por quilowatt-hora. Isso representa uma redução relativa de mais de 97% — ou, dito de outra maneira,

1 dólar hoje compra aproximadamente 38 vezes mais eletricidade do que em 1902. Mas, nesse período, a média (mais uma vez, corrigida pela inflação) dos salários do setor manufatureiro sextuplicaram, o que significa que atualmente, na residência de um operário, a eletricidade é mais de 200 vezes mais acessível (o custo ajustado pelos ganhos é menos de 0,5% do custo de 1902) do que era quase 120 anos atrás.

Mas compramos eletricidade para convertê-la em luz ou energia cinética ou calor, e as melhorias de eficiência tornaram seus usos finais ainda mais baratos, sendo que o ganho mais impressionante está na iluminação. Em 1902, uma lâmpada incandescente com filamento de tântalo produzia 7 lumens por watt; em 2019, uma lâmpada LED regulável (com *dimmer*) fornece 89 lumens por hora. Isso significa que um lúmen de luz elétrica para uma residência da classe trabalhadora é hoje aproximadamente 2.500 vezes mais acessível do que era no começo do século XX.

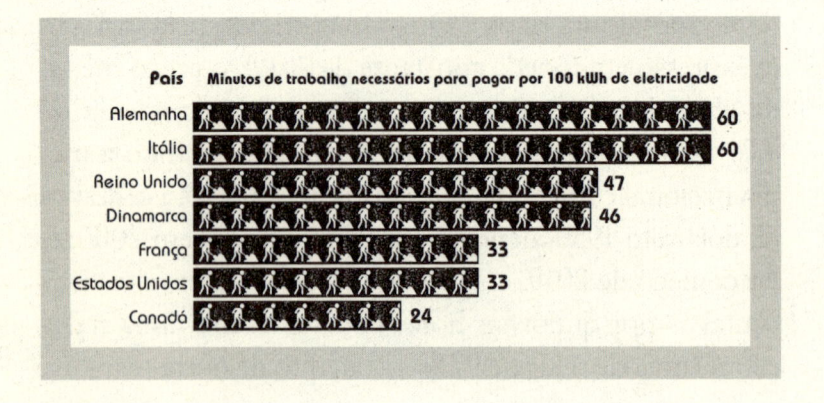

País	Minutos de trabalho necessários para pagar por 100 kWh de eletricidade
Alemanha	60
Itália	60
Reino Unido	47
Dinamarca	46
França	33
Estados Unidos	33
Canadá	24

A perspectiva internacional mostra algumas diferenças surpreendentes. A eletricidade residencial nos Estados Unidos é mais barata que em qualquer outra nação rica, com exceção de Canadá e Noruega, os países de alta renda com as maiores parcelas de geração hidrelétrica (59% e 95%, respectivamente). Quando se usam as taxas de câmbio atuais, o preço residencial nos Estados Unidos é cerca de 55% da média da União Europeia, cerca de metade da média japonesa e menos que 40% da taxa alemã. Os preços da eletricidade na Índia, no México, na Turquia e na África do Sul são mais baixos que nos Estados Unidos quando convertidos usando as taxas de câmbio oficiais, mas consideravelmente mais altos considerando a paridade do poder de compra: mais que o dobro na Índia; quase o triplo na Turquia.

Quando se leem relatórios sobre a queda drástica no custo das células fotovoltaicas (ver A LENTA ASCENSÃO DAS CÉLULAS FOTOVOLTAICAS) e os preços altamente competitivos das turbinas eólicas, um observador ingênuo poderia concluir que a parcela crescente das novas fontes de energia renovável (solar e eólica) anuncia uma era de quedas ainda maiores no preço da eletricidade. Mas, na realidade, é o contrário. Antes do ano 2000, quando a Alemanha começou a implementar um caro programa de expansão da geração de eletricidade renovável (*Energiewende*) em larga escala, os preços da eletricidade residencial eram baixos e estavam em queda — chegando a um mínimo de menos de 0,14 euro por quilowatt-hora em 2000.

Em 2015, a combinação entre a capacidade solar e a eólica, de aproximadamente 85 gigawatts, ultrapassou o total instalado em usinas de combustível fóssil, e, em março de 2019, mais de 20% de toda a eletricidade provinha de novas fontes de energia renovável — mas os preços haviam mais que duplicado em 18 anos, para 0,29 euro por quilowatt-hora. O preço da energia elétrica na maior economia da União Europeia é, portanto, o segundo maior do continente: perde apenas para o da Dinamarca, que depende bastante do vento (em 2018, 41% de sua energia era eólica), sendo de 0,31 euro por quilowatt-hora. Na Califórnia, com as novas fontes de energia renovável respondendo por uma parcela crescente da eletricidade produzida, os preços vêm subindo mais depressa que a média nacional e hoje são quase 60% mais altos que a média do país.

A INEVITÁVEL LENTIDÃO DAS TRANSIÇÕES DE ENERGIA

Em 1800, apenas o Reino Unido e algumas localidades na Europa e no norte da China queimavam carvão para gerar calor — 98% da energia primária do mundo provinha de combustíveis de biomassa, na maior parte madeira e carvão vegetal; em regiões desmatadas, a energia também provinha de palha e excrementos secos de animais. Em 1900, à medida que a mineração de carvão se expandiu e a produção de petróleo e gás na América do Norte e na Rússia teve início, a biomassa supria metade da energia primária do mundo; em 1950, ainda era de aproximadamente 30%; e, no começo do século XXI, havia diminuído para 12%, embora, em muitos países subsaarianos, continue acima de 80%. Claramente, foi demorada a transição de carbono novo (em tecidos de plantas) para carbono velho (fóssil) em carvão mineral, petróleo cru e gás natural.

Hoje estamos nos estágios iniciais de uma transição muito mais desafiadora: a descarbonização do abastecimento mundial de energia necessária para evitar as piores consequências do aquecimento global. Contrariando a impressão comum, essa transição não vem progredindo em um ritmo que se compare à adoção de telefones celulares. Em termos absolutos, o mundo vem mergulhando com tudo no carbono (ver Tropeçando no carbono) e não diminuindo as emissões, e em termos relativos nossos ganhos continuam em menos de dois dígitos.

A primeira Convenção-Quadro das Nações Unidas sobre Mudança do Clima foi organizada em 1992. Naquele ano, os combustíveis fósseis (usando a conversão de combustíveis e eletricidade segundo um denominador comum preferido pela BP em seu relatório estatístico anual) forneceram 86,6% da energia primária do mundo. Em 2017, esse percentual foi de 85,3%, uma redução de mero 1,5% em 25 anos.

Esse indicador-chave do ritmo de transição da energia global talvez seja o lembrete mais convincente da dependência mundial fundamental continuada do carbono

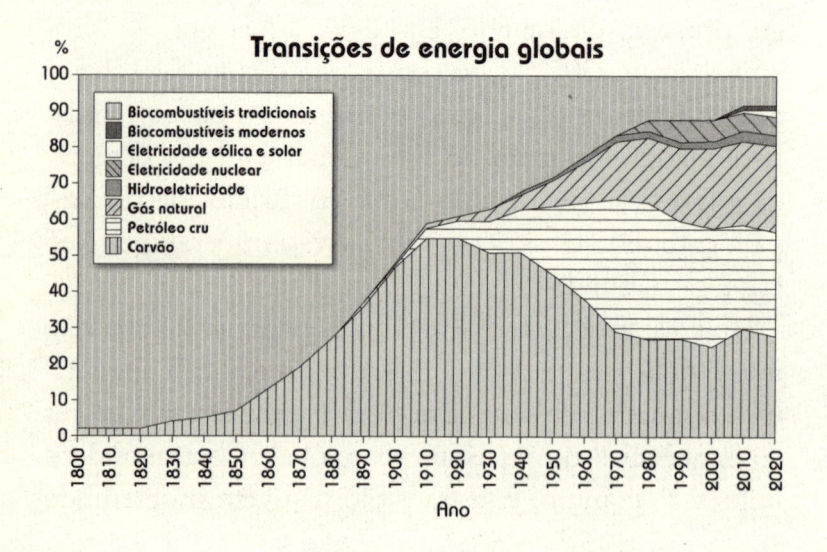

Transições de energia globais

- Biocombustíveis tradicionais
- Biocombustíveis modernos
- Eletricidade eólica e solar
- Eletricidade nuclear
- Hidroeletricidade
- Gás natural
- Petróleo cru
- Carvão

fóssil. Pode uma redução marginal de 1,5% em 25 anos ser seguida nos próximos 25-30 anos pela substituição de aproximadamente 80% da energia primária do mundo por alternativas sem carbono, no intuito de chegar perto de zero carbono fóssil em 2050? Os negócios habituais não nos levarão até lá, e os únicos cenários plausíveis são ou um colapso da economia global, ou a adoção de novas fontes de energia em um ritmo e uma escala muito além das nossas capacidades imediatas.

Leitores casuais de notícias são iludidos pelos supostos avanços das energias solar e eólica. De fato, essas fontes renováveis vêm progredindo de forma constante e impressionante: em 1992, forneciam apenas 0,5% da eletricidade no mundo e, em 2017, contribuíam com 4,5%. Mas isso significa que, nesses 25 anos, a descarbonização da geração de eletricidade se deveu mais à expansão das hidrelétricas do que às instalações solares e eólicas combinadas. E, como a eletricidade representa apenas 27% do consumo final de energia no mundo, esses avanços se traduzem em uma parcela muito menor da redução global de carbono.

Mas hoje a indústria das energias solar e eólica está madura, podendo-se acionar novas instalações rapidamente, de modo a aumentar o ritmo de descarbonização do abastecimento elétrico. Em contraste, diversos setores econômicos fundamentais dependem fortemente de combustíveis fósseis, e não temos nenhuma alternativa ao carbono que possa substituí-los com agilidade e nas grandes escalas necessárias. Esses setores incluem transportes de longa distância (hoje quase totalmente dependentes de querosene de aviação para jatos e de diesel, óleo combustível e gás natural liquefeito para navios-tanque, de carga e porta-contêineres); a produção de mais de 1 bilhão de toneladas de ferro primário (que exige coque feito de carvão para fundição de minérios de ferro em altos-fornos) e mais de 4 bilhões de toneladas de cimento (produzido em imensos fornos giratórios alimentados por combustíveis fósseis de baixa qualidade); a síntese de quase 200 milhões de toneladas de amônia e aproximadamente 300 milhões de toneladas de plástico (começando com compostos derivados de gás natural e petróleo cru); e aquecimento de ambientes (hoje dominado pelo gás natural).

Esses fatos, e não o pensamento positivo, devem guiar nossa compreensão das transições de energia primária. Substituir 10 bilhões de toneladas de carbono fóssil é um desafio fundamentalmente diferente de alavancar as vendas de pequenos aparelhos eletrônicos portáteis para mais de 1 bilhão de unidades por ano. Este último feito aconteceu em questão de anos; o primeiro é uma tarefa para muitas décadas.

TRANSPORTE: COMO NOS DESLOCAMOS

ENCOLHENDO A VIAGEM TRANSATLÂNTICA

Navios a vela de transporte comercial há muito levavam três — às vezes quatro — semanas para fazer a travessia do Atlântico no sentido leste; a rota para oeste, contra o vento, geralmente levava 6 semanas. A primeira embarcação a vapor que fez a travessia para leste, em 1833, foi o SS *Royal William*, construído em Quebec, o qual viajou até a Inglaterra depois de fazer escala para pegar carvão na Nova Escócia. Foi somente em abril de 1838 que os navios a vapor fizeram as viagens pioneiras no sentido oeste. E isso ocorreu de forma inesperadamente dramática.

Isambard Kingdom Brunel, um dos grandes engenheiros britânicos do século XIX, construiu o SS *Great Western* para a Great Western Steamship Company, tendo em vista a viagem Bristol-Nova York. O navio estava pronto para zarpar em 31 de março de 1838, mas um incêndio a bordo adiou a partida para 8 de abril.

Entrementes, a British and American Steamship Navigation Company tentou passar a perna em Brunel quando fretou o SS *Sirius*, uma pequena embarcação de madeira com roda de pás construída para o serviço irlandês

(Londres-Cork). O *Sirius* partiu de Cobh, Irlanda, em 4 de abril de 1838, com as caldeiras operando sob pressão de 34 quilopascals para um pico de potência do motor de 370 quilowatts (para comparação, um Ford Mustang tem potência nominal de 342 quilowatts). Com 460 toneladas de carvão a bordo, o navio podia viajar quase 5.400 quilômetros (2.916 milhas náuticas) — quase toda a distância até o porto de Nova York.

O *Great Western* de Brunel: o navio com roda de pás e motor a vapor ainda tinha aparelhamento para velas

Em contraste, o *Great Western* era o maior navio de passageiros do mundo, com 128 leitos na primeira classe. As caldeiras do navio também trabalhavam a 34 quilopascals, mas seus motores eram capazes de transmitir 560 quilowatts (a potência dos geradores industriais a diesel atuais) e, em sua primeira viagem transatlântica, a média de velocidade foi de 16,04 quilômetros por hora (mais lento que os melhores maratonistas de hoje, cuja média fica pouco acima de 21 quilômetros por hora). Mesmo com seus 4 dias de vantagem na partida, o *Sirius* (com média de 14,87 quilômetros por hora) mal conseguiu ultrapassar o navio mais rápido, chegando a Nova York em 22 de abril de 1838 — depois de 18 dias, 14 horas e 22 minutos.

Histórias posteriores dramatizaram a arrancada final alegando que o estoque de carvão do *Sirius* se esgotou e foi preciso queimar móveis e até mesmo os mastros para chegar ao porto. Não é verdade, embora tenham queimado vários tambores de resina. Quando o *Great Western* chegou no dia seguinte, após 15 dias e 12 horas, mesmo depois de queimar 655 toneladas de carvão, ainda tinha 200 toneladas de reserva.

O vapor reduziu pela metade o tempo de uma viagem transatlântica, e os recordes continuaram sendo quebrados. Em 1848, o SS *Europa*, da Cunard, fez a travessia em 8 dias e 23 horas. Em 1888, a viagem levava pouco mais de 6 dias; e, em 1907, o RMS *Lusitania*, movido por turbinas a vapor, ganhou a Fita Azul (troféu pela travessia do Atlântico mais rápida) com um tempo de 4 dias, 19 horas e 52 minutos. O último recordista, o SS *United States*, o fez em 3 dias, 10 horas e 40 minutos, em 1952.

A era seguinte, na qual os aviões comerciais com motor de pistões faziam a travessia em 14 horas ou mais, foi breve, porque, em 1958, o primeiro turbojato comercial norte-americano, o *Boeing 707*, fazia voos programados regulares de Londres a Nova York em menos de 8 horas (ver Q{uando} {começou} {a} {era} {do} {jato}?). As velocidades de cruzeiro não mudaram muito: o *Boeing 787 Dreamliner* viaja a 913 quilômetros por hora, e os voos Londres-Nova York ainda demoram 7,5 horas.

O caro, barulhento e malfadado Concorde supersônico era capaz de fazer a travessia em 3,5 horas, mas esse pássaro jamais voltará a voar. Diversas companhias estão desenvolvendo aviões de transporte supersônicos, e a Airbus patenteou um conceito hipersônico, com uma velocidade de cruzeiro que corresponde a 4,5 vezes a velocidade do som. Tal aeronave chegaria ao Aeroporto Internacional JFK apenas uma hora depois de deixar Heathrow.

Mas será que realmente precisamos de uma velocidade dessas a um custo de energia muito mais alto? Em comparação com a época do *Sirius*, em 1838, o tempo de travessia diminuiu mais de 98%. O tempo de voo é perfeito para ler um bom romance — ou até mesmo este livro.

OS MOTORES VIERAM ANTES DAS BICICLETAS!

Alguns avanços técnicos são retardados ou por falta de imaginação ou por uma combinação de circunstâncias obstrutivas. Não consigo pensar em um exemplo melhor do que a bicicleta.

Em Mannheim, mais de 2 séculos atrás, em 12 de junho de 1817, Karl Drais, um guarda-florestal do grão-ducado de Baden, na Alemanha, demonstrou pela primeira vez sua *Laufmaschine* [máquina de correr], mais tarde também conhecida como dresina ou cavalo de madeira. Com o assento no meio, guidom na roda dianteira e rodas com o mesmo diâmetro, esse foi o modelo de todos os veículos posteriores que viriam a exigir equilíbrio constante. No entanto, era propulsionado não pela pedalada, mas pelos pés no chão, como Fred Flintstone.

Drais perfazia quase 16 quilômetros em pouco mais de uma hora na sua pesada bicicleta de madeira, mais rápido que uma carroça típica puxada por cavalos. Mas é óbvio, pelo menos hoje, que o projeto era desajeitado e ainda havia poucas ruas de pavimento firme, mais apropriadas. Embora, nas décadas após 1820, tenha havido uma abundância de invenções como locomotivas, bar-

Bicicleta de segurança Rover, de John Kemp Starley

cos a vapor e técnicas de manufatura, por que demorou tanto tempo para ser inventado um meio de propulsão que pudesse tornar a bicicleta uma máquina prática, capaz de ser manejada por qualquer pessoa, a não ser bebês de colo?

Diversas respostas são óbvias. As bicicletas de madeira eram pesadas e desajeitadas, e os componentes de aço (quadro, aros, raios), necessários para projetar máquinas duráveis, ainda não estavam disponíveis a um custo baixo. As viagens eram desconfortáveis em ruas não pavimentadas. Os pneus a ar só foram inventados no fim dos anos 1880 (ver próximo capítulo). E ainda foi preciso que a renda nos centros urbanos aumentasse primeiro para permitir a adoção em maior escala daquilo que era essencialmente uma máquina de lazer.

Foi somente em 1866 que Pierre Lallement obteve a patente americana de uma bicicleta propulsionada por pedais presos a uma roda dianteira ligeiramente maior. E, a partir de 1868, Pierre Michaux tornou popular esse projeto de *vélocipède* na França. Mas a Michaudine não se tornou a precursora das bicicletas modernas; foi apenas uma novidade efêmera. A década de 1870 e o início da seguinte foram dominados pelas bicicletas de roda dianteira alta (também conhecidas como *penny-farthing*), cujos pedais eram presos diretamente aos eixos da roda dianteira, com diâmetro até 1,5 metro para percorrer uma distância mais longa a cada rotação dos pedais. Essas máquinas desajeitadas podiam ser rápidas, mas era difícil subir nelas e era arriscado manejá-las; seu uso exigia destreza, energia e tolerância a quedas perigosas.

Foi só em 1885 que dois inventores britânicos, John Kemp Starley e William Sutton, começaram a disponibilizar suas bicicletas de segurança Rover, com rodas do mesmo tamanho, guidom direto, corrente e roda dentada, além de um quadro de aço tubular. Embora não tivesse ainda o clássico formato atual, era realmente um projeto de bicicleta moderna, pronto para adoção em massa. A tendência se acelerou em 1888, com a introdução dos pneus com câmara de ar de John Dunlop.

Assim, uma simples máquina de equilíbrio com duas rodas de mesmo tamanho, um pequeno quadro de metal e uma roda dentada com corrente surgiu mais de um século *após* as máquinas a vapor aperfeiçoadas de Watt (1765), mais de meio século *após* a criação de locomotivas mecânicas muito mais complexas (1829), anos *após* o início da geração de eletricidade comercial (1882) — mas *concomitantemente* aos primeiros projetos de automóveis. Os primeiros motores leves de combustão interna foram montados sobre carroças de três ou quatro rodas por Karl Benz, Gottlieb Daimler e Wilhelm Maybach em 1886.

Embora os carros tenham mudado muito entre 1886 e 1976, o desenho da bicicleta permaneceu notavelmente o mesmo. As primeiras bicicletas feitas para andar em montanhas só começaram a ser fabricadas em 1977. A adoção disseminada de novidades como ligas caras, materiais compostos, quadros de aparência estranha, rodas sólidas e guidom invertido só teve início nos anos 1980.

A SURPREENDENTE HISTÓRIA DOS PNEUS INFLÁVEIS

Há poucas invenções famosas, e elas geralmente levam o nome de uma pessoa ou instituição. A lâmpada incandescente de Edison e o transístor dos Laboratórios Bell talvez sejam os exemplos mais notáveis dessa pequena categoria, embora Edison não tenha inventado a lâmpada incandescente (apenas sua versão mais durável) e os Laboratórios Bell tenham apenas reinventado o transístor (o dispositivo em estado sólido foi patenteado em 1925 por Julius Edgar Lilienfeld).

Na outra ponta do espectro de reconhecimento, está uma categoria muito maior de invenções que marcaram época e cujas origens são obscuras. Não há exemplo melhor disso que o pneu inflável, inventado por um certo John Boyd Dunlop, um escocês que vivia na Irlanda. Sua patente britânica tem mais de 130 anos, remontando a 7 de dezembro de 1888.

Antes de Dunlop, a melhor aposta era o pneu de borracha sólida, que já estava disponível desde que o processo de vulcanização criado por Charles Goodyear (patenteado em 1844, consiste em aquecer a borracha com enxofre para aumentar sua elasticidade) tornara possível produzir borracha durável. Embora tais pneus representassem um importante avanço em relação às rodas sólidas de madeira ou rodas com raios e aros de ferro, ainda significavam uma viagem bastante tumultuada.

Dunlop concebeu seu protótipo, em 1887, para suavizar as sacudidas do triciclo de seu filho. Era um produto primitivo — nada além de um tubo inflado amarrado, embrulhado em pano e preso por meio de pregos às rodas de madeira sólida do triciclo.

Uma versão melhorada encontrou uso imediato entre o crescente número de entusiastas da bicicleta, e uma

John Boyd Dunlop montado na sua invenção

empresa passou a fabricar os pneus. No entanto, como aconteceu com muitas outras invenções, a patente de Dunlop acabou sendo invalidada, porque se descobriu que outro escocês, Robert William Thomson, havia patenteado a ideia anteriormente, mesmo que nunca tivesse criado um produto prático.

Ainda assim, a invenção de Dunlop estimulou o desenvolvimento de pneus maiores para o recém-inventado automóvel. Em 1885, a primeira patente do Motorwagen de três rodas de Karl Benz tinha pneus de borracha sólida. Seis anos depois, os irmãos Michelin, André e Édouard, introduziram sua versão de pneus de borracha retiráveis para bicicletas, e, em 1895, seu veículo de dois assentos, *L'Éclair*, tornou-se o primeiro automóvel com pneus de borracha infláveis a participar da corrida Paris-Bordeaux-Paris, com um percurso de quase 1.200 quilômetros. Como os pneus precisavam ser trocados a cada 150 quilômetros, *L'Éclair* terminou a corrida em 9º lugar.

Foi um revés temporário. As vendas eram boas, e o Bibendum, o enorme homem feito de pneus, tornou-se o símbolo da Michelin em 1898. Um ano mais tarde, os pneus da companhia calçaram o *La Jamais Contente* [O Nunca Contente], um carro elétrico belga em forma de torpedo que chegava a 100 quilômetros por hora. Em 1913, a Michelin introduziu a roda de aço removível e, consequentemente, a conveniência de ter uma roda sobressalente no porta-malas — um esquema que dura até hoje.

John Dunlop finalmente entrou para o Hall da Fama Automotivo em 2005, e a marca Dunlop ainda existe, agora propriedade da Goodyear, a terceira maior fabricante de pneus do mundo. A japonesa Bridgestone é a líder, mas a Michelin vem logo atrás — o raro exemplo de uma empresa que permaneceu perto do topo de sua indústria por mais de um século.

Os pneus são a quintessência da era industrial — pesados, volumosos, poluentes, de descarte ainda extremamente difícil —, mas até mesmo na nossa era da informação são necessários em quantidades cada vez maiores. Os fabricantes de pneus precisam atender à demanda mundial por quase 100 milhões de novos veículos todo ano e pela substituição da frota global de mais de 1,2 bilhão.

Dunlop ficaria estarrecido ao ver o que sua invenção se tornou. E o mesmo vale para a tão badalada desmaterialização do nosso mundo à qual a inteligência artificial supostamente deu início.

QUANDO COMEÇOU A ERA DO AUTOMÓVEL?

Em 1908, Henry Ford vinha trabalhando com automóveis havia mais de uma década, e a Ford, com 5 anos de idade e já lucrativa, vinha até então seguindo seus pares e atendendo os ricos. O Modelo K, lançado em 1906, custava em torno de 2.800 dólares, e o Modelo N, menor, lançado no mesmo ano, era vendido por 500 dólares — mais ou menos o que uma pessoa média ganhava em um ano.

Então, em 12 de agosto de 1908, a era do automóvel teve início, porque nesse dia o primeiro Ford Modelo T foi montado na fábrica da Piquette Avenue, em Detroit. O carro começou a ser vendido em 1º de outubro.

Ford deixou claras suas metas: "Vou construir um carro para as massas. Será grande o suficiente para a família, mas pequeno o bastante para um indivíduo dirigir e cuidar. Será construído com os melhores materiais, a partir dos projetos mais simples que a engenharia moderna pode conceber. Será tão barato que homem nenhum com um bom salário será incapaz de adquiri-lo." E ele cumpriu esses objetivos, graças à sua visão e aos talentos que foi capaz de recrutar, especialmente os projetistas Childe

Harold Wills, Joseph A. Galamb, Eugene Farkas, Henry Love, C. J. Smith, Gus Degner e Peter E. Martin.

O motor de 4 cilindros resfriado a água tinha 15 quilowatts de potência (os carros pequenos de hoje têm uma potência 8 vezes maior), a velocidade máxima era de 72 quilômetros por hora, e o preço era baixo. O Runabout, o modelo mais popular, era vendido por 825 dólares em 1909, mas os avanços contínuos nos projetos e nas peças permitiram à Ford abaixar o preço para 260 dólares até 1925. Isso representava cerca de 2 meses e meio de salário para o trabalhador médio na época. Hoje, o preço médio de um carro novo nos Estados Unidos é de 34 mil dólares, cerca de 10 meses de salário médio. No Reino

Ford Modelo T

Unido, carros pequenos populares custam, em média, 15 mil euros (cerca de 20 mil dólares).

Em 1913, a criação de uma linha de montagem na fábrica de Highland Park, em Detroit, trouxe economias de escala substanciais: em 1914, a fábrica já entregava mil automóveis por dia. E a decisão de Ford de pagar salários sem precedentes para montadores sem qualificação garantia uma produção ininterrupta. Em 1914, o salário tinha mais que dobrado, para 5 dólares por dia, e a jornada de trabalho foi reduzida para 8 horas.

O resultado foi impressionante. A Ford Motor Company produzia 15% de todos os carros americanos em 1908, 48% em 1914 e 57% em 1923. Em maio de 1927, quando a produção foi encerrada, a empresa tinha vendido 15 milhões de Modelos T.

A Ford esteve no ponto de partida da globalização manufatureira ao usar procedimentos padronizados e disseminar a montagem de carros ao redor do mundo. A montagem no exterior começou no Canadá, e então o leque se abriu para abranger Reino Unido, Alemanha, França, Espanha, Bélgica e Noruega, bem como México, Brasil e Japão.

Mas, mesmo que Ford tenha apostado muito nesse carro, o modelo não foi o maior campeão de vendas da história. Essa primazia coube ao "carro popular" da Alemanha — o Volkswagen. Logo depois de subir ao poder, Adolf Hitler firmou as especificações do veículo em decreto, insistiu na sua aparência característica de um besouro e ordenou a Ferdinand Porsche que o projetasse.

Quando o veículo ficou pronto para produção, em 1938, Hitler tinha outros planos, e a montagem só começou em 1945, na zona ocupada pelos britânicos. A produção alemã foi encerrada em 1977, mas o Fusca original continuou a ser fabricado no Brasil até 1996 e no México até 2003. O último carro, feito em Puebla, foi o de número 21.529.464.

Mas, sob muitos aspectos, o Fusca foi apenas uma imitação atualizada do Modelo T. Jamais poderá haver discussão sobre quem produziu o primeiro carro de passageiros acessível e em massa.

A PÉSSIMA RELAÇÃO ENTRE PESO E CARGA DOS CARROS MODERNOS

Um século atrás, o carro mais vendido nos Estados Unidos, o Ford Modelo T, se esforçava para tirar 1 watt de cada 12 gramas de seu motor de combustão interna. Hoje, os motores dos carros campeões de venda no país extraem 1 watt por grama — uma melhora de 92%. Essa é a única boa notícia que vou dar neste capítulo.

Agora as más notícias: segundo os dados atuais sobre os Estados Unidos, nos últimos 100 anos, a potência média do motor aumentou mais de 11 vezes, para cerca de 170 quilowatts. Isso significa que, apesar da grande queda de densidade massa/potência, o motor típico de hoje não é muito mais leve do que era um século atrás, ao passo que o carro médio em si ficou muito mais pesado: sua massa praticamente triplicou, atingindo mais de 1.800 quilos (a média de todos os veículos de serviço leve, dos quais aproximadamente metade são picapes, SUVs e minivans).

E, como quase três quartos dos condutores nos Estados Unidos são o único passageiro do carro, obtém-se a pior relação possível entre o peso do veículo e do passageiro.

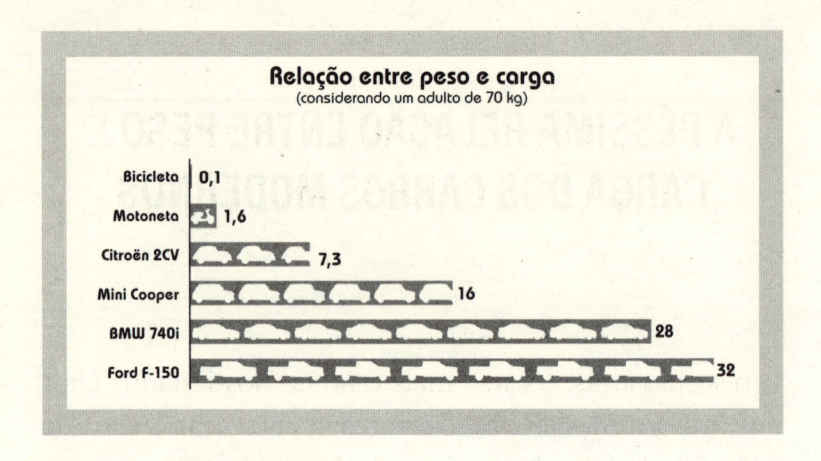

Relação entre peso e carga
(considerando um adulto de 70 kg)

Bicicleta	0,1
Motoneta	1,6
Citroën 2CV	7,3
Mini Cooper	16
BMW 740i	28
Ford F-150	32

É essa relação que importa. Porque, apesar de todo o falatório da indústria automobilística sobre "leveza" — uso de alumínio, magnésio e até mesmo polímeros reforçados com fibra de carbono para reduzir o peso total —, essa relação, em última análise, limita a eficiência energética.

Aqui, em ordem crescente, está a relação entre o peso de um passageiro de 70 quilos e o de alguns veículos:

- 0,1 para uma bicicleta de 7 quilos;

- 1,6 para uma Vespa italiana de 110 quilos;

- 5 ou menos para um ônibus moderno, contados apenas os passageiros sentados;

- 7,3 para um Citroën 2CV (*deux chevaux*, ou dois cavalos) francês de 510 quilos, dos anos 1950;

- 7,7 para o Ford Modelo T, lançado em 1908, e também para o trem rápido japonês *shinkansen*, que começou a funcionar em outubro de 1964 (a relação frugal se deve tanto ao projeto quanto ao alto índice de viajantes);

- 12 para um carro Smart, 16 para um Mini Cooper, 18 para o meu Honda Civic LX, 20 e poucos para o Toyota Camry;

- 26 para veículos de serviço leve médios americanos em 2013;

- 28 para o BMW 740i;

- 32 para a Ford F-150, campeã de vendas nos Estados Unidos;

- 39 para o Cadillac Escalade EXT.

É claro que se podem obter relações impressionantes formando um par entre o carro certo e o condutor certo. É comum ver uma mulher dirigindo um Hummer H2, que tranquilamente pesa 50 vezes o peso dela. É como perseguir uma mosca com uma escavadeira.

Colocando tudo em perspectiva, considere que o último *Boeing*, o *787-10*, tem um desempenho melhor que um pequeno Citroën. Seu peso máximo de decolagem é de 254 toneladas; com 350 passageiros pesando 23 toneladas e outras 25 toneladas de carga, a relação total entre peso e carga útil é de apenas 5,3.

Os carros ficaram pesados porque parte do mundo ficou rica e os motoristas ficaram mal-acostumados. Veículos de serviço leves são maiores e vêm equipados com mais recursos, inclusive transmissões automáticas, ar-condicionado, sistemas de comunicação e entretenimento e um número cada vez maior de janelas, espelhos e bancos ajustáveis automáticos. Os novos carros elétricos e híbridos com baterias pesadas não serão mais leves: o pequeno Ford Focus, totalmente elétrico, pesa 1,7 tonelada; o Volt, da General Motors, pesa mais de 1,7 tonelada; e o Tesla, um pouquinho mais de 2,1 toneladas.

Projetos mais leves ajudariam, mas obviamente nada poderia reduzir pela metade (ou em um quarto) essa relação com mais facilidade do que ter duas ou quatro pessoas em um carro. Ainda assim, nos Estados Unidos, essa é a coisa mais difícil de impor. Segundo o relatório *State of the American Commute* [O transporte nos Estados Unidos] de 2019, quase três quartos dos motoristas vão sozinhos para o trabalho. A locomoção por carro é bem menos comum na Europa (36% no Reino Unido) e ainda mais rara no Japão (apenas 14%) — mas o tamanho médio dos carros vem crescendo tanto na União Europeia quanto no Japão.

Então, a perspectiva é de motores cada vez melhores ou motores elétricos em veículos pesados, usados de forma que resulte na pior relação entre peso e carga útil para qualquer meio de transporte mecanizado pessoal na história.

Esses carros podem ser, por alguma definição, *smart* — mas não são sábios.

POR QUE OS CARROS ELÉTRICOS (AINDA) NÃO SÃO TÃO BONS QUANTO PENSAMOS

Quero começar com um esclarecimento: não estou nem promovendo os veículos elétricos (VEs) nem os difamando. Estou simplesmente observando que os argumentos racionais em seu favor foram minados por previsões de mercados irrealistas e pela desconsideração dos efeitos ambientais que envolvem a produção e a operação de tais veículos.

Previsões irrealistas são, e sempre foram, a norma. Em 2010, o Deutsche Bank previu que os VEs representariam 11% do mercado global até 2020 — na realidade, não chegaram a 4%. E a esperança continua levando a melhor contra a experiência. Segundo previsões recentes para 2030, os VEs corresponderão de 2% a 20% da frota global de carros. A Bloomberg New Energy Finance acredita que haverá 548 milhões de VEs nas ruas até 2040; a Exxon, apenas 162 milhões.

Os entusiastas dos VEs também foram negligentes em perceber as consequências ambientais da conversão em massa para o sistema elétrico. Caso se espere que os VEs reduzam as emissões de carbono (e, portanto, minimizem a extensão do aquecimento global), suas baterias não devem ser carregadas com eletricidade gerada a partir de combustíveis fósseis. Mas, em 2020, pouco mais de 60% da eletricidade mundial virá de combustíveis fósseis; cerca de 12%, do vento e do sol; e o restante será hidrelétrica e proveniente da fissão nuclear.

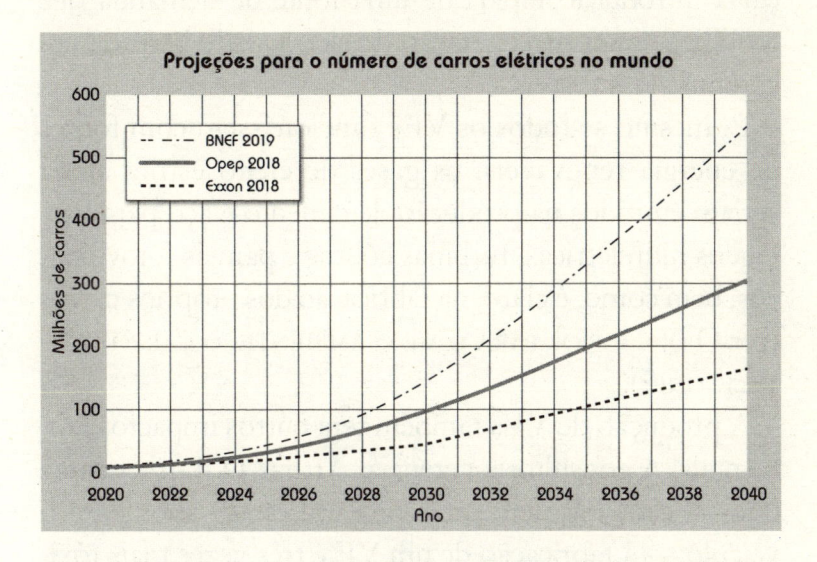

Projeções para o número de carros elétricos no mundo

- – – BNEF 2019
- —— Opep 2018
- ······ Exxon 2018

(Milhões de carros, Ano: 2020–2040)

Na média global, mais de três quintos da eletricidade necessária para o funcionamento de um VE ainda provém de carbono fóssil, mas essa fração varia muito entre países e até em um mesmo país. Na província onde moro, Manitoba, no Canadá (onde mais de 99% de toda a eletricidade provém de grandes usinas hidrelétricas), os VEs são hidrocarros limpos. A província de Quebec, no Canadá (cerca de 97% hidro), e a Noruega (cerca de 95% hidro) chegam perto disso. Os VEs franceses, em sua maioria, usam eletricidade de fissão nuclear (o país obtém daí cerca de 75% da sua eletricidade). Mas, na maior parte da Índia (particularmente Uttar Pradesh), da China (particularmente na província de Shaanxi) e na Polônia, a maioria esmagadora dos VEs é movida por eletricidade vinda do carvão. A última coisa de que precisamos é forçar a introdução rápida de uma fonte de demanda que mobilize ainda mais geração de eletricidade baseada em combustíveis fósseis.

E, mesmo se todos os VEs funcionassem com fontes de energia renováveis, os gases de efeito estufa ainda seriam emitidos na produção de cimento e aço para barragens hidrelétricas, turbinas eólicas e painéis fotovoltaicos, bem como, é claro, na fabricação dos próprios carros (ver O QUE É PIOR PARA O MEIO AMBIENTE: O CARRO OU O TELEFONE?).

A produção de VEs também terá outros impactos ambientais. A consultoria gerencial Arthur D. Little estima que — com base em uma vida útil de 20 anos para o veículo — a fabricação de um VE é três vezes mais tóxica que a de um veículo convencional. Isso se deve, principalmente, ao maior uso de metais pesados. De forma similar, de acordo com uma análise comparativa detalhada entre ciclos de vida, publicada no *Journal of Industrial Ecology*, a produção de VEs envolve uma toxicidade substancialmente maior, tanto para os seres humanos quanto para os ecossistemas de água potável.

Não estou sugerindo que não se deva adotar os VEs. Estou apenas ressaltando que as implicações da nova tecnologia precisam ser avaliadas e compreendidas antes de aceitarmos alegações radicais a seu favor. Não podemos simplesmente imaginar máquinas ideais, não poluentes, e então desejar que passem a existir como num passe de mágica.

QUANDO COMEÇOU A ERA DO JATO?

É difícil datar com precisão a aurora da era do jato, porque houve muitos "primeiros" diferentes. A primeira decolagem comercial de um avião movido a jato foi de um avião de guerra, o *Heinkel He 178* alemão, em agosto de 1939 (felizmente, ele entrou em serviço tarde demais para influir no resultado da Segunda Guerra Mundial). O primeiro voo do primeiro projeto comercial, o britânico de *Havilland DH 106 Comet*, foi em julho de 1949, e o primeiro voo comercial da British Overseas Airways Corporation (BOAC) foi em 1952. Mas 4 desastres (em outubro de 1952, perto de Roma; em maio de 1953, em Calcutá; em janeiro de 1954, de novo perto de Roma; e em abril de 1954, perto de Nápoles) forçaram a frota Comet a ficar em terra, e um avião redesenhado fez o primeiro voo transatlântico em 4 de outubro de 1958. Entrementes, o *Tupolev Tu-104* soviético começou a fazer voos domésticos em setembro de 1956.

No entanto, pode-se argumentar com propriedade que a era do jato começou em 26 de outubro de 1958, quando um *Boeing 707* da Pan Am decolou do Aeroporto de Idlewild (hoje Aeroporto Internacional JFK) para Paris, no primeiro de seus voos diários programados.

Partida do primeiro voo do *Boeing 707*

Diversas razões justificam essa escolha. O Comet reprojetado era pequeno demais e não gerava lucro suficiente para dar início a uma série de aprimoramentos no design, sem mencionar que não havia modelos sucessores. Por sua vez, o Tupolev era usado apenas por países do bloco soviético. O *Boeing 707*, porém, inaugurou a família de aviões mais bem-sucedida da indústria, progredindo inexoravelmente até adicionar outros 10 modelos à sua variada linha de produtos.

O *Boeing 727*, de 3 motores, foi o primeiro da sequência, em 1963; o *747*, de 4 motores, lançado em 1969, talvez tenha sido o projeto mais revolucionário da aviação moderna; e o último lançamento, a série Dreamliner 787, em 2011, é feito principalmente de compostos de fibra de carbono e é capaz de voar por mais de 17 horas.

O *707* tinha pedigree militar: começou como protótipo de um avião-tanque para reabastecimento no ar, e aprimoramentos posteriores levaram ao *KC-135 Stratotanker* e finalmente a um avião de passageiros de 4 motores movido por motores turbojatos Pratt & Whitney de pequeno diâmetro, cada um com cerca de 50 quilonewtons de empuxo. Como comparação, cada um dos 2 motores *turbofan* HBR (*high-bypass* — alta taxa de contorno) General Electric GEnx-1B que movem o *787* de hoje fornece mais de 300 quilonewtons na decolagem.

O primeiro voo programado do *Clipper America 707*, em 26 de outubro de 1958, foi precedido por uma cerimônia de inauguração, um discurso de Juan Trippe (então presidente da Pan Am) e uma apresentação da banda do Exército dos Estados Unidos. Os 111 passageiros e 12 membros da tripulação tiveram que fazer uma escala não programada no Aeroporto Internacional Gander, na Terra Nova, Canadá, porém, mesmo assim, pousaram no Aeroporto Paris-Le Bourget 8 horas e 41 minutos após partir de Nova York. Em dezembro, o avião operava na rota Nova York-Miami e, em janeiro de 1959, começou a fazer os primeiros voos transcontinentais, de Nova York a Los Angeles.

Antes do surgimento das aeronaves de larga fuselagem — primeiro o *Boeing 747*, depois o *McDonnell Douglas DC-10* e o *Lockheed L-1011* em 1970 —, os *Boeings 707* predominavam entre os jatos de longa distância. Um deles trouxe a mim e minha esposa da Europa para os Estados Unidos em 1969.

Aperfeiçoamentos graduais na família Boeing resultaram em aviões imensamente superiores. Em uma configuração-padrão de duas classes (executiva e econômica), o primeiro *Dreamliner* acomodava 100 pessoas a mais que o *707-120*, com quase o dobro de peso máximo na decolagem e de alcance máximo. Ainda assim, consome 70% menos combustível por passageiro-quilômetro. E, como é construído a partir de compostos de carbono, o *787* pode ser pressurizado de modo a simular uma altitude mais baixa que uma fuselagem de alumínio permite, resultando em maior conforto para os passageiros.

No total, a Boeing construiu pouco mais de mil *707*. Quando, em 1983, a Pan Am tirou o avião da aposentadoria para um voo comemorativo de 25º aniversário, ele transportou a maioria da tripulação original como passageiros até Paris. Mas esse não foi o fim do *707*. Diversas linhas aéreas continuaram em operação com diferentes modelos até os anos 1990, e a Saha Airlines, do Irã, o fez até o fim de 2013.

Embora hoje o *707* só possa ser encontrado em ferros-velhos de jatos, seu lugar na história continua garantido. Foi o primeiro passo efetivo e gratificante na evolução do voo comercial a jato.

POR QUE O QUEROSENE ESTÁ COM TUDO

Eliminar o combustível de jatos à base de querosene será um dos maiores desafios para um mundo sem emissões de carbono. A aviação é responsável por apenas cerca de 2% do volume global dessas emissões e cerca de 12% do total liberado pelo setor de transportes, mas é muito mais difícil fazer aviões elétricos do que carros ou trens.

O combustível para jatos usado atualmente — cuja formulação mais comum é chamada Jet A-1 — tem uma série de vantagens. Sua densidade de energia é muito alta, uma vez que encerra 42,8 megajoules por quilo (isto é, pouco menos que a gasolina, mas pode se manter líquido até -47°C), e é melhor que a gasolina em termos de custo, perdas por evaporação em altitude elevada e risco de incêndio durante o manuseio. Nenhuma opção disponível até o momento é capaz de fazer frente a ele. Baterias com capacidade suficiente para voos intercontinentais que levam centenas de pessoas ainda são ficção científica, e, no futuro próximo, não veremos aeronaves de fuselagem larga abastecidas com hidrogênio líquido.

O que precisamos é de um combustível equivalente a querosene que seja derivado de matéria vegetal ou resíduos orgânicos. Durante a combustão, esse biojet — biocombustível para jatos — não liberaria mais CO_2 do que o sequestrado pelas plantas enquanto crescem. A prova do princípio já foi demonstrada; desde 2007, voos-teste que usam misturas de Jet A-1 e biojet têm se mostrado como alternativas de reserva adequadas para aviões modernos.

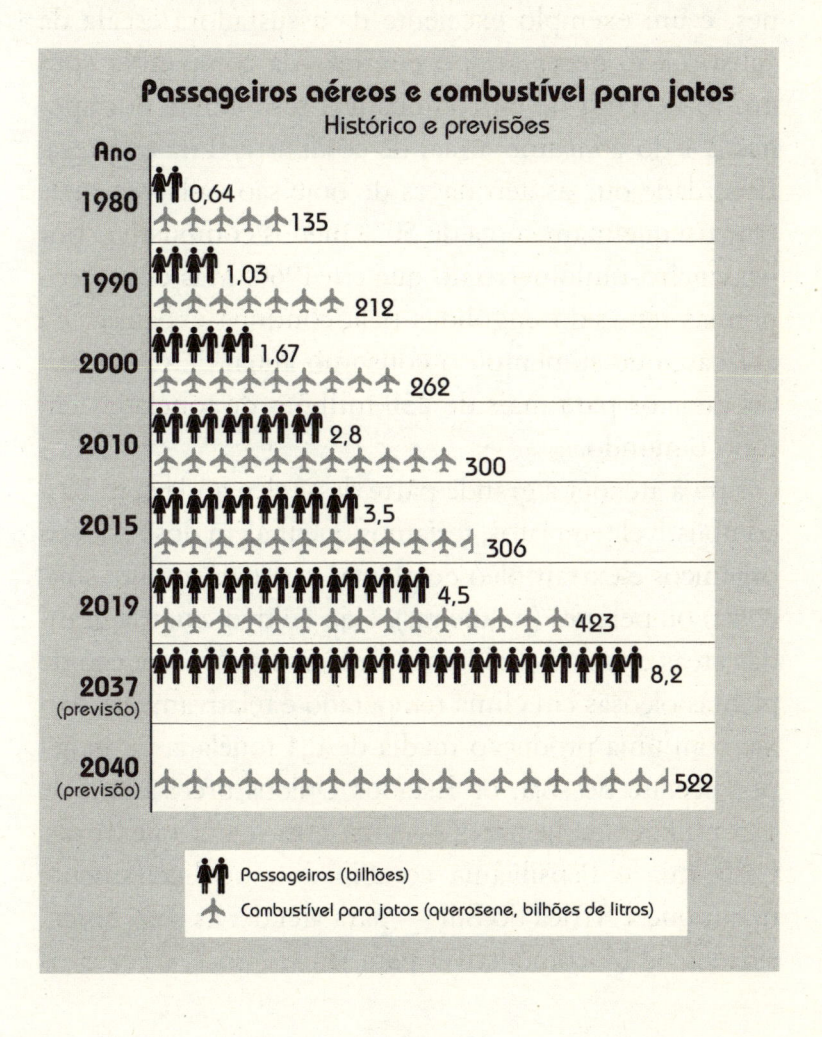

Passageiros aéreos e combustível para jatos
Histórico e previsões

Ano	Passageiros (bilhões)	Combustível para jatos (querosene, bilhões de litros)
1980	0,64	135
1990	1,03	212
2000	1,67	262
2010	2,8	300
2015	3,5	306
2019	4,5	423
2037 (previsão)	8,2	
2040 (previsão)		522

Desde então, cerca de 150 mil voos utilizaram combustível misto, mas apenas 5 grandes aeroportos oferecem distribuição de biocombustível regularmente (Oslo, Stavanger, Estocolmo, Brisbane e Los Angeles), enquanto outros, ocasionalmente. O uso de biocombustível pela maior empresa aérea americana, a United Airlines, é um exemplo excelente da assustadora escala da substituição necessária: o contrato da companhia com um fornecedor de biocombustível responderá por apenas 2% do consumo anual de combustível da empresa. É verdade que as aeronaves de hoje são cada vez mais frugais: queimam cerca de 50% menos combustível por passageiro-quilômetro do que em 1960. Mas essas economias têm sido engolidas pela contínua expansão da aviação, que aumentou o consumo anual de combustível de jatos para mais de 250 milhões de toneladas em todo o mundo.

Para a atender a grande parte dessa demanda com biocombustível para jatos, teríamos que ir além dos resíduos orgânicos e extrair óleo de plantas sazonais (milho, soja, colza) ou perenes (palmeiras), cujo cultivo exigiria grandes áreas e criaria problemas ambientais. A produção de plantas oleosas em clima temperado é relativamente baixa: com uma produção média de 0,4 tonelada de biojet por hectare de soja, os Estados Unidos precisariam de 125 milhões de hectares — uma área maior que Texas, Califórnia e Pensilvânia combinados, ou ligeiramente maior que a África do Sul — para atender às suas necessidades de biocombustível para jatos. Isso é 4 vezes os

31 milhões de hectares ocupados pela soja no país em 2019. Até mesmo a opção com maior produtividade — óleo de palma, cuja média é de 4 toneladas por hectare — exigiria mais de 60 milhões de hectares de florestas tropicais para suprir o abastecimento de combustível na aviação mundial. Seria necessário quadruplicar a área dedicada ao cultivo de palmeiras, levando à liberação de carbono acumulado no crescimento natural.

Mas por que ocupar enormes extensões de terra quando se podem extrair biocombustíveis de algas ricas em óleo? O cultivo intensivo e em larga escala de algas exigiria relativamente pouco espaço e ofereceria uma produtividade muito elevada. No entanto, a experiência da Exxon Mobil mostra como seria complicado aumentar a escala para dezenas de milhões de toneladas de biocombustível todo ano. A Exxon, trabalhando com a Synthetic Genomics, de Craig Venter, começou a estudar essa opção em 2009, mas em 2013, depois de gastar mais de 100 milhões de dólares, concluiu que os desafios eram grandes demais e decidiu mudar o foco para pesquisa básica de longo prazo.

Como sempre, a tarefa de substituir a fonte energética seria facilitada se desperdiçássemos menos, digamos, voando menos. Mas as previsões são de substancial crescimento do tráfego aéreo, particularmente na Ásia. Vá se acostumando com o inconfundível cheiro do querosene de aviação — ele vai ficar por aí por um longo tempo, abastecendo máquinas que (como veremos no próximo capítulo) voam com extrema segurança.

É SEGURO VOAR?

Você pode ter pensado que 2014 foi um ano ruim para viajar de avião. Houve 4 acidentes amplamente noticiados: o ainda misterioso desaparecimento do voo 370 da Malaysia Airlines em março; o voo 17 da mesma companhia abatido sobre a Ucrânia em julho; o desastre do voo 5017 da Air Algérie no Mali, também em julho; e, finalmente, o voo QZ8501 da Air Asia, que caiu no mar de Java em dezembro.

Mas, segundo a Ascend, ramo de consultoria da Flight-Global que monitora acidentes aéreos, o ano de 2014, na verdade, teve a menor taxa de acidentes da história: uma queda a cada 2,38 milhões de voos. É verdade que a Ascend não contabilizou o voo 17 da Malaysia Airlines que foi abatido, pois se tratou de um ato de guerra, não um acidente. Incluindo esse incidente, como a Organização Internacional da Aviação Civil faz em suas estatísticas, a taxa sobe para 3,0 — ainda muito mais baixa do que entre 2009 e 2011.

E os anos subsequentes foram ainda mais seguros: as fatalidades diminuíram para 158 em 2015, 291 em 2016 e apenas 50 em 2017. Houve uma inversão em 2018, com

10 acidentes fatais e 515 mortes (ainda menos que em 2014), inclusive o *Boeing 737 Max* da Lion Air que caiu no mar nos arredores de Jacarta em outubro. E em 2019, apesar do desastre de outro *Boeing 737 Max*, dessa vez na Etiópia, o total de fatalidades foi a metade do número registrado em 2018.

Em todo caso, é melhor personalizar o problema em termos de risco por passageiro por hora de voo. Os dados necessários estão no relatório anual de segurança da Organização Internacional da Aviação Civil, que abrange tanto jatos grandes quanto aviões menores.

Em 2017, o ano mais seguro na aviação comercial até o momento, os voos internacionais e domésticos transportaram 4,1 bilhões de pessoas e totalizaram 7,69 trilhões de passageiros-quilômetros, com apenas 50 fatalidades. Considerando o tempo médio de voo em cerca de 2,2 horas, isso implica aproximadamente 9 bilhões de passageiros-hora, e $5{,}6 \times 10^{-9}$ fatalidades por pessoa por hora no ar. Mas esse risco é baixo?

O padrão de medição mais óbvio é a mortalidade: a taxa anual de mortes por mil pessoas. Em países ricos, essa taxa varia entre 7 e 11; usarei 9 como média. Como o ano tem 8.760 horas, essa mortalidade média é rateada perfazendo-se 0,000001 ou 1×10^{-6} mortes por pessoa por hora de vida. Isso significa que o risco médio de morrer em um voo é de apenas 5 por mil, sendo mil o risco de simplesmente estar vivo. Os riscos de fumo são 100 vezes maiores, assim como o de andar de carro. Em suma, voar nunca foi tão seguro.

É seguro voar?

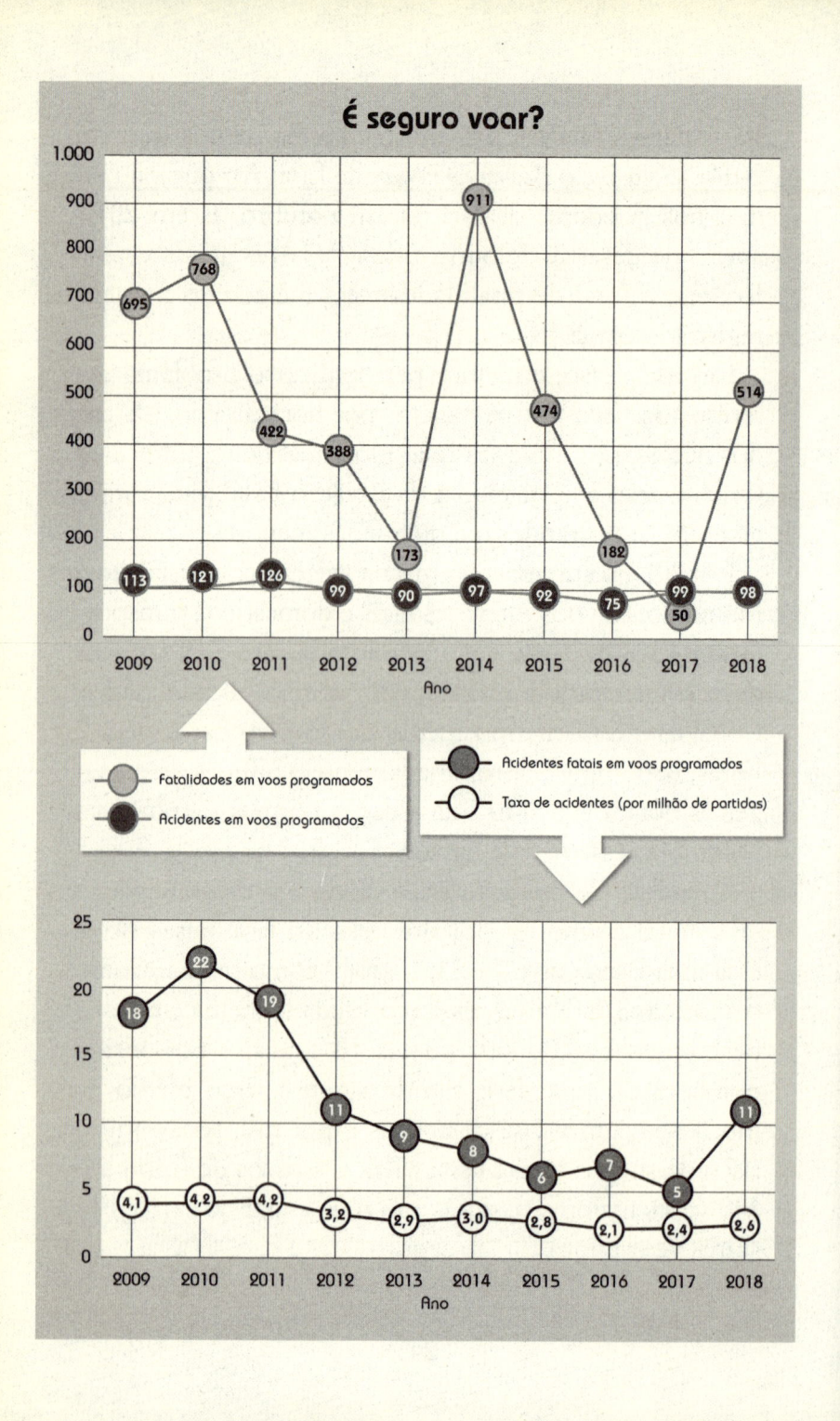

Gráfico 1 (2009–2018):
- Fatalidades em voos programados: 695 (2009), 768 (2010), 422 (2011), 388 (2012), 173 (2013), 911 (2014), 474 (2015), 182 (2016), 50 (2017), 514 (2018)
- Acidentes em voos programados: 113 (2009), 121 (2010), 126 (2011), 99 (2012), 90 (2013), 97 (2014), 92 (2015), 75 (2016), 99 (2017), 98 (2018)

Gráfico 2 (2009–2018):
- Acidentes fatais em voos programados: 18 (2009), 22 (2010), 19 (2011), 11 (2012), 9 (2013), 8 (2014), 6 (2015), 7 (2016), 5 (2017), 11 (2018)
- Taxa de acidentes (por milhão de partidas): 4,1 (2009), 4,2 (2010), 4,2 (2011), 3,2 (2012), 2,9 (2013), 3,0 (2014), 2,8 (2015), 2,1 (2016), 2,4 (2017), 2,6 (2018)

Obviamente, a mortalidade por idade específica para pessoas mais velhas é muito mais alta. Para indivíduos do meu grupo etário (mais de 75 anos), é cerca de 35 por mil ou 4×10^{-6} por hora (isso significa que, entre 1 milhão de nós, 4 morrerão a cada hora). Em 2017, voei mais de 100 mil quilômetros, passando mais que 100 horas no ar em jatos enormes de quatro grandes empresas aéreas cujos últimos acidentes fatais foram, respectivamente, em 1983, 1993, 1997 e 2000. A cada hora no ar, a probabilidade do meu falecimento não era sequer 1% mais alta do que teria sido se eu tivesse ficado no chão.

É claro que tive meus momentos de pavor. O mais recente foi em outubro de 2014, quando o *Boeing 767* da Air Canada em que eu estava entrou na zona de turbulência de um megatufão que atingia o Japão.

Mas nunca esqueço que o que a gente tem mesmo que evitar são quartos silenciosos de hospital. Embora a mais recente avaliação de erros médicos preveníveis tenha reduzido as anteriormente exageradas alegações desse risco, as hospitalizações continuam associadas com aumento de exposição a bactérias e vírus, elevando os riscos de infecções hospitalares, particularmente entre os mais idosos. Então, continue voando e evite hospitais!

O QUE É MAIS EFICIENTE EM TERMOS DE ENERGIA: AVIÕES, TRENS OU AUTOMÓVEIS?

Não tenho nenhuma animosidade em relação a carros e aviões. Por décadas, dependi de uma sucessão de Honda Civics para viagens locais, e há muito tempo voo pelo menos uns 100 mil quilômetros por ano. Nesses dois extremos — uma ida até uma mercearia italiana; um voo de Winnipeg a Tóquio —, carros e aviões predominam.

A chave é a intensidade energética. Quando sou o único passageiro no meu Civic, são necessários cerca de 2 megajoules por passageiro-quilômetro para dirigir na cidade. Ao adicionar outro passageiro, esse número cai para 1 megajoule por passageiro-quilômetro, comparável a um ônibus com meia lotação. Os aviões a jato são surpreendentemente eficientes, em geral requerendo cerca de 2 megajoules por passageiro-quilômetro. Com voos lotados e os projetos de avião mais recentes, o fazem com menos de 1,5 megajoule por passageiro-quilômetro. É claro que trens urbanos são muito superiores: com altas cargas de passageiros, os melhores metrôs subterrâneos precisam de menos de 0,1 megajoule por passageiro-quilômetro. Mas até mesmo em Tóquio, que tem uma densa rede de linhas, a estação mais próxima pode estar a mais de 1 quilômetro, muito longe para pessoas com menor mobilidade.

Mas nenhum desses meios de transporte equivale à intensidade energética dos trens interurbanos de alta velocidade, que se encontram tipicamente em trajetos de 150-600 quilômetros. Os modelos mais antigos do pioneiro trem-bala do Japão, o *shinkansen* [nova linha principal], tinham uma intensidade energética de cerca de 0,35 megajoule por passageiro-quilômetro, ao passo que os modelos de trens rápidos mais recentes — o TGV francês e o ICE alemão — costumam necessitar de apenas 0,2 megajoule por passageiro-quilômetro. É uma ordem de grandeza a menos que os aviões.

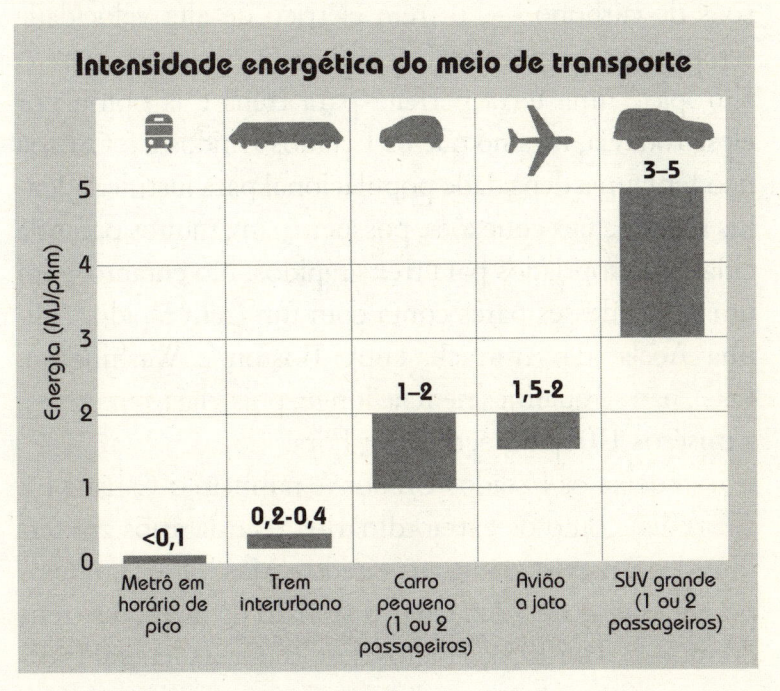

Intensidade energética do meio de transporte

Meio de transporte	Energia (MJ/pkm)
Metrô em horário de pico	<0,1
Trem interurbano	0,2-0,4
Carro pequeno (1 ou 2 passageiros)	1-2
Avião a jato	1,5-2
SUV grande (1 ou 2 passageiros)	3-5

Não menos importante, trens de alta velocidade são de fato rápidos. O TGV Lyon-Marselha cobre 280 quilômetros em 100 minutos, de centro a centro das cidades. Em contraste, o tempo programado de um voo comercial para mais ou menos a mesma distância — 300 quilômetros do Aeroporto La Guardia, em Nova York, ao Aeroporto Logan, em Boston — é de 70 minutos. Então, é preciso acrescentar pelo menos outros 45 minutos para o *check-in*, 45 minutos para a viagem de Manhattan ao La Guardia e 15 minutos para a viagem do Logan ao centro de Boston. Isso eleva o total para 175 minutos.

Em um mundo racional — que valorizasse conveniência, tempo, baixa intensidade energética e baixas conversões de carbono —, o trem elétrico de alta velocidade sempre seria a primeira escolha para tais distâncias. A Europa é uma terra perfeita para trens e já optou por eles. Todavia, mesmo que os Estados Unidos e o Canadá não tenham a densidade populacional para justificar densas redes de tais conexões, possuem, sim, muitos pares de cidades apropriados para trens rápidos. No entanto, nem um único desses pares conta com um trem rápido. A linha Acela, da Amtrack, entre Boston e Washington, D.C., não se qualifica nem de longe, pois viaja, em média, a míseros 110 quilômetros por hora.

Isso deixa os Estados Unidos (e também o Canadá e a Austrália) como os extraordinários retardatários em termos de transporte em trens rápidos. Mas houve um tempo em que os Estados Unidos tinham os melhores trens do mundo. Em 1934, 11 anos depois que a General Electric fez a sua primeira locomotiva a diesel, a Ferrovia Chicago, Burlington e Quincy começou a utilizar sua simplificada *Pioneer Zephyr*, uma unidade diesel-elétrica de aço inoxidável, 8 cilindros, 2 tempos e 600 hp (447 quilowatts). Essa potência possibilitou à *Zephyr* bater a velocidade da Acela de hoje, com uma média de 124 quilômetros por hora na viagem de mais de 1.600 quilômetros de Denver a Chicago. Mas atualmente não há esperança realista de que os Estados Unidos consigam sequer alcançar a China: com 29 mil quilômetros de ferrovias de alta velocidade, esse país tem a rede de trens rápidos mais longa do mundo, conectando todas as principais cidades de sua populosa metade leste.

ALIMENTOS: A ENERGIA QUE NOS MOVE

O MUNDO SEM AMÔNIA SINTÉTICA

No fim do século XIX, os progressos em química e fisiologia das plantas deixaram claro que o nitrogênio é o macronutriente (elemento necessário em quantidades relativamente grandes) mais importante no cultivo agrícola. As plantas também requerem fósforo e potássio (os dois outros macronutrientes) e vários micronutrientes (elementos que variam do ferro ao zinco, todos necessários em pequenas quantidades). Uma boa safra de trigo holandês (9 toneladas por hectare) conterá cerca de 10% de proteínas ou 140 quilos de nitrogênio, mas apenas 35 quilos de fósforo e potássio.

A agricultura tradicional supria a necessidade de nitrogênio de duas maneiras: compostando quaisquer materiais orgânicos disponíveis (palha, talos de plantas, folhas, dejetos humanos e de animais) e fazendo a rotação de plantação, ora grãos ou oleaginosas, ora leguminosas (plantas forrageiras tais como alfafa, trevos e ervilhacas; e plantas que servem como alimento, a exemplo de soja, feijão, ervilhas e lentilhas). Essas plantas são capazes de suprir sua necessidade de nitrogênio por si próprias, porque bactérias presas a suas raízes conseguem "fixar" ni-

Safra global de cereais
(milhões de toneladas/ano)

Ano	Milhões de toneladas
1950	650
1975	1.360
2000	2.050
2020	3.000

Amônia sintética
(milhões de toneladas de nitrogênio/ano)

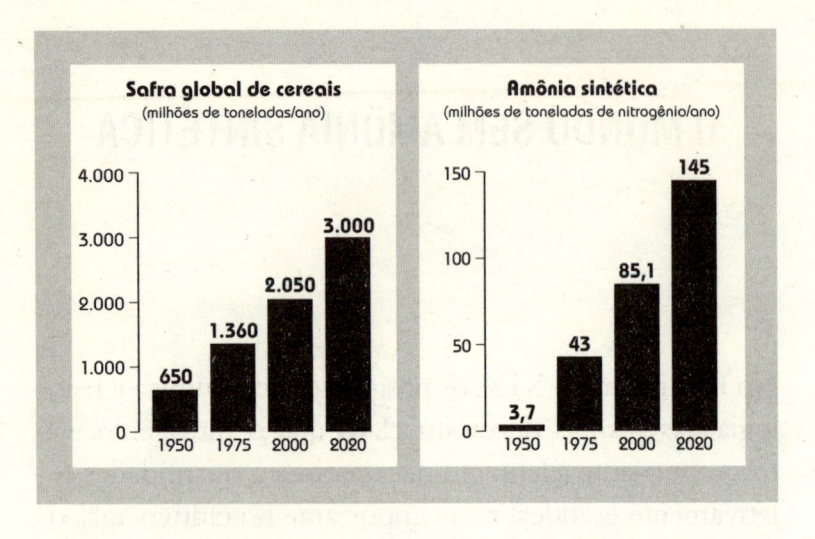

Ano	Milhões de toneladas de nitrogênio
1950	3,7
1975	43
2000	85,1
2020	145

trogênio (convertê-lo da molécula inerte no ar em amônia disponível para plantas em crescimento) e também deixam um pouco para a próxima plantação de grãos ou oleaginosas.

A primeira opção era trabalhosa, especialmente a coleta de dejetos humanos e de animais e sua fermentação e aplicação aos campos, porém estercos e "solo noturno"* tinham um percentual de nitrogênio relativamente alto (geralmente entre 1% e 2%) em comparação com menos de 0,5% na palha ou talos de plantas. A segunda opção requeria a rotação das plantações e impedia o cultivo contínuo de lavouras de grãos básicos, fosse arroz, fosse trigo. Com o aumento da demanda desses grãos básicos em uma população que se expandia (e se urbanizava), fi-

---

* "Solo noturno" é um eufemismo para dejetos humanos coletados em fossas, latrinas etc. (N. T.)

cou claro que a agricultura não seria capaz de atender às futuras necessidades de alimento sem fontes novas, sintéticas, de nitrogênio "fixado" — isto é, nitrogênio disponível para plantações em crescimento.

Essa busca teve sucesso em 1909, quando Fritz Haber, professor de química na Universidade de Karlsruhe, demonstrou como se pode obter amônia (NH_3) sob alta pressão e alta temperatura na presença de um catalisador metálico. A Primeira Guerra Mundial e a crise econômica da década de 1930 desaceleraram a adoção mundial do processo Haber-Bosch, mas as necessidades alimentares da crescente população global (de 2,5 bilhões em 1950 para 7,75 bilhões em 2020) asseguraram sua expansão massiva, de menos de 5 milhões de toneladas em 1950 para cerca de 150 milhões nos últimos anos. Sem esse aumento crítico, teria sido impossível multiplicar o cultivo de grãos básicos (ver MULTIPLICANDO A PRODUÇÃO DE TRIGO, a seguir) e alimentar a população global de hoje.

Os fertilizantes nitrogenados sintéticos derivados da amônia de Haber-Bosch (ureia sólida é o produto mais comum) fornecem cerca de metade de todo o nitrogênio necessário nas plantações do mundo, com o restante sendo provido por rotações com o cultivo de leguminosas, compostagem (estercos e restos de lavoura) e deposição atmosférica. Como as plantações abastecem cerca de 85% de toda a proteína alimentar (o restante vem de pastos e alimentos aquáticos), isso significa que, sem fertilizantes de nitrogênio sintético, não poderíamos garantir alimento para a dieta predominante de pouco mais de

3 bilhões de pessoas — mais que a população da Índia e da China (onde o nitrogênio sintético já provê mais de 60% de todos os insumos) combinadas. E, com a população crescendo em partes da Ásia e em toda a África, a parcela da humanidade que depende de nitrogênio sintético logo aumentará para 50%.

Tirando a China, onde ainda se obtém amônia por meio do uso de carvão como matéria-prima, o processo de Haber-Bosch baseia-se em tomar nitrogênio do ar e hidrogênio de um gás natural (principalmente CH_4), e também usando gás para suprir as altas exigências energéticas da síntese. Como resultado, a síntese de amônia no mundo e a subsequente produção, distribuição e aplicação de fertilizantes nitrogenados sólidos e líquidos são responsáveis por cerca de 1% das emissões globais de gases do efeito estufa — e não temos nenhuma alternativa comercial não carbônica que possa ser aplicada em breve na escala de massa exigida para fazer aproximadamente 150 milhões de toneladas de NH_3 por ano.

O que é mais preocupante são as grandes perdas de nitrogênio (volatilização, lixiviação e desnitrificação) resultantes do uso dos fertilizantes. Os nitratos contaminam águas potáveis e mares costeiros (causando a expansão de zonas mortas); a deposição atmosférica de nitratos acidifica ecossistemas naturais; e o óxido nitroso (N_2O) é o terceiro gás mais importante para o efeito estufa, depois do CO_2 e do CH_4. Uma recente avaliação global concluiu que a eficiência da utilização do nitrogênio na realidade declinou desde o começo dos anos 1960 para cerca de 47% — mais da metade do fertilizante aplicado é perdida em vez de incorporada nas lavouras cultivadas.

A demanda por nitrogênio sintético está saturando em países ricos, mas uma produção ainda maior será necessária para alimentar as 2 bilhões de pessoas, aproximadamente, que vão nascer durante os próximos 50 anos na África. Para cortar futuras perdas de nitrogênio, deveríamos fazer todo o possível para melhorar a eficiência da fertilização, reduzir o desperdício de alimentos (ver A INDESCULPÁVEL MAGNITUDE DO DESPERDÍCIO DE ALIMENTOS) e adotar o consumo moderado de carne (ver O CONSUMO RACIONAL DE CARNE). E nem mesmo isso eliminará todas as perdas de nitrogênio, mas é o preço a pagar por termos ido de 1,6 bilhão de pessoas em 1900 rumo a 10 bilhões por volta do ano 2100.

MULTIPLICANDO A PRODUÇÃO DE TRIGO

Qual é a média da produção de trigo na França central, no leste do Kansas ou na província meridional de Hebei? Pouca gente além dos agricultores, dos fornecedores de máquinas e insumos químicos, dos agrônomos que os aconselham e dos cientistas que desenvolvem novas variedades de cultivos tem respostas prontas. Isso ocorre porque quase toda a população das sociedades modernas, com exceção de uma minúscula parcela, está praticamente alheia a qualquer coisa que tenha a ver com cultivo agrícola. Exceto, é claro, no que se refere a comer seus produtos: cada baguete crocante e cada croissant, cada pão de hambúrguer e cada pizza, cada pãozinho no vapor (*mantou*) e cada fio retorcido ou esticado de macarrão *lamen* começa com o trigo.

Mas até mesmo as pessoas que se consideram cultas e amplamente informadas, e que poderiam observar a melhora no desempenho dos carros ou a ampliada capacidade dos computadores e celulares, não teriam ideia do que aconteceu com a safra média de grãos básicos no século XX: triplicou, quintuplicou ou cresceu em uma ordem de grandeza. No entanto, são esses fatores multiplicativos

— não aqueles da capacidade dos telefones celulares ou do armazenamento na nuvem — que possibilitaram à população global quase quintuplicar entre 1900 e 2020... Então, o que aconteceu com a produção de trigo, o grão predominante no mundo?

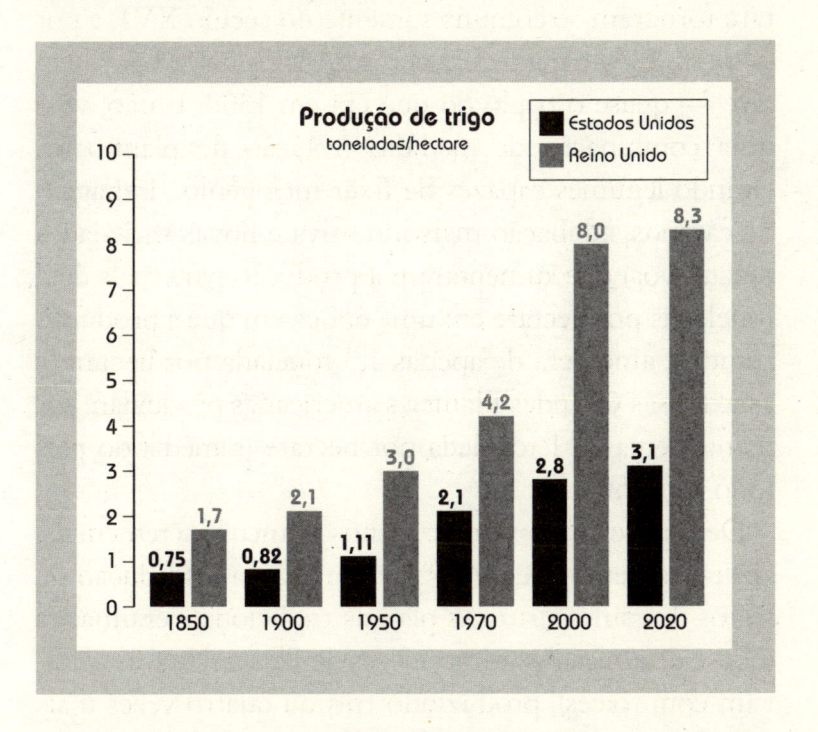

Produção de trigo
toneladas/hectare

Ano	Estados Unidos	Reino Unido
1850	0,75	1,7
1900	0,82	2,1
1950	1,11	3,0
1970	2,1	4,2
2000	2,8	8,0
2020	3,1	8,3

A produção tradicional do trigo era baixa e altamente variável, mas as reconstituições de tendências no longo prazo continuam em debate. Isso vale até mesmo para a história relativamente bem documentada (por quase um milênio) da produção de trigo na Inglaterra, que em geral era expressa em termos de retorno em relação à semeadura. Após uma safra pobre, até 30% da produção precisava ser guardada para a semeadura do ano seguinte, e a parcela geralmente não caía a menos que 25%. As colheitas no começo da era medieval muitas vezes chegavam a números baixíssimos, 500-600 quilos por hectare (apenas meia tonelada). As produções até 1 tonelada por hectare tornaram-se comuns somente no século XVI, e por volta de 1850 a média era cerca de 1,7 tonelada por hectare — quase o triplo do que era em 1300. Então, veio uma combinação de medidas (rotação do plantio incluindo legumes capazes de fixar nitrogênio, drenagem de campos, adubação mais intensiva e novas variedades de cultivos) que aumentaram a produção para mais de 2 toneladas por hectare em uma época em que a produção francesa ainda era de apenas 1,3 tonelada por hectare e as extensas Grandes Planícies americanas produziam somente cerca de 1 tonelada por hectare (a média do país todo até 1950!).

Depois de séculos de pequenos avanços incrementais, aprimoramentos decisivos vieram com a introdução de trigos de caule curto. As plantas tradicionais eram altas (quase da altura dos camponeses de Bruegel que as ceifavam com foices), produzindo três ou quatro vezes mais palha que grão. O primeiro trigo moderno de caule curto (baseado em plantas da Ásia Oriental) foi apresentado no Japão em 1935. Após a Segunda Guerra Mundial, foi levado para os Estados Unidos e dado a Norman Borlaug no Centro Internacional de Melhora de Milho e Trigo no México (CIMMYT, na sigla em inglês), e sua equipe produziu duas variedades semianãs de alto rendimento (produzindo quantidades iguais de grão e palha) em 1962. Borlaug ganhou o prêmio Nobel; o mundo ganhou colheitas sem precedentes.

Entre 1965 e 2017, a produção média global de trigo quase triplicou, de 1,2 para 3,5 toneladas por hectare; a média asiática mais que triplicou (de 1 para 3,3 toneladas por hectare); a média chinesa mais que quintuplicou (de 1 para 5,5 toneladas por hectare), e a média holandesa, já extraordinariamente alta duas gerações atrás, mais que dobrou, de 4,4 para 9,1 toneladas por hectare! Nesse período, a colheita global de trigo quase triplicou, para cerca de 775 milhões de toneladas, enquanto a população cresceu 2,3 vezes, aumentando a média de oferta *per capita* em torno de 25% e mantendo o mundo confortavelmente abastecido de farinha de trigo para o crocante *Bauerbrot* alemão (feito de farinha de trigo e centeio), o macarrão *udon* japonês (farinha de trigo, um pouco de sal, água) e o clássico *mille-feuille* (mil-folhas) francês (a "massa folhada" necessária para as folhas é apenas farinha de trigo, manteiga e um pouquinho de água).

Mas há preocupações. A produção média de trigo vem estagnando, não só nos países da União Europeia com produtividade mais alta, mas também na China, na Índia, no Paquistão e no Egito, onde permanecem bem abaixo da média europeia. As razões variam de restrições ambientais relativas ao uso de fertilizantes nitrogenados até escassez de água em algumas regiões. Ao mesmo tempo, as plantações de trigo deveriam estar se beneficiando com o aumento dos níveis de CO_2 na atmosfera, e os aperfeiçoamentos agronômicos deveriam cobrir algumas lacunas da produção (diferenças entre a produção potencial e a produtividade real em determinada região). Mas, em todo caso, necessitaríamos de menos trigo se — enfim! — fôssemos capazes de reduzir nosso indefensavelmente elevado desperdício de comida.

A INDESCULPÁVEL MAGNITUDE DO DESPERDÍCIO DE ALIMENTOS

O mundo está desperdiçando alimentos em uma escala que deve ser descrita como excessiva, indesculpável e, de todas as nossas outras preocupações globais sobre o meio ambiente e a qualidade da vida humana, absolutamente incompreensível. A Organização das Nações Unidas para a Alimentação e a Agricultura (FAO, na sigla em inglês) avalia as perdas globais anuais em 40%-50% para tubérculos, frutas, verduras e legumes, 35% para pescado, 30% para cereais e 20% para oleaginosas, carne e laticínios. Isso significa que, mundialmente, pelo menos um terço de todo alimento colhido é desperdiçado.

Os motivos para o desperdício variam. Nos países mais pobres frequentemente é por causa do armazenamento (com roedores, insetos e fungos se banqueteando com sementes, vegetais e frutas mal armazenados) ou falta de refrigeração (que causa o rápido apodrecimento de carnes, peixes e laticínios). É por isso que, na África subsaariana, a maior parte do desperdício ocorre mesmo antes de o alimento chegar aos consumidores. No mundo abastado, porém, a causa principal é a diferença entre produção excessiva e consumo real: apesar de frequentemente comerem demais, a maioria das nações de alta renda fornece aos seus cidadãos alimentos que seriam, em média, adequados para lenhadores e mineiros de carvão que trabalham duro, e não para populações largamente sedentárias e em processo de envelhecimento.

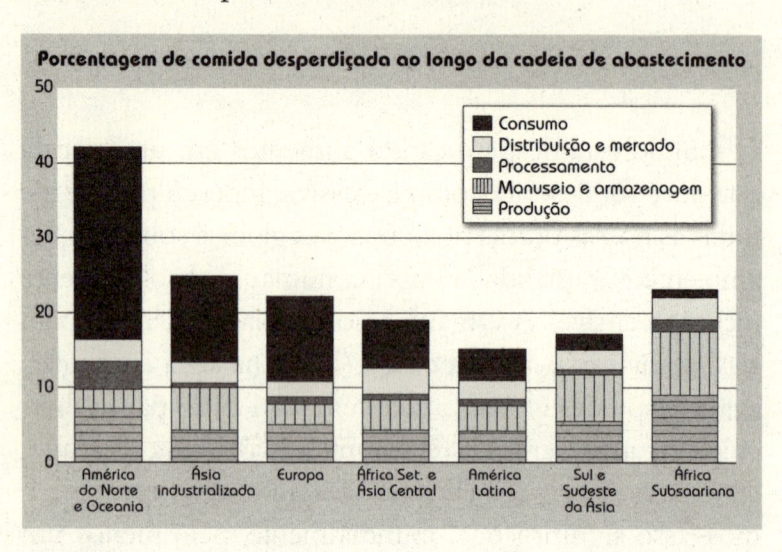

Porcentagem de comida desperdiçada ao longo da cadeia de abastecimento

Gráfico de barras empilhadas com categorias: Consumo, Distribuição e mercado, Processamento, Manuseio e armazenagem, Produção. Regiões: América do Norte e Oceania (~42%), Ásia industrializada (~25%), Europa (~22%), África Set. e Ásia Central (~19%), América Latina (~15%), Sul e Sudeste da Ásia (~17%), África Subsaariana (~23%).

Não é surpresa que os Estados Unidos sejam os principais transgressores, e temos informações de sobra para quantificar o excesso. O fornecimento diário médio de alimentos no país chega a aproximadamente 3.600 quilocalorias por pessoa. Isso é o fornecimento, não o consumo — o que é bom.

Se deixarmos de fora os bebês e octogenários que permanecem em casa, cujas exigências diárias são inferiores a 1.500 quilocalorias, isso deixaria mais de 4 mil quilocalorias disponíveis para adultos: pode ser que os norte-americanos comam demais, mas todos eles não poderiam comer tanto todo dia. O Departamento de Agricultura dos Estados Unidos (USDA, na sigla em inglês) classifica esses números como "estragos e outros desperdícios" e estima a média diária real disponível para consumo em cerca de 2.600 quilocalorias por pessoa. Mas nem mesmo isso está muito correto. Tanto a pesquisa de consumo de comida (realizada pelo Levantamento Nacional de Exame de Saúde e Nutrição) quanto os cálculos baseados na estimativa de exigências metabólicas indicam que a ingestão média diária real nos Estados Unidos chega a 2.100 quilocalorias por pessoa. Subtraindo 2.100 quilocalorias *per capita* de ingestão de 3.600 quilocalorias *per capita* de fornecimento, obtém-se uma perda de 1.500 quilocalorias *per capita*, o que significa que cerca de 40% da comida norte-americana vai para o lixo.

Nem sempre foi assim. No início dos anos 1970, o USDA estimou a disponibilidade média de alimentos *per capita* (ajustado conforme o desperdício pré-varejo) em menos de 2.100 quilocalorias por dia, quase 25% menos que os valores atuais. O Instituto Nacional de Diabetes e Doenças Digestivas e Renais calcula que o desperdício de alimentos *per capita* nos Estados Unidos aumentou 50% entre 1974 e 2005 e que o problema piorou desde então.

Mas, mesmo se a perda diária média norte-americana permanecesse em 1.500 quilocalorias *per capita*, um cálculo simples mostra que, em 2020 (com cerca de 333 milhões de habitantes), esse alimento desperdiçado poderia ter nutrido adequadamente (com 2.200 quilocalorias *per capita*) cerca de 230 milhões de pessoas, pouco mais que a população inteira do Brasil, o maior país latino-americano e o 6º mais populoso do mundo.

Todavia, ao mesmo tempo que desperdiçam comida, os norte-americanos ainda comem muito mais do que seria bom para eles. A prevalência da obesidade — índice de massa corporal (IMC) de 30 ou mais — mais que dobrou entre 1962 e 2010, subindo de 13,4% para 35,7% entre adultos acima dos 20 anos. Somando a esse número o sobrepeso (um IMC entre 25 e 30), descobre-se que, entre adultos, 74% dos homens e 64% das mulheres têm peso excessivamente alto. E o que é mais preocupante: como a obesidade é geralmente uma condição vitalícia, essa proporção está acima de 50% também em crianças com mais de 6 anos.

O Programa de Ação para Desperdícios e Recursos (WRAP, na sigla em inglês) do Reino Unido oferece perspectivas diferentes escrutinando o fenômeno com uma riqueza incomum de detalhes. Na Grã-Bretanha, o desperdício total de alimentos perfaz aproximadamente 10 milhões de toneladas por ano e vale mais ou menos 15 bilhões de libras (ou quase 20 bilhões de dólares), mas partes não comestíveis (peles, cascas, ossos) compõem apenas 30% desse total — de modo que 70% do alimento desperdiçado poderia ter sido ingerido! O WRAP também documentou os porquês do processo: quase 30% do desperdício deve-se a "não ser usado a tempo", um terço por ter expirado a data de validade, quase 15% por ter se cozinhado ou servido demais, e o restante se deve a outras razões, inclusive preferências pessoais, pessoas que comem com muita pressa e acidentes.

A perda de comida, porém, vai além da alimentação desperdiçada, envolvendo inevitavelmente um desperdício significativo de trabalho e energia empregados diretamente em maquinário de campo e bombas de irrigação, bem como indiretamente na produção de aço, alumínio e plásticos necessários para fazer os insumos mecânicos e sintetizar fertilizantes e pesticidas. O esforço agrícola a mais também prejudica o meio ambiente, causando erosão do solo, vazamento de nitratos, perda de biodiversidade e o crescimento de bactérias resistentes a antibióticos. Além disso, a produção de comida desperdiçada pode ser responsável por até 10% das emissões globais de gases do efeito estufa.

Os países ricos precisam produzir consideravelmente menos alimentos e desperdiçá-los consideravelmente menos. Ainda assim, propaga-se cada vez mais a ideia de que é preciso produzir mais alimentos. Mais recentemente essa ideia tem se disfarçado sob a forma de produzir mais inundando os mercados com carne falsa feita de proteínas vegetais alteradas. Em vez disso, por que não tentar encontrar meios inteligentes de reduzir o desperdício de comida para um nível de perdas mais aceitável? Cortar o desperdício de comida pela metade abriria caminho para um uso mais racional dos alimentos em todo o mundo, e os benefícios seriam imensos: o WRAP estima que cada dólar investido em prevenção de desperdício alimentar tem um retorno 14 vezes maior em benefícios associados. Será que não é um argumento suficientemente persuasivo?

O LENTO ADEUS À DIETA MEDITERRÂNEA

Os benefícios da dieta mediterrânea se tornaram amplamente conhecidos após 1970, quando Ancel Keys publicou a primeira parte do seu estudo de longo prazo sobre nutrição e saúde na Itália, na Grécia e em 5 outros países, no qual descobriu que essa alimentação estava associada a uma baixa incidência de doenças cardíacas.

Essa dieta tem como principais marcas uma alta ingestão de carboidratos (especialmente pão, massas e arroz) complementada por leguminosas (feijão, ervilha, grão-de-bico) e oleaginosas, laticínios (sobretudo queijo e iogurte), frutas e vegetais, frutos do mar e alimentos sazonais levemente processados, em geral refogados em azeite de oliva. Também inclui quantidades muito mais modestas de açúcar e carne. E, o melhor de tudo, toma-se bastante vinho com a comida. Este último hábito não é recomendado por nutricionistas, mas é evidente que a dieta mediterrânea reduz o risco de problemas cardiovasculares, diminui o risco de certos tumores cancerígenos em cerca de 10% e oferece alguma proteção contra diabetes tipo 2. Há pouca dúvida de que, se os países ocidentais a tivessem seguido em massa, jamais teriam chegado aos níveis de obesidade que prevalecem nos dias de hoje. Em 2013, a Organização das Nações Unidas para a Educação, a Ciência e a Cultura (Unesco) inscreveu a dieta na lista do Patrimônio Cultural Imaterial, com Croácia, Chipre, Grécia, Itália, Marrocos, Portugal e Espanha como países designados.

Consumo de álcool na Itália
(litros/*capita*)

Ano	Vinho	Cerveja
1970	114	12
1980	91	18
1990	61	24
2000	54	21
2010	31	29
2018	34	34

Todavia, até mesmo nesses paraísos de saúde há um crescente problema: a verdadeira dieta mediterrânea agora só é consumida em certas localidades costeiras ou montanhosas isoladas. A transição dietética tem sido rápida e de longo alcance, particularmente nos dois países mais populosos da região: Itália e Espanha.

Nos últimos 50 anos, a dieta italiana se tornou *mais* mediterrânea apenas pelas frutas, cujo consumo aumentou aproximadamente 50%. Por sua vez, o consumo de gorduras e carne animal triplicou. O azeite de oliva responde por menos da metade de todas as gorduras da dieta, e — *incrível!* — o consumo de massas caiu e o de vinho despencou, uma queda de quase 75%. Hoje os italianos compram muito mais cerveja do que o *roso* e o *bianco*.

O recuo espanhol em relação à dieta mediterrânea foi ainda mais rápido e completo. Os espanhóis ainda apreciam seus frutos do mar, cujo consumo aumentou, mas se alimentam menos de grãos, vegetais e legumes. O azeite de oliva responde por menos da metade das gorduras consumidas no país. E, notavelmente, os espanhóis, em média, tomam apenas cerca de 20 litros de vinho por ano — que é menos da metade da quantidade de cerveja consumida. Isso é comparável ao que se vê na Alemanha e na Holanda!

Poderia haver símbolo mais potente do fim da dieta do que a derrota do vinho tinto para a cerveja? Além disso, a maioria dos europeus (mantendo velhos padrões dietéticos na memória) não faz ideia de que o fornecimento espanhol de carne *per capita*, que era mais ou menos de 20 quilos por ano quando Franco morreu, em 1975, está hoje em quase 100 quilos, bem à frente de nações tradicionalmente carnívoras, tais como a Alemanha, a França e a Dinamarca.

E as perspectivas não são boas. Um novo padrão alimentar tornou-se a norma entre os jovens, que também compram menos comida fresca que seus pais. Na Espanha, por exemplo, não faltam McDonald's, KFCs, Taco Bells e Dunkin' Donuts — ou Dunkin' Coffee, como é chamado lá. O alcance global do fast-food baseado em carne, gorduroso, salgado e açucarado está não só eliminando a herança culinária, mas também acabando com uma das poucas vantagens que o mundo antigo tinha sobre o moderno.

As razões para essa mudança são universais. Rendas mais altas permitem maior ingestão de carne, gordura e açúcar. Famílias tradicionais foram substituídas por lares de duas rendas ou de uma só, no caso de pessoas morando sozinhas, que cozinham menos em casa e compram mais refeições prontas. Além disso, estilos de vida mais ocupados promovem uma alimentação mais desregrada e de conveniência. Não é de admirar que os índices de obesidade venham crescendo na Espanha e na Itália, bem como na França.

ATUM-AZUL: A CAMINHO DA EXTINÇÃO

Pense no atum... Sua hidrodinâmica quase perfeita e propulsão eficiente, movida pelo sangue quente dos músculos, fazem dele um nadador excepcional. Os maiores chegam a 70 quilômetros por hora, ou cerca de 40 nós — mais rápido do que um barco a motor e mais ainda que qualquer submarino conhecido.

Porém, seu tamanho e sua carne saborosa puseram esse majestoso peixe no caminho da extinção. A carne branca que se obtém em latas provém do relativamente abundante atum-branco, um peixe pequeno, que costuma pesar menos de 40 quilos (a carne vermelha enlatada é extraída do atum-bonito, ou bonito, outro atum pequeno). Em contraste, o atum-azul, ou atum-rabilho (em japonês, *maguro* ou *hon-maguro*, "atum verdadeiro"), sempre foi o atum mais raro. Peixes adultos podem crescer até mais de 3 metros e pesar mais de 600 quilos.

O atum-azul é a primeira escolha para sashimi e sushi no Japão. Quando esses pratos se tornaram populares em Edo (Tóquio), no século XIX, os cortes escolhidos vinham dos músculos internos, avermelhados e menos oleosos (*akami*); mais tarde, foram eleitos cortes nas laterais do corpo abaixo da linha média (*chutoro* gorduroso) e na barriga do peixe (*otoro* extragorduroso). Atuns-azuis excepcionais têm sido vendidos por preços excepcionais em leilões de ano-novo em Tóquio. O último recorde foi estabelecido em 2019: 3,1 milhões de dólares por um peixe de 278 quilos pescado no norte do Japão. Isso é mais que 11.100 dólares por quilo!

Atum-azul que quebrou outro recorde de preço

O Japão consome aproximadamente 80% da pesca mundial de atum-azul, bem mais que sua cota permitida, e, para preencher a lacuna, os atuns-azuis são importados frescos, como carga aérea, ou congelados sem as guelras e as entranhas. A demanda crescente é cada vez mais satisfeita por peixe selvagem, que é capturado e então engordado em gaiolas, onde recebem como alimento sardinhas, cavalinhas e arenques. A demanda está chegando a novas alturas, uma vez que a moda do sushi transformou o prato predileto do país asiático em comida de status global.

Atualmente, a pesca mundial das três espécies de atum-azul é de cerca de 75 mil toneladas por ano. Isso é menos que era 20 ou 40 anos atrás, mas a pesca ilegal e as atracagens subnotificadas, disseminadas e constantes por décadas, continuam substanciais. Uma comparação pioneira entre os números registrados nos diários de bordo da frota japonesa de pesca do atum (considerada bastante precisa) e a quantidade de atum vendido nos maiores mercados de peixe do Japão mostrou uma discrepância de pelo menos o dobro.

As principais nações pesqueiras têm resistido a restrições em suas cotas de pesca. Portanto, a única maneira de garantir a sobrevivência de longo prazo é impedir o comércio nas regiões em maior perigo. Em 2010, a WWF, peritos em pesca da FAO e o Principado de Mônaco reivindicaram a proibição do comércio internacional do atum-azul do norte, mas a proposta não foi acatada. Além disso, talvez já seja tarde demais para que a proibição total da pesca no Mediterrâneo e no nordeste do Atlântico impeça o colapso dos cardumes de atum-azul.

E, infelizmente, é muito difícil criar atuns-azuis desde os ovos em uma fazenda marinha, por assim dizer, porque a maioria das minúsculas e frágeis larvas não sobrevivem às 3 ou 4 primeiras semanas de vida. A mais bem-

-sucedida operação japonesa, o Laboratório de Pesca da Universidade de Kindai, levou cerca de 30 anos para dominar o processo, mas, mesmo assim, apenas 1% dos peixes sobrevivem até a maturidade.

O declínio da pesca e os desafios da produção em cativeiro resultaram em uma desenfreada troca de nomes ao redor do mundo, particularmente nos Estados Unidos. É grande a possibilidade de que, ao pedir atum em um restaurante, você seja servido de alguma outra espécie: nos Estados Unidos, mais da metade de todo o atum disponível em restaurantes japoneses na verdade não é atum!

POR QUE O FRANGO É O MÁXIMO

Por gerações, a carne bovina foi o tipo de proteína animal dominante nos Estados Unidos, seguida pela carne de porco. Quando o consumo anual de gado chegou ao pico, em 1976, de 40 quilos (peso sem osso) *per capita*, representava quase metade de todas as carnes; o frango respondia por apenas 20%. Mas a carne de galinha cobriu a diferença já em 2010 e, em 2018, chegou a 36% do total, quase 20 pontos percentuais a mais que a carne bovina. Hoje, o norte-americano médio come anualmente 30 quilos de frango desossado, comprado sobretudo como partes cortadas ou processadas (de peito sem ossos a Chicken McNuggets).

Nos Estados Unidos, a constante obsessão com dietas — em especial, o medo do colesterol e das gorduras saturadas na carne vermelha — é um dos fatores responsáveis por essa mudança. As diferenças, porém, não são tão impressionantes: 100 gramas de carne bovina magra contêm 1,5 grama de gordura saturada, em comparação com 1 grama no peito de frango sem pele (que, na verdade, tem mais colesterol). Mas a principal razão por trás da ascensão do frango é seu preço mais baixo, que reflete sua

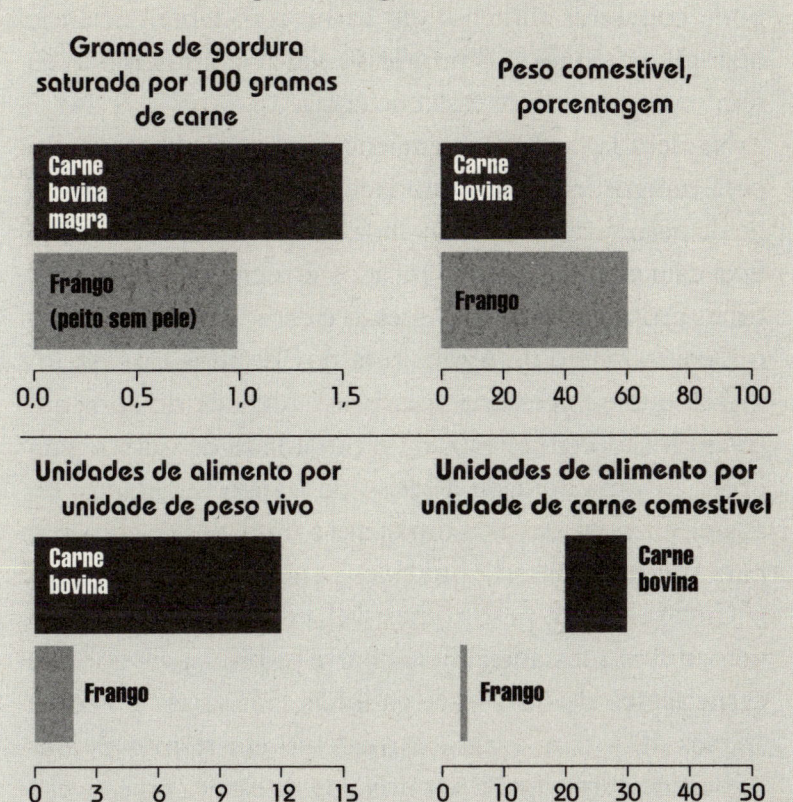

Por que frango é o máximo

Gramas de gordura saturada por 100 gramas de carne

- Carne bovina magra
- Frango (peito sem pele)

0,0　0,5　1,0　1,5

Peso comestível, porcentagem

- Carne bovina
- Frango

0　20　40　60　80　100

Unidades de alimento por unidade de peso vivo

- Carne bovina
- Frango

0　3　6　9　12　15

Unidades de alimento por unidade de carne comestível

- Carne bovina
- Frango

0　10　20　30　40　50

Eficiência média de conversão de alimento para carne

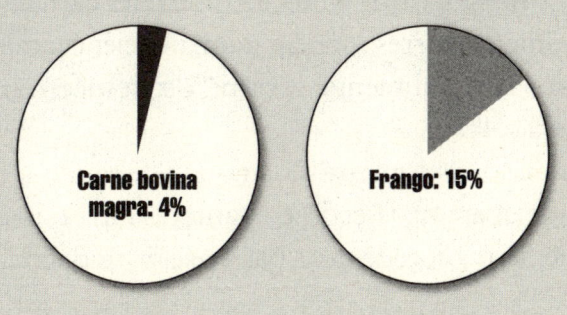

Carne bovina magra: 4%

Frango: 15%

vantagem metabólica: nenhum outro animal doméstico pode converter alimento em carne com tanta eficiência quanto os frangos. Os progressos da avicultura moderna têm muito a ver com essa eficiência.

Na década de 1930, a eficiência média de alimentação para frangos (cerca de 5 unidades de alimento por unidade de peso vivo) não era melhor do que para porcos. Essa taxa caiu pela metade em meados dos anos 1980, e as últimas proporções entre alimento e carne gerada, segundo o Departamento de Agricultura dos Estados Unidos, indicam que é necessária apenas 1,7 unidade de alimento (padronizado em termos de ração à base de milho) para produzir uma unidade de peso de frango vivo (antes do abate), em comparação com quase 5 unidades de alimento para suínos e quase 12 unidades para gado.

Uma vez que o peso comestível, como parcela do peso vivo, difere substancialmente entre os principais tipos de carne (cerca de 60% para galinhas, 53% para porcos e apenas 40% para vacas), o recálculo em termos de eficiência de alimentação por unidade de carne comestível é ainda mais revelador. Dados recentes indicam 3-4 unidades de alimento por unidade de carne comestível para frango, 9-10 para carne suína e 20-30 para carne bovina. Esses números correspondem a uma eficiência média de conversão entre alimento e carne de, respectivamente, 15%, 10% e 4%.

Além disso, os frangos são criados de modo a chegar à idade de abate mais cedo e acumular uma quantidade de carne sem precedentes. Na criação tradicional, em que as galinhas cresciam livremente, elas eram abatidas com 1 ano de idade, quando pesavam apenas cerca de 1 quilo. O peso médio dos frangos americanos subiu de 1,1 quilo em 1925 para quase 2,7 em 2018, enquanto o tempo de vida típico passou de 112 dias em 1925 para apenas 47 dias em 2018.

Os consumidores se beneficiam, enquanto as galinhas sofrem. O ganho de peso dessas aves é muito rápido porque elas têm comida à vontade, sendo mantidas na escuridão e em confinamento estrito. Como os consumidores preferem carne de peito magra, a seleção de peitos excessivamente grandes deslocou para a frente o centro de gravidade do animal, prejudicando sua mobilidade e colocando tensão nas patas e no coração. Mas, de qualquer maneira, os frangos não podem se mover; segundo o Conselho Nacional de Avicultura, o espaço reservado a um indivíduo é de apenas 560-650 centímetros quadrados, área pouco maior que uma folha de papel A4. Uma vez que longos períodos de escuridão aceleram o crescimento, os frangos vivem sob uma luz de intensidade crepuscular. Essa condição perturba o ciclo circadiano e o comportamento normal desse animal.

De um lado, há um ciclo de vida mais curto (menos de sete semanas, sendo que essa ave pode viver oito anos) e corpos malformados em confinamento às escuras; de outro, no fim de 2019, um quilo de peito desossado custava no varejo cerca de 6,47 dólares, em comparação com 10,96 dólares por quilo de pernil bovino e 18,09 dólares por quilo de contrafilé.

Mas a prevalência do frango ainda não é global; graças ao seu predomínio na China e na Europa, a carne de porco ainda é cerca de 10% mais consumida no mundo, enquanto a carne bovina é a mais comum na maioria dos países da América do Sul. Ainda assim, com a produção massiva de frango em confinamento, essa ave com quase certeza vai assumir a liderança mundial em uma ou duas décadas. Dada essa realidade, os consumidores deveriam estar dispostos a pagar um pouco mais para que os avicultores tornassem menos aflitiva a breve vida dos frangos.

(NÃO) TOMAR VINHO

França e vinho, que ligação icônica — e, durante séculos, quão imutável! A viticultura foi introduzida nessa região pelos gregos muito antes de os romanos conquistarem a Gália, se expandiu bastante na Idade Média e, por fim, se tornou um símbolo de qualidade (Bordeaux, Borgonha, Champanhe) no país e no exterior, consolidando-se há muito como um dos símbolos da identidade nacional francesa. Os franceses sempre responderam por uma grande produção e consumo da bebida, os agricultores e aldeões em regiões vinícolas se abasteciam de vindimas próprias e as cidades desfrutavam de uma ampla seleção de sabores e preços.

As estatísticas do consumo anual de vinho *per capita* na França começaram a ser registradas regularmente em 1850, com uma alta média de 121 litros por ano — quase dois copos médios (175 mililitros) por dia. Em 1890, a infestação de filoxera (que teve início em 1863) fez a colheita de uvas no país sofrer uma queda de quase 70%, em comparação com o pico em 1875, e os vinhedos tiveram que ser reconstituídos com enxertos de espécies mais resistentes (em sua maioria norte-americanas). Como resultado, o consumo anual de vinho flutuou, mas o crescimento das importações (em 1887, representaram até metade da produção doméstica) impediu quedas bruscas na oferta total, e a recuperação dos vinhedos finalmente levou o consumo *per capita* a 125 litros por ano em 1909, antes da Primeira Guerra Mundial. Esse índice foi igualado em 1924 e ultrapassado nos dois anos seguintes, com um recorde *per capita* de 136 litros por ano em 1926; em 1950, o valor foi apenas ligeiramente menor, cerca de 124 litros.

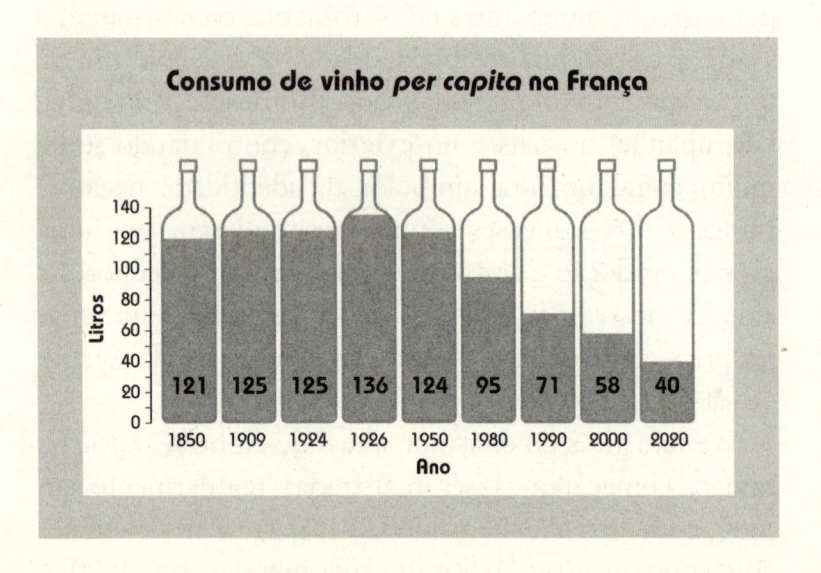

Consumo de vinho *per capita* na França

Ano	1850	1909	1924	1926	1950	1980	1990	2000	2020
Litros	121	125	125	136	124	95	71	58	40

O padrão de vida na França do pós-guerra se manteve surpreendentemente baixo: de acordo com o censo de 1954, apenas 25% dos lares tinham banheiro, e somente 10% tinham banheira, chuveiro ou aquecimento central. Mas tudo isso mudou depressa na década de 1960, e a crescente riqueza também trouxe algumas mudanças notáveis na dieta francesa, incluindo o declínio do hábito de tomar vinho. Em 1980, a média anual *per capita* caiu para 95 litros por ano; em 1990, foi para 71 litros e, no ano 2000, chegou a apenas 58 litros, uma redução de 50% ao longo do século XX. Essa tendência de queda continuou neste século, e os últimos dados disponíveis indicam uma média pouco superior a 40 litros por ano, 70% abaixo do recorde de 1926. Um levantamento sobre consumo de vinho em 2015 detalha divisões profundas em termos de gênero e geração que explicam essa tendência decrescente.

Quarenta anos atrás, mais da metade dos adultos franceses bebia vinho quase todo dia, mas a parcela que bebe regularmente está em apenas 16% hoje. Mais especificamente, a parcela é de 23% entre homens e 11% entre mulheres, e apenas 1% entre as pessoas de 15-24 anos e 5% entre as de 25-34 anos, em comparação com 38% entre as pessoas com mais de 65 anos de idade. É claro que essa divisão por gênero e geração não sugere um aumento no consumo futuro e se aplica a todas as bebidas alcoólicas: cerveja, licores, destilados e sidra também vêm tendo seu consumo reduzido, enquanto as bebidas com maior ganho médio *per capita* incluem água mineral (que quase dobrou desde 1990), sucos de frutas e refrigerantes.

À medida que o consumo de vinho passou de hábito regular a prazer ocasional, a França também perdeu sua primazia histórica nesse quesito para a Eslovênia e a Croácia (ambas com cerca de 45 litros ao ano *per capita*).

Mas, embora nenhum outro país com tradição vinícola tenha sofrido declínio maior que a França, tanto em termos absolutos quanto em relativos, a Itália chegou perto, e o consumo de vinho também decresceu na Espanha e na Grécia.

Há, porém, uma tendência positiva, uma vez que a França continua sendo um grande exportador de vinho, estabelecendo um novo recorde (de cerca de 11 bilhões de dólares) em 2018. Os altos preços dos produtos franceses são atestados pelo fato de que respondem por 15% do comércio mundial de vinhos e destilados, mas por 30% do valor total. Os norte-americanos (cujo consumo de vinho médio *per capita* subiu mais de 50% nos últimos 20 anos) são os maiores importadores de vinhos franceses, e a demanda de novos-ricos na China vem reivindicando uma parcela maior das vendas.

Mas, no país que deu ao mundo incontáveis *vins ordinaires*, bem como caríssimos *Grands Crus Classés*, os brindes em taças e votos de *santé* se tornaram um hábito em risco de extinção.

O CONSUMO RACIONAL DE CARNE

O consumo generalizado de carne (bovina, em particular) entrou para a lista de hábitos altamente indesejáveis, na medida em que as preocupações de longa data em relação às desvantagens da carne — desde os efeitos supostamente perniciosos sobre a saúde ao uso muito excessivo de terra e água requerido para alimentar animais — se somam a afirmações quase apocalípticas de que o metano produzido pelo gado é um dos principais responsáveis pela mudança climática global. Os fatos são bem menos incendiários. Assim como os chimpanzés, nossos ancestrais primatas mais próximos, cujos machos são exímios caçadores de animais menores, como micos e filhotes de porcos selvagens, nós somos uma espécie onívora, e a carne sempre foi parte importante da nossa dieta normal. A carne (junto com o leite e os ovos) é uma fonte excelente e completa de proteína requerida para o crescimento; contém vitaminas importantes (sobretudo as do complexo B) e minerais (ferro, zinco, magnésio); e é uma fonte satisfatória de lipídios (gorduras que proporcionam a sensação de saciedade e, portanto, muito valorizadas por todas as sociedades tradicionais).

A cozinha gorda, de Pieter van der Heyden,
baseado em Pieter Bruegel

Inevitavelmente, os animais — em particular, o gado — não são eficientes na conversão entre alimento e carne (ver POR QUE O FRANGO É O MÁXIMO), e a produção de carne nos países ricos tem aumentado de forma que a agricultura tem produzido menos alimentos para as pessoas e mais para os animais. Na América do Norte e na Europa, cerca de 60% do total das safras está destinado à alimentação de animais — e não diretamente de humanos. Isso, é claro, tem importantes consequências ambientais, particularmente devido à necessidade de fertilizantes nitrogenados e água. Ao mesmo tempo, os grandes volumes de água necessários para produzir alimento para o gado levam a afirmações capciosas. O mínimo de água exigido por quilo de carne bovina desossada é, de fato, elevado, da ordem de 15 mil litros, mas só meio litro acaba incorporado na carne, com mais de 99% da água indo para o cultivo de alimentos, a qual, por fim, acaba reentrando na atmosfera via evaporação e transpiração das plantas e caindo em forma de chuva.

Quanto aos efeitos da ingestão de carne sobre a saúde, estudos em larga escala mostram que o consumo moderado de carne não está associado com quaisquer resultados adversos. Mas, se você não confia na metodologia desses estudos, pode simplesmente comparar a expectativa de vida dos diversos países (ver próximo capítulo) com o consumo médio de carne *per capita*. No topo da lista de longevidade, estão os japoneses (consumidores moderados de carne; em 2018, quase exatamente 40 quilos em peso vestido *per capita*), seguidos pelos suíços (comedores substanciais de carne, com mais de 70 quilos), espanhóis (os maiores consumidores de carne da Europa, com mais de 90 quilos), italianos (não muito distantes, com mais de 80 quilos) e australianos (mais de 90 quilos, dos quais cerca de 20 quilos são de carne bovina). Isso diz bastante sobre carne e ausência de longevidade.

Ao mesmo tempo, a dieta japonesa (na verdade, a dieta do Leste Asiático em geral) mostra que o alto consumo de carne não traz benefícios adicionais para a saúde ou a longevidade, e é por isso que defendo firmemente um consumo racional de proteína animal baseado em ingestões moderadas de carne produzida com impacto ambiental reduzido. Essa adoção em nível global teria como componente fundamental ajustar as parcelas dos três tipos de carne dominantes. A carne suína, a de frango e a bovina responderam por respectivamente 40%, 37% e 23% da produção global de cerca de 300 milhões de toneladas em 2018; mudando a divisão para 40%, 50% e 10%, poderíamos (graças à economia de alimento em forma de grãos que se teria ao reduzir a ineficiente produção de carne bovina) produzir facilmente mais 30% de frango e mais 20% de carne suína, o que reduziria pela metade a carga ambiental da produção de carne bovina — e ao mesmo tempo fornecendo 10% a mais de carne.

O novo total de carne chegaria perto de 350 milhões de toneladas, rateados em cerca de 45 quilos de peso vestido ou 25-30 quilos de carne comestível (desossada) para cada um dos 7,75 bilhões de pessoas habitando o planeta no começo da década de 2020!

Isso é similar não só ao que um japonês médio consome, mas também ao que uma parcela significativa da população da França — a nação carnívora por excelência — prefere comer: um estudo francês recente mostrou que quase 30% dos adultos no país se tornaram *petits consommateurs*, com ingestão (carne comestível) média de apenas 80 gramas por dia, ou cerca de 29 quilos por ano.

Em termos nutricionais, a ingestão anual de 25-30 quilos de carne comestível forneceria (considerando 25% de proteína) cerca de 20 gramas de proteína completa por dia: 20% a mais que a média recente, mas a partir de uma produção com impacto ambiental reduzido e provendo todos os benefícios de saúde e longevidade de um carnívoro moderado.

Então, por que não seguir ao mesmo tempo a população mais longeva e os inteligentes hábitos da França? Como em tantas outras questões, a moderação é o caminho...

A ALIMENTAÇÃO NO JAPÃO

Japão moderno: rico em tese, mas, na prática, o que se tem são moradias aglomeradas, transportes lotados e deslocamentos longos, expedientes de trabalho prolongando-se noites adentro, feriados curtos, muitos fumantes e uma enorme pressão para se adequar a uma sociedade tradicionalmente hierárquica. Há também o risco onipresente de terremotos de grandes proporções, erupções vulcânicas (em boa parte do interior do país) e a ameaça sazonal de tufões e ondas de calor (sem contar ser vizinho da Coreia do Norte...). Ainda assim, o Japão tem a maior expectativa de vida ao nascer do mundo. Os últimos dados (mulheres/homens, referentes a 2015-2020, em anos) são 87,5/81,3 para o Japão, 86,1/80,6 para a Espanha, 85,4/79,4 para a França, 82,9/79,4 para o Reino Unido e 81,3/76,3 para os Estados Unidos. De forma ainda mais extraordinária, uma japonesa de 80 anos pode esperar viver mais 12 anos, em comparação com 10 anos nos Estados Unidos e 9,6 anos no Reino Unido.

Será que isso poderia ser explicado pela genética? Muito improvável, uma vez que as ilhas teriam que ser colonizadas por migrantes de continentes vizinhos — e um estudo recente da estrutura genética em escala fina e da evolução da população japonesa confirma que os componentes esperados do perfil ancestral vêm sobretudo de núcleos coreanos e também de chineses de etnia han, bem como do sudeste da Ásia.

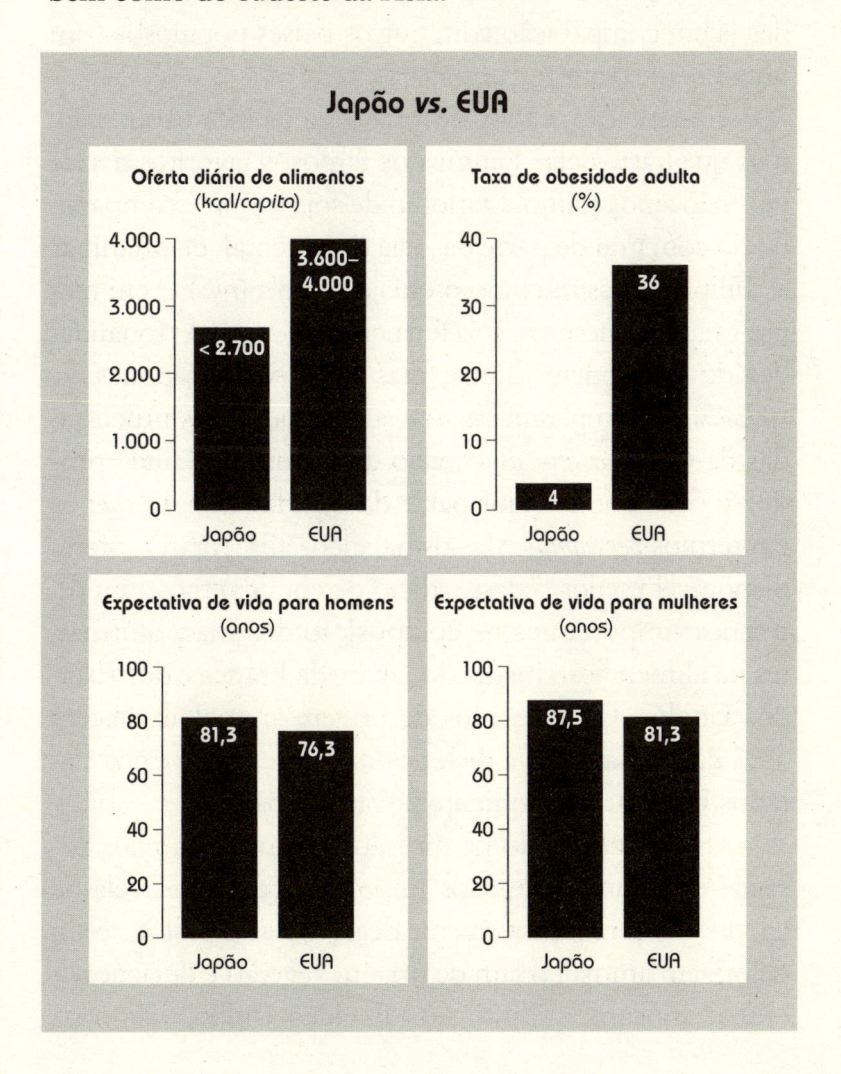

Japão vs. EUA

Oferta diária de alimentos (kcal/*capita*)
- Japão: < 2.700
- EUA: 3.600–4.000

Taxa de obesidade adulta (%)
- Japão: 4
- EUA: 36

Expectativa de vida para homens (anos)
- Japão: 81,3
- EUA: 76,3

Expectativa de vida para mulheres (anos)
- Japão: 87,5
- EUA: 81,3

Talvez tudo se reduza a convicções religiosas disseminadas e intensas que colocam a mente acima da matéria. Mas a mentalidade japonesa poderia ser descrita mais pela espiritualidade do que pela religiosidade, e não há indícios de que essas crenças tradicionais sejam mais profundas lá em comparação com outros países populosos com uma herança cultural antiga.

A alimentação, então, deveria ser a melhor explicação, mas que parte dela? Pensar nos famosos favoritos nacionais não ajuda muito. O molho de soja (*shōyu*) é compartilhado com grande parte da Ásia continental, de Mianmar às Filipinas, assim como o queijo de soja (*tōfu*) e, em menor grau, até mesmo a soja fermentada (*nattō*). As tonalidades de cor podem diferir, mas o chá-verde japonês — *ryokuchā*, ou simplesmente *ochā*, as folhas menos processadas da *Camellia sinensis* — veio da China, que ainda produz e consome a maior parte da bebida (embora menos em termos *per capita*). Mas os balanços alimentares (oferta disponível menos o desperdício de comida) mostram diferenças importantes na composição dos macronutrientes na alimentação média do Japão, da França e dos Estados Unidos. Os alimentos de origem animal abastecem 35% de toda a energia dietética na França e 27% nos Estados Unidos, mas somente 20% no Japão.

Mas essa inclinação na direção de uma dieta mais baseada em plantas é menos importante que a parcela de energia alimentar proveniente de gorduras (lipídios, sejam de origem animal, sejam de origem vegetal) e do açúcar e outros adoçantes. Tanto nos Estados Unidos como na

França, as gorduras fornecem quase 2 vezes mais (1,8 para ser exato) energia alimentar que no Japão, enquanto os americanos consomem diariamente quase 2,5 mais açúcares e adoçantes (principalmente xarope de milho com alto teor de frutose) que os japoneses, com um fator multiplicativo de cerca de 1,5 para a França. Sempre tendo em mente que estas são apenas associações estatísticas amplas, não afirmações sem sustentação, poderíamos concluir que, por eliminação de fatores provavelmente nutricionais, a menor ingestão de gorduras e açúcares pode ser um codeterminante importante para a longevidade.

Mas a ingestão relativamente baixa desses dois componentes é parte do que vejo como sendo, de longe, o fator explicativo mais importante, como a verdadeira excepcionalidade do Japão: a moderada oferta de comida média *per capita* do país. Enquanto os balanços de praticamente todas as nações ocidentais abastadas (sejam os Estados Unidos, sejam a Espanha, a França ou a Alemanha) mostram uma disponibilidade diária de 3.400-4.000 quilocalorias *per capita*, a taxa japonesa está abaixo de 2.700 quilocalorias, cerca de 25% a menos. É claro que o consumo médio real não pode estar no nível de 3.500 quilocalorias por dia (só homens de grande estatura, que trabalham pesado, necessitam de tanto), mas, mesmo considerando uma parcela indefensavelmente elevada de desperdício de comida, essa alta oferta significa hábitos alimentares excessivos (e obesidade).

Em contraste, estudos sobre a ingestão real de comida mostram que a média diária japonesa está abaixo de 1.900

quilocalorias, comensurada com a distribuição etária e a atividade física da população japonesa que envelhece. Isso significa que talvez a explicação mais importante por trás da primazia da longevidade japonesa seja bem simples — o consumo moderado de comida, hábito expresso em apenas quatro *kanjis*: 腹八分目 (*hara hachi bun me*, "barriga oito partes [em dez] cheia"), um antigo preceito de Confúcio, portanto outra importação da China. Mas os japoneses, ao contrário dos chineses, que promovem banquetes e desperdiçam comida, o praticam de verdade.

LATICÍNIOS: AS CONTRATENDÊNCIAS

Quase todos os recém-nascidos produzem uma quantidade suficiente de lactase, a enzima necessária para digerir a lactose — o açúcar (um dissacarídeo composto de glucose e galactose) do leite materno. Apenas uma minúscula parcela dos bebês tem uma deficiência congênita de lactase (ou seja, intolerância à lactose). Mas, após a primeira infância, a capacidade de digerir leite diverge. Em sociedades originalmente pastoris, ou que criavam animais leiteiros, a capacidade de digerir lactose se mantém; já nas sociedades sem tradição leiteira, tal capacidade enfraquece e chega a desaparecer. Tipicamente, essa perda se traduz em desconforto abdominal depois de tomar uma pequena quantidade de leite, podendo causar náuseas e até mesmo vômitos.

A evolução produziu padrões complexos desses traços, com populações com deficiência de lactase cercadas de bebedores de leite (tais como os mongóis, que tomam leite de égua, e os tibetanos, que tomam leite de iaque ao norte e a oeste dos chineses, que não tomam leite), ou até mesmo com as duas sociedades misturadas (pastores de gado e agricultores que usam queimadas ou caçadores na África subsaariana).

Consumo de leite *per capita*
(litros/ano)

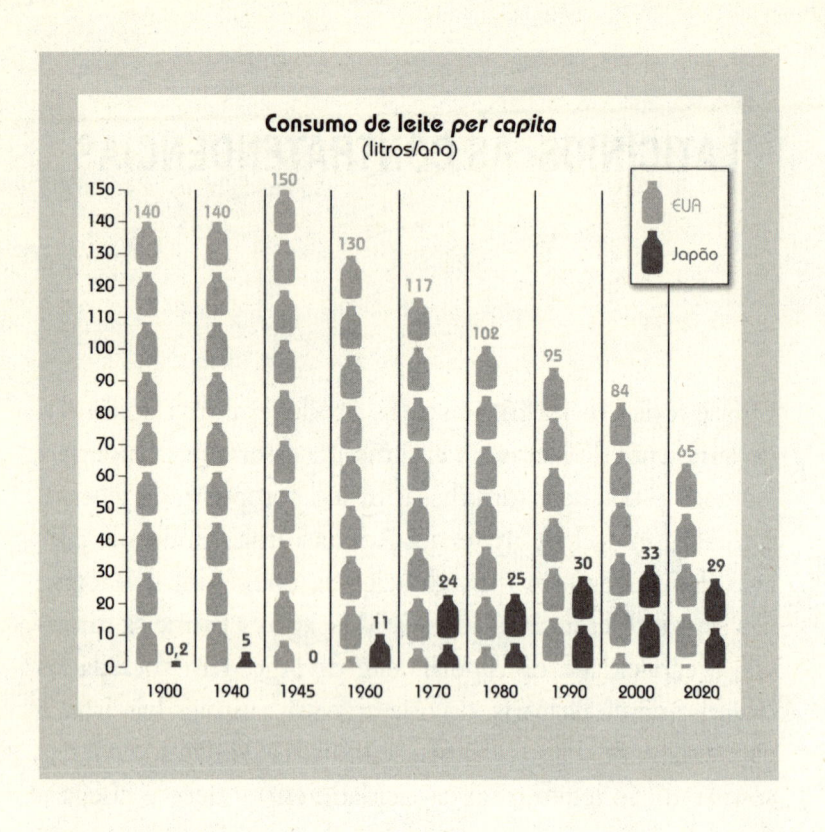

Ano	EUA	Japão
1900	140	0,2
1940	140	5
1945	150	0
1960	130	11
1970	117	24
1980	102	25
1990	95	30
2000	84	33
2020	65	29

Dadas essas realidades, é notável que a modernização econômica tenha produzido dois resultados contraintuitivos: fortalezas lácteas assistiram a prolongados declínios do consumo de leite médio *per capita*, enquanto, em diversas sociedades que não tomam leite, a demanda por leite líquido e laticínios saiu de zero e atingiu números consideráveis. No começo do século XX, o consumo anual de leite fresco nos Estados Unidos (incluindo creme de leite) era de quase 140 litros *per capita* (80% como leite integral); esse consumo chegou a um pico de 150 litros em 1945, mas o subsequente declínio cortou esse número em mais de 55%, para cerca de 60 litros em 2018. A presente redução da demanda por todos os laticínios tem sido mais lenta, em grande parte por causa do consumo de muçarela em pizza, que ainda vem crescendo lentamente.

Os fatores básicos por trás do declínio incluem um consumo mais elevado de carne e peixe (fornecendo proteína e gordura antes derivadas do leite) e décadas de advertências sobre os efeitos nocivos da gordura saturada do leite. Essa conclusão já foi refutada, e os últimos achados alegam que a gordura láctea pode, na verdade, reduzir a frequência de doenças cardíacas coronárias e a mortalidade por acidente vascular cerebral (AVC) — mas essas descobertas chegaram tarde demais para a indústria em declínio. Uma retração similar ocorreu entre os maiores consumidores de laticínios da Europa, onde altos níveis de ingestão de leite eram tradicionalmente acompanhados pelo hábito diário de comer queijo. Mais notavelmente, o consumo anual de leite *per capita* na França era de cerca de 100 litros em meados da década de 1950, mas, em 2018, esse valor tinha caído para 45 litros.

O Japão oferece o melhor exemplo de aumento de laticínios em uma sociedade sem o hábito de tomar leite. A oferta anual *per capita* era, em média, inferior a 1 litro em 1906 e de 5,4 litros em 1941. Este último total equivalia a 15 mililitros (uma colher de sopa) por dia: na realidade, isso significava que, quando as forças norte-americanas ocuparam o país, em 1945, apenas alguns habitantes das grandes cidades já tinham tomado leite ou comido queijo ou iogurte na vida. O leite foi introduzido por intermédio do Programa Nacional de Merenda Escolar, com o intuito de eliminar a discrepância urbana/rural no crescimento infantil, e os valores *per capita* subiram para 25 litros por ano em 1980 e 33 litros por ano em 2000, quando o consumo total de laticínios (incluindo queijos e iogurte) foi equivalente a mais de 80 litros por ano.

Dado o tamanho do país, a adoção de laticínios na China foi necessariamente mais lenta, mas as taxas médias subiram de um mínimo desprezível nos anos 1950 para 3 litros anuais *per capita* na década de 1970 (antes do início da rápida modernização pela qual o país passou) e hoje estão em mais de 30 litros — mais altas que na Coreia do Sul, outra cultura que tradicionalmente não consumia laticínios e passou a fazê-lo. A diversificação de dietas, a conveniência proporcionada pelos alimentos lácteos em sociedades urbanas modernas, o tamanho reduzido das famílias e o alto percentual de mulheres trabalhando nas cidades: esses foram os principais fatores responsáveis por essa transição na China, que foi apoiada pelo governo mediante a elevação do leite ao status de alimento saudável, prestigiado, embora venha sendo prejudicado pela má qualidade e até mesmo pela franca adulteração da bebida — em 2008, cerca de 300 mil bebês e crianças foram afetados pela ingestão de leite dosado com melamina, um produto químico industrial adicionado para aumentar o nitrogênio do leite e, portanto, seu aparente conteúdo proteico.

Mas como as sociedades com deficiência de lactase foram capazes de passar por essa mudança? Porque a intolerância à lactose não é universal, além de ser relativa e não absoluta. Quatro quintos dos japoneses não têm problemas em tomar um copo de leite por dia, e isso se traduziria em um consumo anual de mais de 70 litros — mais que a média americana recente!

Além disso, a fermentação remove a lactose progressivamente, com queijos frescos (como a ricota) retendo menos de um terço da lactose presente no leite e as variedades firmes (como cheddar e parmesão) tendo apenas um vestígio. E, embora o iogurte contenha quase toda a lactose original, suas enzimas bacterianas facilitam a digestão. Assim, o leite, alimento ideal para bebês, é também, com moderação, um excelente alimento para qualquer pessoa... exceto para as que têm intolerância à lactose.

MEIO AMBIENTE:
DANIFICANDO E PROTEGENDO NOSSO MUNDO

ANIMAIS OU OBJETOS: QUAIS TÊM MAIS DIVERSIDADE?

Nossa contagem de espécies vivas permanece incompleta. Nos mais de 250 anos desde que Lineu estabeleceu o moderno sistema taxonômico, classificamos por volta de 1,25 milhão de espécies, cerca de três quartos delas animais. Outros 17% são plantas, e o restante são fungos e micróbios. E essa é a contagem oficial, sendo que o número de espécies ainda não reconhecidas poderia ser várias vezes maior.

A diversidade de objetos feitos pelo homem é igualmente rica. Embora minhas comparações envolvam não somente as proverbiais maçãs e laranjas, mas também maçãs e automóveis, ainda assim revelam o que nós forjamos.

Vou criar minha taxonomia dos objetos artificiais a partir de uma classificação análoga à dos organismos vivos. O domínio dos projetos humanos é equivalente aos eucariotas (organismos vivos que possuem núcleos em suas células), que contêm os três grandes reinos de fungos, plantas e animais. Postulo que o domínio de todos os objetos feitos pelo homem contém um reino de projetos complexos, de multicomponentes, equivalente ao reino dos animais. Dentro desse reino, temos o filo de projetos alimentados por eletricidade, equivalente aos cordados, criaturas com espinha dorsal. Nesse filo, há uma classe importante de projetos portáteis, equivalente aos mamíferos. Nessa classe, está a ordem dos artefatos de comunicação, equivalente aos cetáceos, a classe de baleias, golfinhos e toninhas, além da família dos telefones, equivalente aos golfinhos oceânicos.

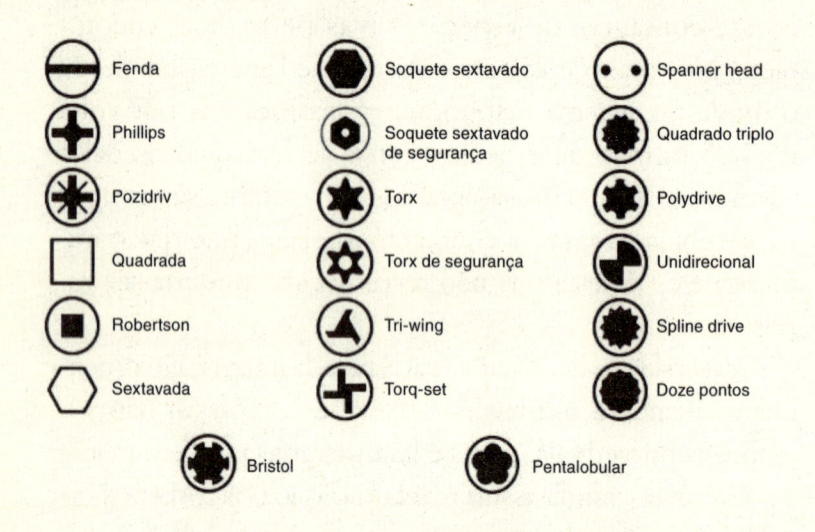

Fenda	Soquete sextavado	Spanner head
Phillips	Soquete sextavado de segurança	Quadrado triplo
Pozidriv	Torx	Polydrive
Quadrada	Torx de segurança	Unidirecional
Robertson	Tri-wing	Spline drive
Sextavada	Torq-set	Doze pontos
	Bristol	Pentalobular

Chaves de parafuso: um exemplo da diversidade do design no dia a dia

As famílias contêm gêneros, tais como *Delphinus* (golfinho comum), *Orcinus* (orca) e *Tursiops* (golfinho-nariz-de-garrafa). E, segundo a GSM Arena, que monitora a indústria de telefones celulares, no começo de 2019, havia mais de 110 gêneros (marcas) desses aparelhos. Alguns gêneros abrigam uma única espécie — por exemplo, o gênero *Orcinus* contém apenas *Orcinus orca*, a orca. Outros gêneros são ricos em espécies. No campo do telefone celular, nenhum é mais rico que a Samsung, com 1.200 aparelhos, seguida pela LG, com mais de 600, e Motorola e Nokia, cada uma com quase 500 produtos. Ao todo, no começo de 2019, havia cerca de 9.500 "espécies" de telefones celulares — e esse total é consideravelmente maior que a diversidade de mamíferos conhecidos (menos de 5.500 espécies).

Mesmo que considerássemos os telefones celulares apenas variedades de uma única espécie (como o tigre-de-bengala, o tigre-siberiano e o tigre-de-sumatra), há muitos outros números que ilustram o quanto nossas invenções são tão diversas quanto espécies são diferentes. A Associação Mundial do Aço lista cerca de 3.500 categorias de aço, mais do que todas as espécies de roedores conhecidas. Os parafusos são outra supercategoria: a combinação entre materiais (do alumínio ao titânio), tipos (de cabeça larga a específicos para drywall, de máquinas a metal laminado), cabeças (de fenda à sextavada, de Phillips a Robertson), pontas (de ponta achatada a pontiaguda) e dimensões (em unidades métricas e outras) resulta em um somatório de muitos milhões de possíveis "espécies" de parafusos.

Mudando o referencial, também ultrapassamos a natureza no campo da variação de massa. O menor mamífero terrestre, o musaranho-pigmeu, pesa apenas 1,3 grama, enquanto o maior, o elefante-africano, pesa, em média, cerca de 5 toneladas. É uma variação de 6 ordens de grandeza. Os motores para vibração de celulares produzidos em massa têm aproximadamente o mesmo peso que o musaranho, enquanto os maiores compressores centrífugos acionados por motores elétricos pesam perto de 50 toneladas, uma variação de 7 ordens de grandeza.

A menor ave, o colibri-abelha-cubano, pesa cerca de 2 gramas, enquanto a maior ave voadora, o condor andino, pode chegar a 15 quilos, ou seja, uma variação de quase quatro ordens de grandeza. Os drones miniaturizados de hoje pesam cerca de 5 gramas, ao passo que um *Airbus 380* no máximo de sua capacidade pesa 570 toneladas, uma diferença de 8 ordens de grandeza.

Além disso, nossos projetos possuem uma vantagem funcional importante: podem funcionar e sobreviver por conta própria, ao contrário dos nossos corpos (e os dos animais), que dependem de um microbioma em bom funcionamento — há tantas células bacterianas em nossas entranhas quanto células em nossos órgãos. Essa é sua vida.

PLANETA DAS VACAS

Durante anos, tentei imaginar como seria a Terra vista por uma sonda potente e perspicaz enviada por extraterrestres de inteligência avançada. É claro que a sonda logo concluiria, depois de fazer a contagem dos organismos, não só que a maioria de indivíduos é microscópica (bactérias, arqueias, protistas, fungos, algas) ou muito pequena (insetos), mas também que seu peso agregado domina a biomassa planetária.

Isso não seria realmente uma surpresa. O que falta a essas criaturas minúsculas em tamanho sobra em número. Micróbios ocupam todo o nicho concebível da biosfera, inclusive muitos ambientes extremos. As bactérias respondem por cerca de 90% das células vivas do corpo humano e chegam a 3% do seu peso total. Mas o que surpreenderia é o quadro que a sonda pintaria das formas macroscópicas de vida animal, dominada por apenas 2 vertebrados: gado (*Bos taurus*) e humanos (*Homo sapiens*), respectivamente.

Ao contrário dos cientistas extraterrestres, não temos uma visão panorâmica instantaneamente. Mesmo assim, podemos quantificar a zoomassa bovina e a humana (an-

Biomassa global de pessoas e gado em 2019

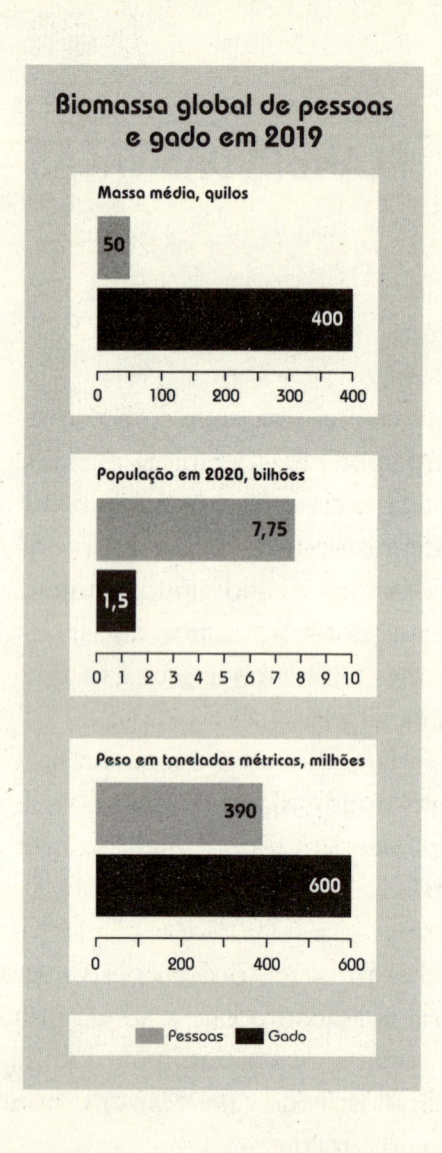

Massa média, quilos
- 50
- 400
(0, 100, 200, 300, 400)

População em 2020, bilhões
- 7,75
- 1,5
(0, 1, 2, 3, 4, 5, 6, 7, 8, 9, 10)

Peso em toneladas métricas, milhões
- 390
- 600
(0, 200, 400, 600)

Pessoas ■ Gado

tropomassa) com relativo grau de precisão. A de ruminantes grandes e domesticados é conhecida nos países de alta renda e pode ser razoavelmente estimada nas sociedades de baixa renda e até mesmo pastoris. Em 2020, a FAO calculou que havia cerca de 1,5 bilhão de cabeças de gado em todo o mundo.

Para converter esses números em zoomassa ruminante viva, são necessários ajustes na distribuição entre idade e sexo. Touros grandes pesam mais de 1 tonelada; o gado de corte americano é abatido quando atinge cerca de 600 quilos, mas o gado brasileiro chega aos mercados com menos de 230 quilos; e o Gir leiteiro, famosa raça indiana, pesa menos de 350 quilos na idade adulta. Uma boa aproximação é considerar uma massa corporal ponderada por sexo e idade de 400 quilos; isso implica uma zoomassa total de gado vivo de aproximadamente 600 milhões de toneladas.

De forma similar, ao calcular a massa total da humanidade, é necessário considerar a idade e o peso corporal das populações. Há uma porcentagem de crianças muito maior nos países de baixa renda do que nas nações abastadas (em 2020, por volta de 40% na África em comparação com cerca de 15% na Europa). Ao mesmo tempo, o percentual de pessoas com sobrepeso e obesas varia de um número desprezível (na África) a 70% da população adulta (nos Estados Unidos). É por isso que utilizo uma média específica para cada continente, derivada das estruturas populacionais de sexo e idade disponíveis, bem como de estudos antropométricos e curvas de crescimento em países representativos. Esse ajuste complexo resulta em uma média ponderada de cerca de 50 quilos *per capita* — o que, considerando o total de 7,75 bilhões de pessoas, implica uma antropomassa global de quase 390 milhões de toneladas em 2020.

Isso significa que a zoomassa do gado é mais de 50% superior à antropomassa e que o peso vivo das duas espécies juntas chega a quase 1 bilhão de toneladas. Até mesmo os maiores mamíferos selvagens representam apenas uma pequena fração dessas massas: os 350 mil elefantes que vivem na África, com um peso corporal médio de 2,8 toneladas, somam uma zoomassa agregada de menos de 1 milhão de toneladas, o que é menos de 0,2% da zoomassa do gado. Por volta de 2050, haverá 9 bilhões de pessoas e, muito provavelmente, 2 bilhões de cabeças de gado, consolidando, juntos, seu já esmagador domínio sobre a Terra.

A MORTE DE ELEFANTES

O elefante-africano é o maior mamífero terrestre do mundo: os machos adultos podem pesar mais de 6 toneladas, o dobro das fêmeas, e os recém-nascidos pesam cerca de 100 quilos. Eles são sociáveis, inteligentes, têm uma memória proverbial e são misteriosamente conscientes da morte, como mostram no seu extraordinário comportamento diante dos ossos de seus ancestrais, demorando-se nesses lugares e tocando os restos mortais. Embora seus ossos tenham permanecido na África, suas presas muitas vezes foram parar em teclas de piano ou em artefatos de marfim que podem ser vistos em cima de lareiras.

Os antigos egípcios caçavam elefantes, e os cartagineses os usavam nas guerras contra os romanos, até que esses animais se extinguiram no norte da África, permanecendo abundantes apenas ao sul do Saara. A melhor estimativa da capacidade de carga máxima do continente (incluindo elefantes menores que habitam as florestas) era de cerca de 27 milhões de animais no começo do século XIX; o número real pode ter chegado a 20 milhões. Hoje, porém, a quantidade é bem inferior a 1 milhão.

Reconstituições do comércio de marfim indicam um fluxo bastante constante de cerca de 100 toneladas por ano até mais ou menos 1860, quantidade que, logo depois de 1900, foi aumentando até quintuplicar. O comércio diminuiu durante a Primeira Guerra Mundial, depois subiu brevemente antes de outra queda induzida pela Segunda Guerra. Em seguida, o aumento foi retomado, chegando a um pico de mais de 900 toneladas por ano no fim da década de 1980. Integrei essas quantidades flutuantes e cheguei à extração agregada de 55 mil toneladas de marfim no século XIX e pelo menos 40 mil toneladas no século XX.

Esta última massa se traduz na matança de pelo menos 12 milhões de elefantes. Não havia nenhuma estimativa sistemática dos elefantes que restavam antes de 1970, e as estimativas continentais indicam declínios constantes nas últimas décadas do século XX. O Grande Censo de Elefantes, um projeto financiado pelo falecido Paul G. Allen, cofundador da Microsoft, baseou-se em levantamentos aéreos de cerca de 80% da área de savana habitada pelos elefantes. Quando foi concluída, em 2016, a contagem final era de 352.271 elefantes, 30% a menos que a melhor estimativa de meados dos anos 1980.

Há outra notícia profundamente desanimadora: a quantidade de elefantes em Moçambique caiu pela metade entre 2009 e 2014, para 10 mil, e, no mesmo período, mais de 85 mil elefantes foram mortos na Tanzânia, sendo que o total restante diminuiu de quase 110 mil para apenas 43 mil (a diferença é explicada por uma taxa anual de nata-

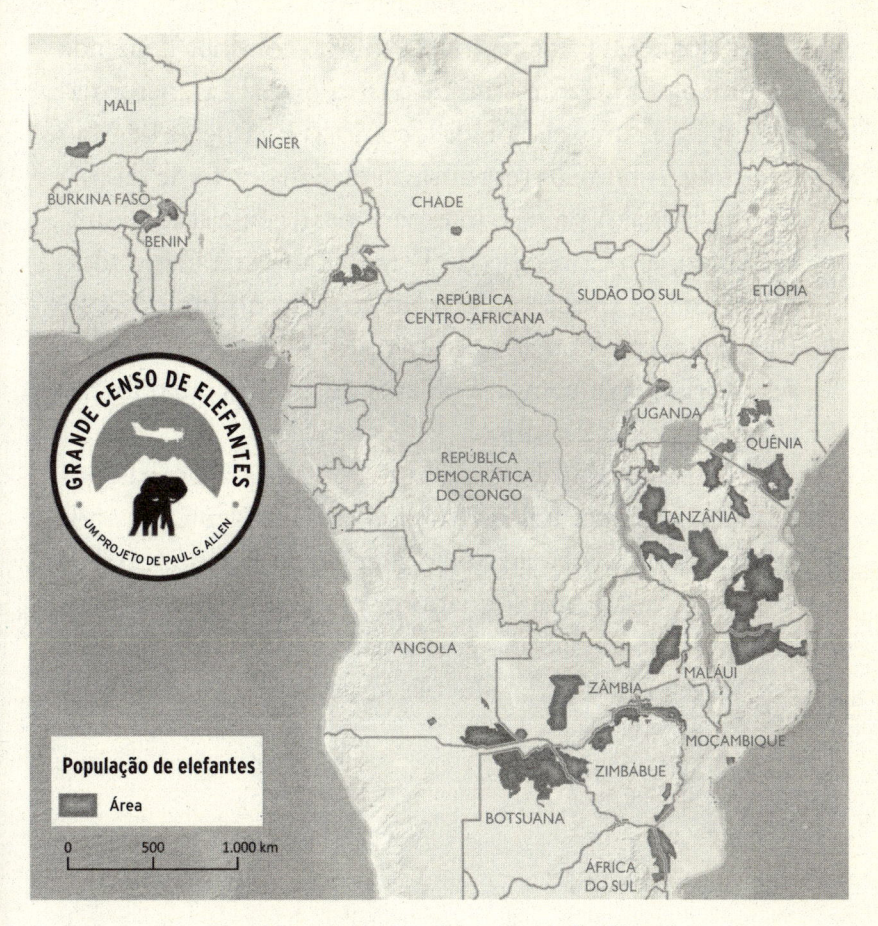

Onde os elefantes-africanos ainda vivem

lidade de 5%). Novas análises de DNA de grandes apreensões de marfim feitas entre 1996 e 2014 rastrearam cerca de 85% das matanças ilegais na África Oriental, sobretudo na Reserva de Caça de Selous, no sudeste da Tanzânia, na Reserva Niassa, no norte de Moçambique, e mais recentemente também na área central da Tanzânia.

A culpa recai principalmente sobre a contínua demanda da China por marfim, grande parte do qual é transformado em esculturas elaboradas, como as estatuetas de Mao Tse-tung, o homem responsável pela maior fome da história humana. A pressão internacional recente acabou funcionando, e o Conselho de Estado da China baniu todo o comércio e processamento de marfim no fim de 2017. Isso teve alguns efeitos positivos, mas os turistas chineses continuam a comprar objetos de marfim quando viajam para países vizinhos.

Se a matança acabasse, algumas regiões africanas poderiam enfrentar um novo problema, evidente há anos em partes da África do Sul: o excesso de elefantes. Não é fácil administrar uma quantidade crescente de animais grandes e potencialmente destrutivos, sobretudo aqueles que vivem perto de produções agrícolas e pastoris.

POR QUE O ANTROPOCENO PODE SER UMA AFIRMAÇÃO PREMATURA

Muitos historiadores e cientistas argumentam que vivemos no Antropoceno, um novo período caracterizado pelo controle humano da biosfera. Em maio de 2019, o Grupo de Trabalho do Antropoceno votou formalmente pelo reconhecimento dessa nova época geológica, e sua proposta será considerada pela Comissão Internacional sobre Estratigrafia, que estabelece a nomeação das eras.

Minha reação, como diziam os romanos, é: *Festina lente*. Apressa-te devagar.

Para ser bem claro, não há dúvida sobre a amplitude da nossa interferência nos ciclos biogeoquímicos globais e na perda de biodiversidade atribuída a ações humanas: o despejo massivo de lixo; o desmatamento em larga escala e a acelerada erosão dos solos; a extensão global da poluição gerada por agricultura, cidades, indústrias e transportes. Em combinação, esses impactos gerados pelo homem não têm precedentes, em uma escala que pode muito bem colocar em risco o futuro da nossa espécie.

Mas será que nosso controle sobre o destino do planeta é mesmo tão completo? Há evidências de sobra que indi-

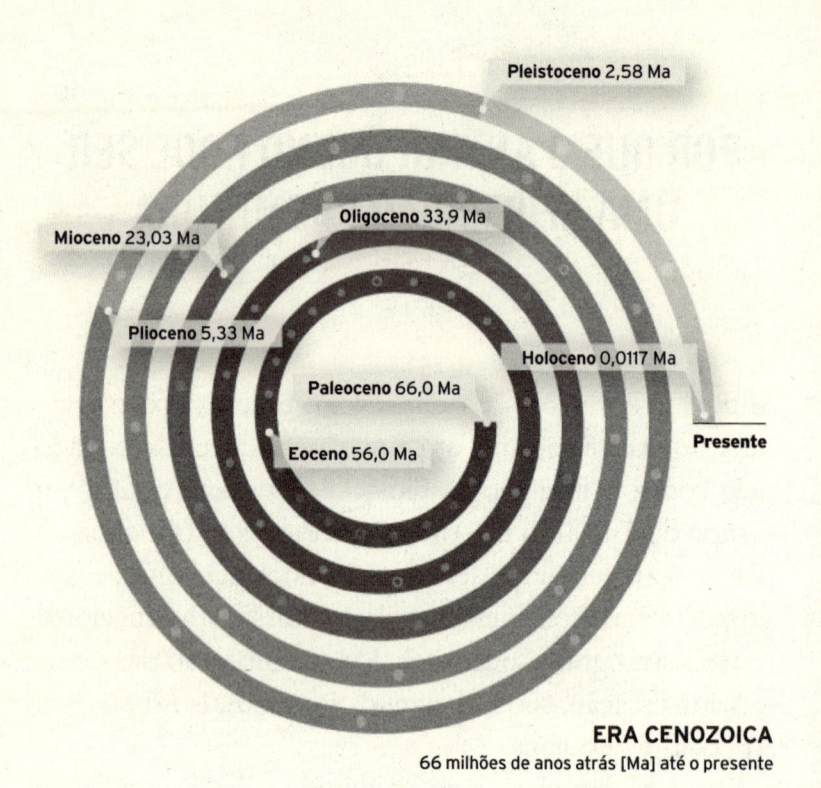

Pleistoceno 2,58 Ma
Oligoceno 33,9 Ma
Mioceno 23,03 Ma
Plioceno 5,33 Ma
Holoceno 0,0117 Ma
Paleoceno 66,0 Ma
Eoceno 56,0 Ma
Presente

ERA CENOZOICA
66 milhões de anos atrás [Ma] até o presente

As eras geológicas e o Antropoceno

cam o contrário. Todas as variáveis fundamentais que possibilitam a vida na Terra — as reações termonucleares que alimentam o Sol, inundando o planeta de radiação; o formato, a rotação e a inclinação do planeta, a excentricidade de sua trajetória orbital (o "marca-passo" das eras do gelo) e a circulação de sua atmosfera — independem da interferência humana. Tampouco podemos esperar ter o controle dos enormes processos de terraformação: as placas tectônicas, que, guiadas pelo calor vindo do interior da Terra, criam lenta — mas constantemente — um novo assoalho oceânico; a formação, a remodelagem e a elevação de massas de terra cujas distribuições e altitudes são determinantes fundamentais na variabilidade do clima e na habitabilidade.

De maneira semelhante, somos meros espectadores de erupções vulcânicas, terremotos e tsunamis, as três consequências mais violentas do movimento das placas tectônicas. Podemos viver com suas ocorrências moderadas frequentes, mas a sobrevivência de algumas das maiores cidades do mundo — especialmente Tóquio, Los Angeles e Beijing — depende da ausência de megaterremotos e a própria existência da civilização moderna poderia ser interrompida por megaerupcões vulcânicas. Mesmo ao medir o tempo não em termos geológicos, mas civilizacionais, também enfrentamos a ameaça considerável de asteroides que poderiam cair na Terra e cuja trajetória poderíamos prever, mas não alterar.

Em um ano qualquer, a probabilidade desses acontecimentos é muito baixa, mas, por seu enorme potencial destrutivo, seus efeitos vão além da experiência humana histórica. Não temos maneiras razoáveis de lidar com eles, mas não podemos fingir que, no longo prazo, são menos relevantes que a perda de espécies florestais ou a queima de combustíveis fósseis.

Além disso, por que a pressa em nos elevarmos à categoria de criadores de uma nova era geológica em vez de esperarmos um pouco para ver quanto tempo pode durar o experimento conduzido pelo *Homo sapiens*? Cada uma das seis épocas anteriores da era Cenozoica — desde o começo do Paleoceno, há 66 milhões de anos, até o começo do Holoceno, há 11.700 anos — durou pelo menos 2,5 milhões de anos, inclusive os dois últimos períodos (o Plioceno e o Pleistoceno), e estamos há menos de 12 mil anos no Holoceno. Se existir de fato um Antropoceno, não pode remontar a mais de 8 mil anos (a partir do início da agricultura e do sedentarismo) ou 150 anos (a partir do começo da queima de combustíveis fósseis).

Caso sobrevivamos por mais 10 mil anos — um passe de mágica trivial para leitores de ficção científica; uma eternidade para a civilização moderna, de alta energia —, devemos nos parabenizar dando um nome para a era moldada pelas nossas ações. Mas, nesse meio-tempo, é melhor esperar antes de determinar se nossa marca no planeta irá além de uma modesta microcamada no registro geológico.

FATOS CONCRETOS

Os antigos romanos inventaram o concreto, uma mistura de agregados (areia, pedra triturada), água e um agente de ligação. O material de construção amplamente usado que chamaram de *opus cementitium* não continha o cimento moderno (feito de calcário, argila e óxidos metálicos cozidos em fornos giratórios a temperaturas elevadas, que então são moídos até formar um pó muito fino), e sim uma mistura de gesso e cal viva — e sua melhor variedade era feita com areia vulcânica de Putéolos, perto do monte Vesúvio. Seu uso permitia a produção de um material extraordinário, que servia para abóbadas imensas (o Panteão de Roma, 118-126 E.C., continua sendo o maior domo de concreto não armado do mundo) e para construções subaquáticas em muitos portos no Mediterrâneo, inclusive a antiga Cesareia (hoje localizada em Israel).

A produção do cimento moderno começou em 1824, quando Joseph Aspdin patenteou sua fórmula de cozimento de calcário e argila a altas temperaturas. A transformação de alumina (óxido de alumínio) e sílica (dióxido de silício) em um sólido amorfo não cristalino (vitrificação, o mesmo tipo de processo utilizado para fazer vidro) produz pequenos nódulos ou caroços de clínquer vítreo, que é moído para fazer cimento. O cimento é, então, misturado com água (10% a 15% da massa final) e agregados (areia e cascalho, perfazendo até 60% a 75% da massa total) para produzir concreto, um material moldável que é forte sob compressão, mas fraco sob tração.

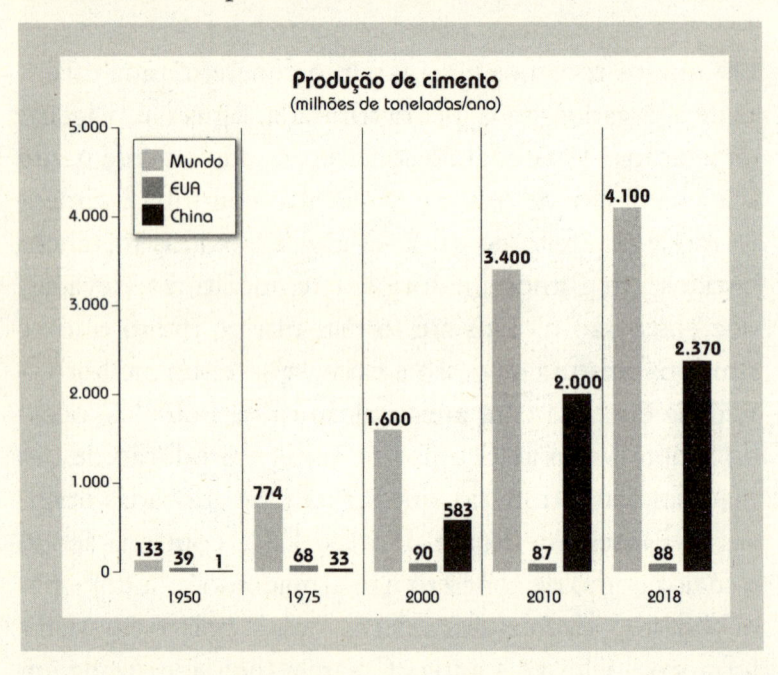

Produção de cimento
(milhões de toneladas/ano)

Ano	Mundo	EUA	China
1950	133	39	1
1975	774	68	33
2000	1.600	90	583
2010	3.400	87	2.000
2018	4.100	88	2.370

A fraqueza sob tração pode ser reduzida mediante reforço com aço. As primeiras tentativas de fazer isso se deram na França no começo dos anos 1860, mas a técnica só se consolidou na década de 1880. O século XX foi a era do concreto armado, como ficou conhecido esse concreto reforçado. Em 1903, o edifício Ingalls, em Cincinnati, tornou-se o primeiro arranha-céu de concreto armado do mundo; nos anos 1930, engenheiros estruturais começaram a usar concreto protendido (com cabos ou barras de aço pré-tracionadas); e, desde 1950, o material é usado em prédios de todas as alturas e funções — Burj Khalifa, em Dubai, é a torre mais alta do mundo, enquanto a construção em forma de vela da Ópera de Sydney, feita por Jørn Utzon, talvez seja a aplicação visualmente mais impressionante do material. O concreto armado possibilitou a construção de imensas represas hidrelétricas: a maior do mundo, a Três Gargantas, na China, contém 3 vezes mais concreto do que a Grand Coulee, a maior dos Estados Unidos. Pontes de concreto também são comuns: a do rio Beipan é a maior ponte em arco de concreto do mundo, sobre uma garganta de 445 metros entre duas províncias chinesas. Mas, principalmente, o concreto é empregado de forma visualmente trivial, em bilhões de dormentes de ferrovias, estradas, rodovias, estacionamentos, portos e pistas de pouso e decolagem e áreas de manobra em aeroportos.

Entre 1900 e 1928, o consumo de cimento dos Estados Unidos subiu 10 vezes, chegando a 30 milhões de toneladas, e a expansão econômica pós-guerra (inclusive a construção do Sistema Interestadual de Autoestradas, que emprega cerca de 10 mil toneladas de concreto por quilômetro) o levou ao pico de 128 milhões de toneladas em 2005, com os últimos índices menores que 100 milhões de toneladas por ano.

A China se tornou o maior produtor do mundo em 1986, e sua produção de cimento — mais de 2,3 bilhões de toneladas em 2018 — responde por quase 60% do total global. A ilustração mais impressionante do empenho chinês sem precedentes é que apenas nos 2 últimos anos o país usou mais cimento (perto de 4,7 bilhões de toneladas) que os Estados Unidos o fizeram ao longo de todo o século XX (cerca de 4,6 bilhões de toneladas).

Mas o concreto não é um material que dura para sempre, e a extraordinária longevidade do Panteão é uma rara exceção. O concreto deteriora em todos os climas, e o processo é acelerado por fatores que variam da deposição ácida à vibração e da sobrecarga estrutural à corrosão pelo sal; e, em ambientes quentes e úmidos, o crescimento de algas escurece as superfícies expostas. Como resultado, a concretagem planetária pós-1950 produziu dezenas de bilhões de toneladas de material que terão que ser substituídas ou destruídas (ou simplesmente abandonadas) nas próximas décadas.

O impacto ambiental do material é outra preocupação. A poluição do ar (pó fino) proveniente da produção de cimento pode ser capturada por filtros de pano, mas a indústria (a queima de combustíveis inferiores como carvão de baixa qualidade e coque de petróleo) permanece uma fonte significativa de dióxido de carbono, emitindo cerca de 1 tonelada de gás por tonelada de cimento. Em comparação, a produção de uma tonelada de aço está associada com emissões de cerca de 1,8 tonelada de CO_2.

A produção de cimento responde por aproximadamente 5% das emissões globais de CO_2 a partir de combustíveis fósseis, mas a pegada de carbono pode ser reduzida por uma série de medidas. O concreto velho pode ser reciclado, e o material destruído pode ser reutilizado em construção. A escória granulada de alto-forno ou as cinzas volantes capturadas em usinas de energia movidas a carvão podem substituir parte do cimento na mistura do concreto. Há também diversos processos de fabricação de cimento de baixo carbono ou zero carbono, mas essas alternativas responderiam por apenas pequenas engrenagens anuais em uma produção global que ultrapassa 4 bilhões de toneladas.

O QUE É PIOR PARA O MEIO AMBIENTE: O CARRO OU O TELEFONE?

As estatísticas sobre a produção de energia são bastante confiáveis; já estatísticas precisas sobre o consumo de energia pelos principais setores são difíceis de encontrar; e os dados sobre a energia consumida na produção de bens específicos são ainda menos confiáveis. A energia incorporada nos produtos é parte do preço ambiental que pagamos por tudo que temos e usamos.

A estimativa da energia incorporada em produtos acabados depende não só de fatos indiscutíveis — uma certa quantidade de aço em um carro, determinados microchips em um computador —, mas também das inevitáveis simplificações e premissas que precisam ser feitas para calcular os índices totais. Que modelo de carro? Que computador ou telefone? O desafio é selecionar índices razoáveis e representativos; o resultado é uma nova perspectiva sobre o mundo feito pelo homem.

Vamos nos concentrar nos carros e aparelhos celulares. Estes, por possibilitarem comunicação instantânea e informação ilimitada; aqueles, porque as pessoas ainda querem se locomover no mundo real.

Obviamente, um carro de 1,4 tonelada (mais ou menos o peso de um Honda Accord LX) incorpora mais energia que um smartphone de 140 gramas (digamos, um Samsung Galaxy). Mas a diferença de energia não chega nem perto da diferença de 10 mil vezes na massa.

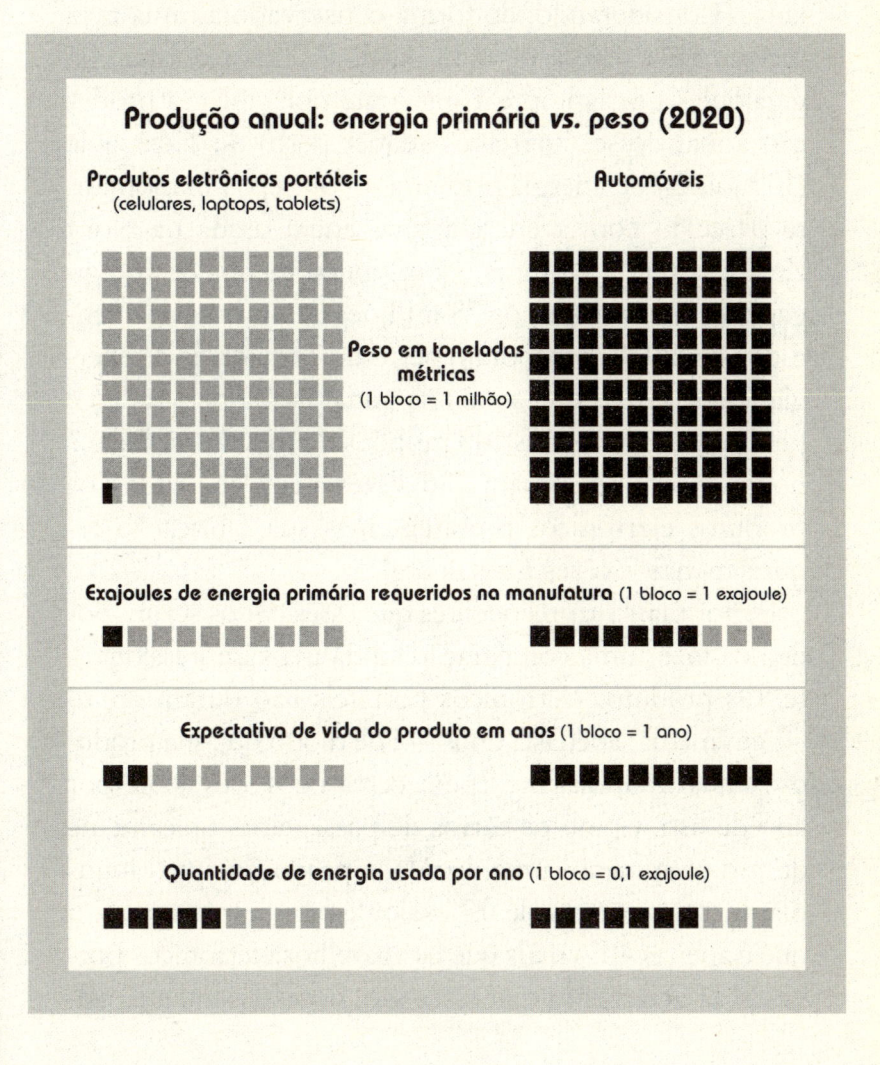

Produção anual: energia primária vs. peso (2020)

Produtos eletrônicos portáteis
(celulares, laptops, tablets)

Automóveis

Peso em toneladas métricas
(1 bloco = 1 milhão)

Exajoules de energia primária requeridos na manufatura (1 bloco = 1 exajoule)

Expectativa de vida do produto em anos (1 bloco = 1 ano)

Quantidade de energia usada por ano (1 bloco = 0,1 exajoule)

Em 2020, as vendas mundiais de celulares devem ter sido de aproximadamente 1,75 bilhão, e as de equipamentos de computação portáteis (laptops, notebooks, tablets) devem ter sido da ordem de 250 milhões. O peso agregado desses aparelhos é de cerca de 550 mil toneladas. Considerando, de forma conservadora, uma taxa incorporada média de 0,25 gigajoule por telefone, 4,5 gigajoules por laptop e 1 gigajoule por tablet, a produção anual desses aparelhos requer perto de 1 exajoule (10^{18} joules) de energia primária — ou seja, um montante parecido com a energia total anual usada na Nova Zelândia ou na Hungria. Com pouco menos de 100 gigajoules por veículo, os 75 milhões de automóveis vendidos em 2020 incorporam perto de 7 exajoules de energia (pouco mais que a energia anual usada pela Itália) e pesam mais ou menos 100 milhões de toneladas. Carros novos, portanto, pesam 180 vezes mais que todos os produtos eletrônicos portáteis, mas sua fabricação requer apenas 7 vezes mais energia.

E, por mais surpreendentes que esses dados sejam, podemos fazer uma comparação ainda mais impressionante. Os produtos eletrônicos portáteis não duram muito — em média, apenas 2 anos —, de modo que sua produção anual mundial incorpora cerca de 0,5 exajoule por ano de uso. Como os carros de passageiros tipicamente duram pelo menos uma década, a produção anual mundial incorpora cerca de 0,7 exajoule por ano de uso — o que é apenas 40% mais que os aparelhos eletrônicos portáteis! Já acrescento que esses são, necessariamente, cálculos estimados. Mas, mesmo que fosse o contrário (isto é, se a fabricação de carros incorporasse mais energia que a calculada, e a produção de eletrônicos precisasse de menos), os totais globais ainda seriam surpreendentemente semelhantes, sendo que a diferença mais provável não seria maior que o dobro. E, olhando para a frente, os dois agregados poderiam até mesmo estar mais próximos: as vendas anuais tanto de carros quanto de aparelhos portáteis vêm desacelerando, mas o futuro parece menos promissor para motores de combustão interna.

É claro que os custos operacionais de energia desses dois tipos de equipamento tão demandantes em termos de energia são bastante distintos. Um carro compacto americano consome cerca de 500 gigajoules de gasolina em uma década de uso, 5 vezes seu custo de energia incorporado. Um smartphone consome anualmente apenas 4 quilowatts-hora de eletricidade e menos que 30 megajoules em seus 2 anos de uso — ou apenas 3% de seu custo de energia incorporado se a eletricidade vier de uma turbina eólica ou célula fotovoltaica. Essa fração aumenta para cerca de 8% se a energia vier da queima de carvão, um processo menos eficiente.

Mas um smartphone não é nada sem uma rede, e o custo de eletrificar a rede é alto e vem aumentando. As previsões discordam em relação à futura taxa de aumento (ou sobre uma possível estabilização a partir de projetos inovadores), mas, em todo caso, esses minúsculos telefones deixam uma boa pegada agregada no orçamento energético — e no meio ambiente.

QUEM TEM O MELHOR ISOLAMENTO TÉRMICO?

A primeira impressão muitas vezes leva a uma conclusão errada. Lembro-me bem de receber as boas-vindas na residência de um embaixador europeu em Ottawa e logo depois ouvir que sua casa era perfeita para suportar os invernos canadenses porque era feita de tijolos e pedras — não como aquelas frágeis casas norte-americanas de madeira com paredes ocas. Meus anfitriões então mudaram de assunto, e, em todo caso, não tive coragem de depreciar as qualidades isolantes de sua simpática casa.

O erro é compreensível, porém a massa e a densidade indicam mais a robustez do que o isolamento térmico. Uma parede de tijolos obviamente parece mais substancial e protetora do que uma parede enquadrada com vigas estreitas de madeira e coberta por uma lâmina fina de compensado e acabamento de alumínio por fora e um vulnerável forro de gesso por dentro. Europeus zangados não fazem buracos em paredes de tijolos.

Décadas atrás, quando o petróleo era vendido a 2 dólares o barril, a maioria das casas construídas na América do Norte antes de 1960 geralmente não tinha nada para proteger do frio além do espaço de ar entre o compensado e o forro. Às vezes, o espaço era preenchido com aparas de madeira ou papel picado. Ainda assim, até mesmo essa frágil combinação é um isolante térmico melhor que o tijolo sólido.

O valor isolante, ou resistência térmica, é medido em termos de valor R, que depende não só da composição, da espessura e da densidade do isolamento, mas também da temperatura e da umidade externas. Uma parede com perfis estruturais construída em 1960 tem os seguintes valores R: moldura de alumínio (0,6), compensado fino (0,5), espaço de ar (0,9) e drywall (0,5). Somando tudo, temos 2,5. Mas o tijolo-padrão (0,8) com massa de ambos os lados não oferecia mais que 1,0. Portanto, até mesmo uma parede fina, feita de massa, nos Estados Unidos, isolava pelo menos o dobro que uma parede de tijolos emassados na Europa.

Uma vez que os preços da energia começaram a subir e códigos de edificações mais racionais entraram em vigor na América do Norte, tornou-se obrigatório incorporar barreiras plásticas ou tela de fibra de vidro (rolos em forma de travesseiro que podem ser encaixados entre os quadros ou as vigas de madeira). Foram obtidos valores R totais mais altos facilmente usando vigas mais largas (2 x 6), ou, ainda melhor, vigas duplas, a partir de um sanduíche de dois quadros, cada um preenchido com isolamento. (Na América do Norte, a madeira macia "2 x 6" na verdade tem 1,5 por 5,5 polegadas, ou 38 por 140 milímetros.) Uma parede bem construída nos Estados Unidos inclui os valores de isolamento de drywall (0,5), barreira

Pr. 1
Direção da carga

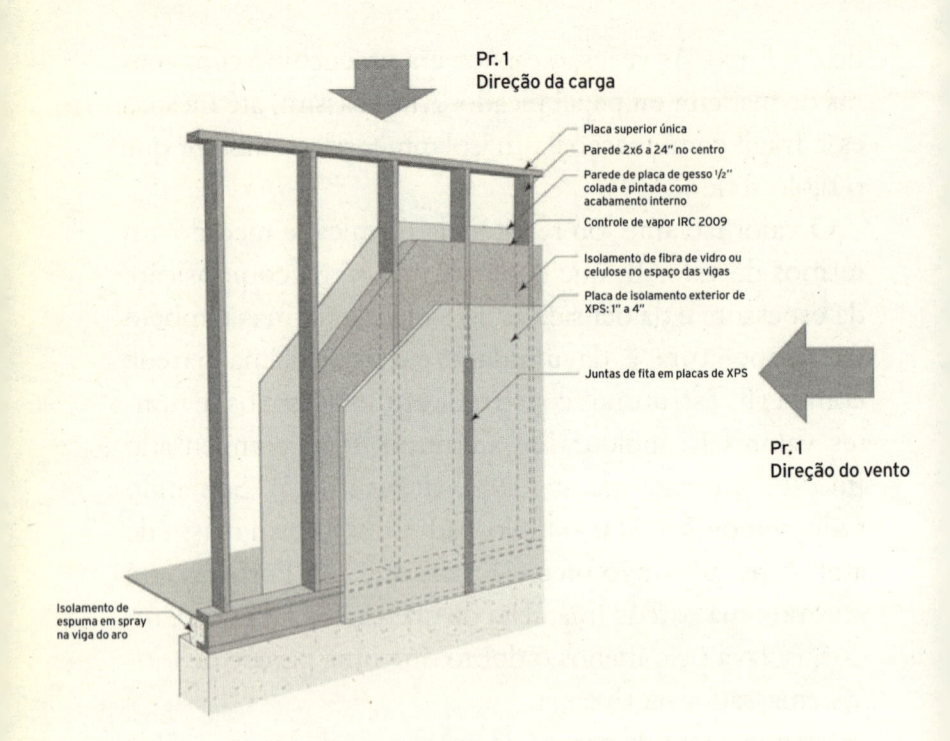

Placa superior única
Parede 2x6 a 24" no centro
Parede de placa de gesso ½" colada e pintada como acabamento interno
Controle de vapor IRC 2009
Isolamento de fibra de vidro ou celulose no espaço das vigas
Placa de isolamento exterior de XPS: 1" a 4"
Juntas de fita em placas de XPS

Pr. 1
Direção do vento

Isolamento de espuma em spray na viga do aro

Isolamento de uma parede

de vapor de polietileno (0,8), telas de fibra de vidro (20), revestimento de fibra de madeira (1,3), revestimento plástico doméstico (Tyvek ThermaWrap em 5) e revestimento de madeira chanfrada (0,8). Somando o valor de isolamento da película de ar interior, o valor R total é de quase 29.

As paredes de tijolos também melhoraram. Para manter a aparência desejada de tijolos coloridos, uma parede velha pode ser retroencaixada de dentro para fora com a colocação de sarrafos de madeira (pequenas tiras que mantêm o isolamento) na placa de gesso de Paris apoiada pelo isolamento e integrada com uma membrana de vapor para evitar a umidade. Com uma prancha de gesso com 2 polegadas de isolamento, o valor R total anterior triplica, mas, mesmo assim, uma parede de tijolos velhos com isolamento permanecerá uma ordem de grandeza atrás da parede norte-americana "2x6". Até mesmo pessoas que conhecem os valores R se surpreendem com uma diferença tão grande.

No entanto, esse isolamento térmico só é possível se as janelas não deixarem o calor vazar (ver o próximo capítulo).

JANELAS DE VIDRO TRIPLO: UMA SOLUÇÃO ENERGÉTICA TRANSPARENTE

A busca por soluções técnicas não testadas é a maldição da política energética. Pode escolher: carros autônomos movidos a energia solar, minirreatores nucleares inerentemente seguros ou fotossíntese geneticamente aumentada.

Mas por que não começar com o que está provado? Por que não reduzir a demanda por energia, a começar por edifícios residenciais e comerciais?

Tanto nos Estados Unidos quanto na União Europeia, as edificações são responsáveis por cerca de 40% do consumo total de energia primária (em 2º lugar, vem o transporte, com 28% nos Estados Unidos e cerca de 22% na União Europeia). O aquecimento e o ar-condicionado respondem por metade do consumo residencial, e é por isso que a melhor coisa que poderíamos fazer pelo gasto energético é manter o calor dentro (ou fora) com um isolamento mais eficiente.

O melhor lugar para fazer isso é nas janelas, onde a perda de energia é mais alta. Isso significa que elas têm a mais alta transmissibilidade térmica, medida em watts, através de um metro quadrado de material, e dividida pela diferença de temperatura, em kelvins, entre os dois lados. Uma única vidraça tem um coeficiente de transferência de calor de 5,7-6 watts por metro quadrado por grau kelvin; uma vidraça dupla separada por 6 milímetros (o ar é um mau condutor de calor) tem um coeficiente de 3,3. Ao aplicar camadas de revestimento para minimizar a passagem de radiação ultravioleta e infravermelha, esse valor cai para 1,8-2,2, e ao preencher o espaço entre as vidraças com argônio (para reduzir a velocidade da transferência de calor) chegamos a obter 1,1. Se isso for feito com janelas de vidro triplo, o valor baixa até 0,6 e 0,7. Substituindo o argônio por criptônio, chega-se a 0,5.

Assim, a perda é reduzida até 90% em comparação com uma vidraça simples. No mundo das economias de ener-

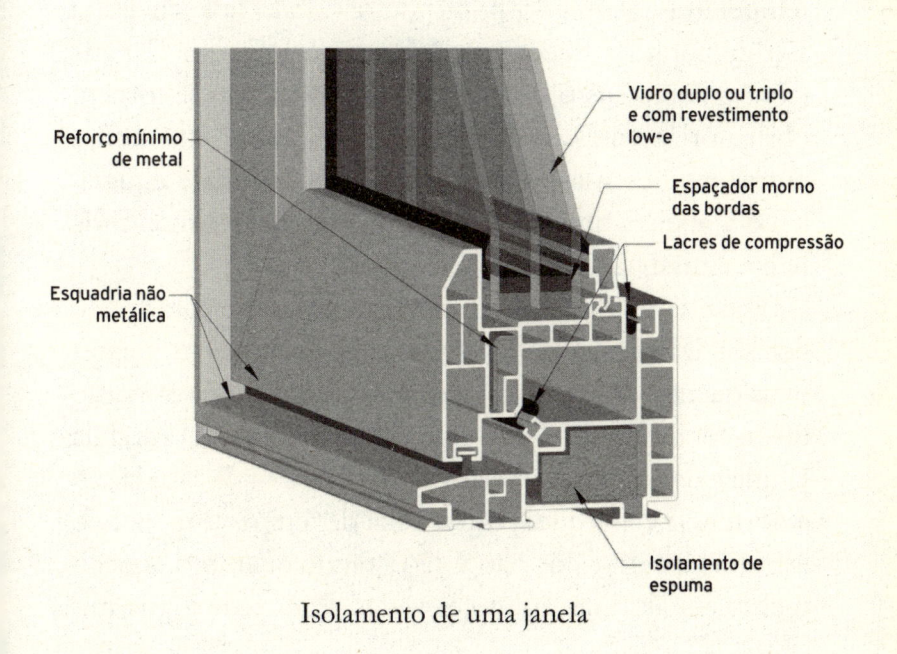

Isolamento de uma janela

gia, não há uma alternativa dessa magnitude que se aplique a uma escala de bilhões de unidades. E outra vantagem: funciona.

Além disso, há o fator do conforto. Com a temperatura externa a -18°C (temperatura mínima comum nas noites de janeiro em Edmonton, Alberta, ou máxima diurna em Novosibirsk, na Rússia) e a temperatura interna a 21°C, a temperatura superficial interna de uma janela de vidraça simples fica em torno de 1°C, uma janela de vidraça dupla mais antiga registrará 11°C e a melhor janela de vidraça tripla, 18°C. A essa temperatura, você pode se sentar ao lado da janela.

E as janelas de vidraça tripla têm mais uma vantagem: reduzem a condensação no vidro interno elevando sua temperatura acima do ponto de orvalho. Tais janelas já são comuns na Suécia e na Noruega, mas no Canadá (com o baixo custo do gás natural) talvez não se tornem obrigatórias antes de 2030, e, como ocorre em muitas outras regiões frias, o padrão requerido ainda é equivalente a apenas uma vidraça dupla com revestimento de baixa emissividade.

Os países de clima frio tiveram muito tempo para aprender sobre isolamento. O mesmo não ocorre em lugares mais quentes, que precisam aprender com a disseminação do ar-condicionado. Mais notavelmente, na zona rural da China e da Índia, as janelas de vidraças simples ainda são a norma. É claro que o diferencial de temperatura para o esfriamento do calor não é tão grande quanto o aquecimento em altitudes muito elevadas. Por exemplo, na minha casa em Manitoba, Canadá, a mínima noturna em janeiro gira em torno de -25°C, o suficiente para fazer uma diferença de 40°C mesmo quando o termostato é desligado à noite. Por outro lado, em muitas regiões quentes e úmidas, o ar-condicionado fica ligado por períodos muito mais longos do que o aquecimento no Canadá ou na Suécia.

A física é inquestionável, mas quem manda é a economia. Embora as janelas de vidraça tripla possam custar 15% a mais que as de vidraça dupla, os tempos de retorno são obviamente mais longos, e costuma-se alegar que a substituição do modelo duplo pelo triplo não se justifica. Pode ser assim se você ignorar o aumento do conforto e a redução da condensação no vidro — e, sobretudo, o fato de que as vidraças triplas continuarão a reduzir o uso de energia nas próximas décadas.

Por que, então, os visionários insistem em jogar nosso dinheiro em tecnologias de conversão arcaicas que podem nem funcionar, e mesmo que funcionem, provavelmente o meio ambiente em contrapartida, sofreria severos efeitos colaterais? O que há de errado com um simples isolamento?

MELHORANDO A EFICIÊNCIA DO AQUECIMENTO DOMÉSTICO

Se nossos modelos climáticos estiverem corretos, e se devemos realmente limitar o aumento do aquecimento global a 2°C (e preferivelmente a apenas 1,5°C) para evitar as sérias consequências associadas com o aumento da temperatura do planeta, então precisaremos dar muitos passos sem precedentes a fim de reduzir as emissões de carbono. Geralmente a atenção recai sobre novas técnicas para melhorar a eficiência — como a luz de LED — ou introduzir maneiras novas de converter energia, como os carros elétricos. Em princípio, a conservação é uma solução mais prática (como vimos, com as janelas de vidraça tripla), mas, infelizmente, existem poucas maneiras de estendê-la ao maior consumidor de energia nas partes mais frias do mundo: o aquecimento doméstico.

Por volta de 1,2 bilhão de pessoas necessitam de aquecimento em casa: cerca de 400 milhões de pessoas na União Europeia, na Ucrânia e na Rússia; outros 400 milhões de pessoas na América do Norte, com exceção do sul e do sudeste dos Estados Unidos; e 400 milhões de chineses no nordeste, no norte e no oeste do país. E, em quase todos os lugares, as melhores técnicas disponíveis já são o mais eficientes possível na prática.

É impressionante a rapidez com que a difusão de sistemas eficientes tem ocorrido. Durante a década de 1950, minha família aquecia nossa casa perto da fronteira tcheco-alemã com madeira queimando em pesados fornos de ferro fundido. A eficiência desse processo não passa de 35%; o resto do calor escapa por uma chaminé. Durante meus estudos em Praga, no começo dos anos 1960, a cidade era energizada por carvão marrom — um linhito de baixa qualidade — e o forno que eu acendia tinha uma eficiência de 45% a 50%. No fim da década de 1960, vivíamos na Pensilvânia no andar superior de uma casinha suburbana cuja velha caldeira queimava óleo com uma eficiência de 55% a 60%. Em 1973, nossa primeira casa canadense tinha uma caldeira de gás natural com 65%, e 17 anos depois, numa casa mais nova, supereficiente, instalei uma caldeira com 94%. E acabei substituindo-a por um modelo com eficiência avaliada em 97%.

E meu progresso através de uma sucessão de combustíveis e taxas de eficiência havia sido replicado por dezenas de milhões de pessoas no hemisfério Norte. Graças ao gás natural barato da América do Norte e à combinação de gás (mais caro, mas prontamente disponível) da Holanda, do mar do Norte e da Rússia na Europa, a maioria das pessoas nos climas setentrionais passou a se apoiar nesse que é o mais limpo dos combustíveis fósseis, em vez da madeira, do carvão e

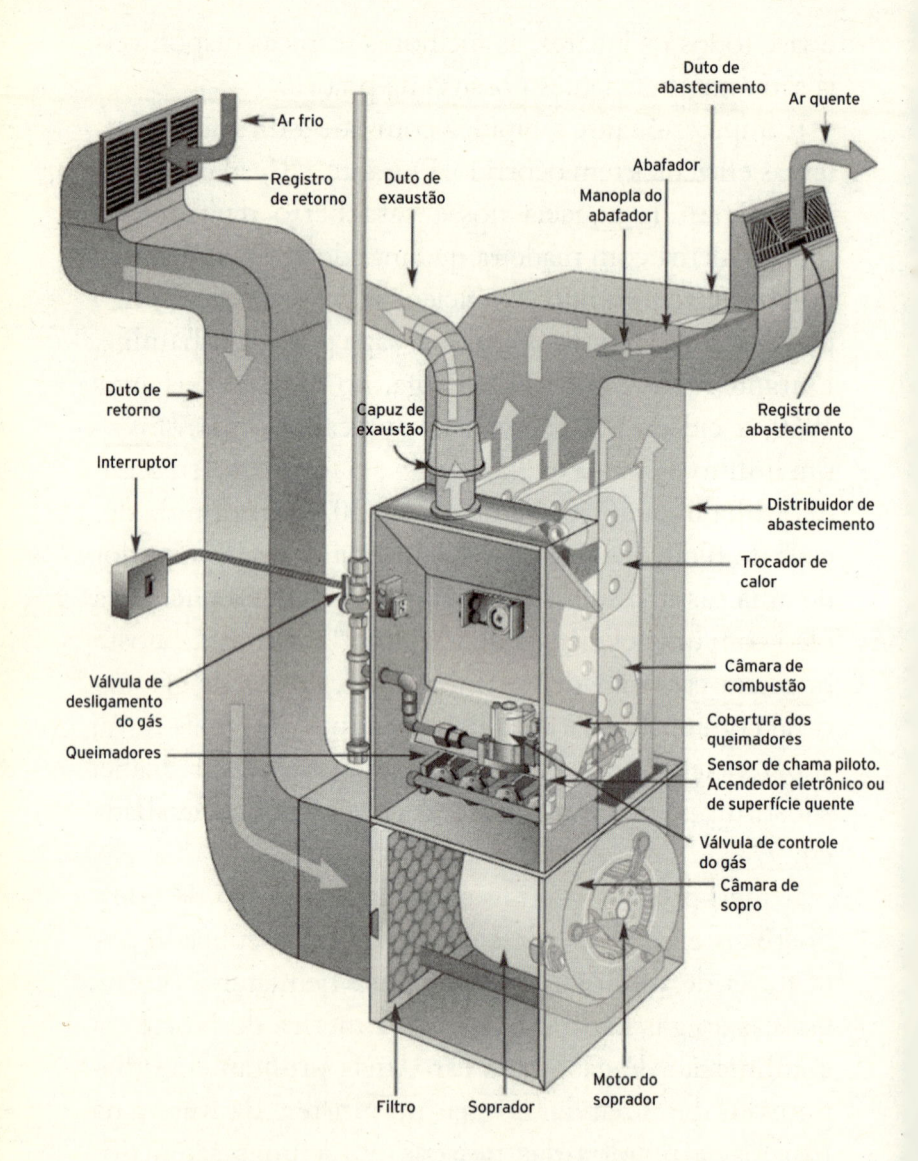

Interior de uma caldeira de gás natural doméstica

do óleo combustível. No Canadá, a produção de caldeiras de eficiência média (78% a 84%) foi encerrada em 2009, e todas as casas novas são obrigadas a ter caldeiras de alta eficiência (pelo menos 90%). O mesmo ocorrerá em breve em outras partes do Ocidente, enquanto as crescentes importações de gás já estão fazendo com que a China passe a adotar aquecimento a gás em vez de carvão.

Ganhos de eficiência futuros terão que vir de alguma outra fonte. Um melhor isolamento da fachada externa da casa (especialmente janelas melhores) é o primeiro passo óbvio (embora muitas vezes dispendioso). As bombas de calor que usam o ar como fonte, transferindo calor através de um trocador, tornaram-se populares em muitos lugares e são efetivas — contanto que a temperatura não caia abaixo do ponto de congelamento; em regiões frias ainda é preciso reforço durante o inverno. O aquecimento solar também é possível, mas não funciona muito bem onde e quando é mais necessário — em climas muito frios, ondas de frio prolongadas com tempo nublado, tempestades de neve e com módulos solares cobertos por grossa camada de neve.

Será que a necessidade de limitar o aquecimento global no longo prazo acabará por nos conduzir a algo impensável? Estou me referindo à escolha mais sensata economicamente, aquela que daria a maior e mais duradoura contribuição à redução da carga de carbono do aquecimento: limitar o tamanho das casas. Na América do Norte, poderíamos acabar com as McMansions.* Fazer o mesmo nos trópicos ajudaria a economizar na outra ponta dos custos — a energia desperdiçada com ar-condicionado. Quem está disposto a isso?

---

* McMansion é um termo pejorativo para designar residências enormes construídas em massa com materiais de baixa qualidade e aspecto visual que lembra estilos arquitetônicos "elegantes". (N. T.)

TROPEÇANDO NO CARBONO

Em 1896, Svante Arrhenius tornou-se o primeiro cientista a quantificar os efeitos do dióxido de carbono produzido pelo homem sobre as temperaturas globais. O sueco calculou que, duplicando o nível atmosférico do gás a partir da concentração no tempo, a temperatura média em latitude média aumentaria de 5 a 6°C. Isso não está muito longe dos resultados mais recentes, obtidos por modelos computadorizados com mais de 200 mil linhas de código.

Em 1992, as Nações Unidas realizaram sua primeira Convenção-Quadro sobre Mudança do Clima, seguida por uma série de encontros e tratados sobre o tema. Mas as emissões globais de dióxido de carbono vêm crescendo continuamente.

No começo do século XIX, quando o Reino Unido era o único grande produtor de carvão, as emissões globais de carbono resultantes da queima de combustíveis fósseis eram minúsculas, menos de 10 milhões de toneladas por ano (para exprimi-las em termos de dióxido de carbono, basta multiplicar por 3,66). No fim do século, as emissões ultrapassavam meio bilhão de toneladas de carbono.

A expansão econômica pós-guerra na Europa, na América do Norte, na União Soviética e no Japão — junto com a ascensão econômica da China a partir de 1980 — fez quadruplicarem as emissões, que chegaram a quase 7 bilhões de toneladas de carbono em 2000. Nos 2 séculos entre 1800 e 2000, a transferência de carbono de combustíveis fósseis para a atmosfera aumentou 650 vezes enquanto a população aumentou apenas 6 vezes!

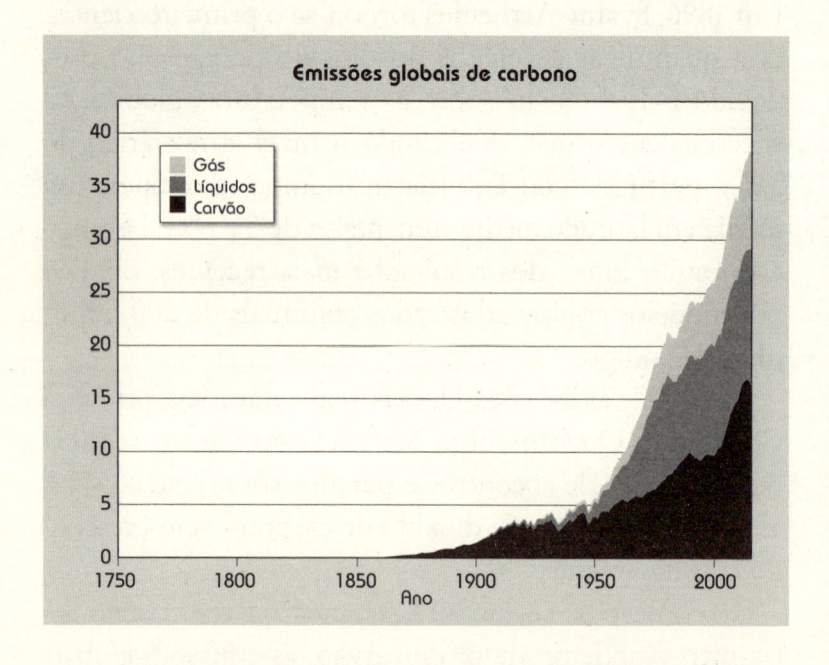

Emissões globais de carbono

O novo século viu uma divergência significativa. Em 2017, as emissões tinham declinado em cerca de 15% na União Europeia, com o crescimento econômico mais lento e a população envelhecendo, e também nos Estados Unidos, graças em grande parte ao crescente uso de gás natural em vez de carvão. No entanto, todos esses ganhos foram desequilibrados pelas emissões de carbono na China, que subiram de aproximadamente 1 bilhão para cerca de 3 bilhões de toneladas — o que elevou o total mundial em quase 45%, para 10,1 bilhões de toneladas.

Com a queima de enormes estoques de carbono que fossilizaram eras atrás, os seres humanos levaram as concentrações de dióxido de carbono a atingir níveis sem precedentes há cerca de 3 milhões de anos. Ao perfurar geleiras que cobrem a Antártida e a Groenlândia, podemos recuperar tubos de gelo que contêm bolhas minúsculas, e à medida que perfuramos ainda mais fundo, chegamos a camadas de gelo cada vez mais antigas. O ar preso naquelas minúsculas bolhas nos fornece amostras que nos possibilitam reconstituir a história das concentrações de dióxido de carbono desde cerca de 800 mil anos antes. Naquela época, os níveis atmosféricos do gás flutuavam entre 180 e 280 partes por milhão (isto é, de 0,018% a 0,028%). No último milênio, as concentrações permaneceram bastante estáveis, variando de 275 ppm no começo do século XVII para cerca de 285 ppm antes do fim do século XIX. Em 1958, começaram a ser feitas medições contínuas do gás perto do topo do Mauna Loa, no Havaí: a média de 1959 foi de 316 ppm, a média de 2015 chegou a 400 ppm e em maio de 2019 foram registrados 415 ppm pela primeira vez.

As emissões continuarão a cair nos países ricos, e a taxa de crescimento na China começou a desacelerar. No entanto, está acelerando na Índia e na África, portanto é improvável que vejamos uma queda substancial em nível global no futuro próximo.

O Acordo de Paris de 2015 foi elogiado por ser o primeiro acordo que estabeleceu compromissos nacionais específicos para reduzir as emissões futuras. Mas apenas um pequeno número de países se comprometeu de fato. Não há nenhum mecanismo que obrigue a implementação das medidas, e até mesmo se todas as metas fossem alcançadas até 2030, as emissões de carbono ainda seriam quase 50% maiores que o nível registrado em 2017. Segundo o estudo de 2018 feito pelo Painel Intergovernamental sobre Mudanças Climáticas, o único meio de limitar o aumento médio da temperatura mundial a, no máximo, 1,5°C seria diminuir drasticamente as emissões para zerá-las em 2050.

Isso não é impossível, mas é muito improvável. Atingir essa meta exigiria nada menos que uma transformação fundamental da economia global em uma escala e uma velocidade sem precedentes na história humana, tarefa que seria inviável sem grandes deslocamentos econômicos e sociais. O maior desafio seria como tirar bilhões de pessoas da pobreza sem depender de carbono fóssil, utilizado as centenas de bilhões de toneladas pelo mundo abastado para manter sua alta qualidade de vida. Mas, até o momento, não temos nenhuma alternativa ao carbono que pudesse ser empregada com celeridade e em escala massiva para bancar a produção de enormes quantidades do que chamei de quatro pilares da civilização moderna — amônia, aço, cimento e plástico —, que serão necessários na África e na Ásia nas décadas vindouras. Os contrastes entre as preocupações sobre aquecimento global, a contínua liberação de carbono em volumes recordes e nossa capacidade de mudar isso no curto prazo não podiam ser mais rígidos.

EPÍLOGO

Pode ser que os números não mintam, mas qual é a verdade que eles transmitem? Neste livro tentei mostrar que muitas vezes temos que olhar, ao mesmo tempo, com mais profundidade e mais amplitude. Até mesmo números bastante confiáveis — na verdade, de fato *impecavelmente precisos* — devem ser vistos em contextos mais amplos. Um julgamento bem embasado de valores absolutos requer algumas perspectivas relativas, comparativas.

Uma classificação numérica rígida, com base em diferenças minúsculas, ilude em vez de informar. Arredondamento e aproximação são mais importantes que uma precisão desnecessária e injustificada. Dúvida, cautela e questionamento incessante são desejáveis — assim como a insistência em quantificar as complexas realidades do mundo moderno. Se desejamos entender alguns fatos elusivos, se desejamos basear nossas decisões nas melhores informações disponíveis, então não há substituto para essa busca.

LEITURAS COMPLEMENTARES

Pessoas: os habitantes do nosso mundo

O que acontece quando temos menos filhos?

BULATAO, R. A.; CASTERLINE, J. B. (orgs.). *Global Fertility Transition*. Nova York: Population Council, 2001.

ONU. *World Population Prospects*. Nova York: Organização das Nações Unidas, 2019. Disponível em: <https://population.un.org/wpp/>. Acesso em: 9 ago. 2021.

Que tal a mortalidade infantil como o melhor indicador de qualidade de vida?

BIDEAU, A.; DESJARDINS, B.; BRIGNOLI, H. P. (orgs.). *Infant and Child Mortality in the Past*. Oxford: Clarendon Press, 1992.

GALLEY, C. *et al.* (orgs.). *Infant Mortality: A Continuing Social Problem*. Londres: Routledge, 2017.

Vacinação: o melhor retorno de investimento

GATES, Bill e Melinda. "Warren Buffett's Best Investment". *Gates Notes* (blog), 14 fev. 2017. Disponível em: <www.

gatesnotes.com/2017-Annual-Letter?WT.mc_id=02_14_2017_02_AL2017GFO_GF-GFO_&WT.tsrc=GFGFO>. Acesso em: 30 ago. 2021.

OZAWA, S. *et al.* "Modeling the economic burden of adult vaccine-preventable diseases in the United States". *Health Affairs*, v. 35, n. 11, pp. 2.124-32, 2016.

Por que é difícil prever a gravidade de uma pandemia enquanto ela ainda está ocorrendo

COMISSÃO NACIONAL DE SAÚDE DA REPÚBLICA POPULAR DA CHINA. "March 29: Daily briefing on novel coronavirus cases in China", 29 mar. 2020. Disponível em: <http://en.nhc.gov.cn/2020-03/29/c_78447.htm>. Acesso em: 9 ago. 2021.

WONG, J. Y. *et al.* "Case fatality risk of influenza A (H1N1 pdm09): A systematic review". *Epidemiology*, v. 24, n. 6, 2013. Disponível em: <https://doi.org/10.1097/EDE.0b013-e3182a67448>. Acesso em: 9 ago. 2021.

Ficando mais altos

FLOUD, R. *et al. The Changing Body*. Cambridge: Cambridge University Press, 2011.

KOLETZKO, B. *et al.* (orgs.). *Nutrition and Growth:* Yearbook 2018. Basileia: Karger, 2018.

Será que a expectativa de vida está enfim chegando ao máximo?

RILEY, J. C. *Rising Life Expectancy:* A Global History. Cambridge: Cambridge University Press, 2001.

ROBERT, L. *et al.* "Rapid increase in human life expectancy: Will it soon be limited by the aging of elastin?". *Biogerontology*, v. 9, n. 2, pp. 119-33, abr. 2008.

Como o suor aprimorou as caçadas

JABLONSKI, N. G. "The naked truth". *Scientific American Special Editions*, n. 22, 1s, dez. 2012. Disponível em: <https://doi.org/10.1038/scientificamericanhuman1112-22>. Acesso em: 9 ago. 2021.

TAYLOR, N. A. S.; Machado-Moreira, C. A. "Regional variations in transepidermal water loss, eccrine sweat gland density, sweat secretion rates and electrolyte composition in resting and exercising humans". *Extreme Physiology and Medicine*, v. 2, n. 4, 2013. Disponível em: <https://doi.org/10.1186/2046-7648-2-4>. Acesso em: 9 ago. 2021.

Quantas pessoas foram necessárias para construir a Grande Pirâmide?

LEHNER, M. *The Complete Pyramids: Solving the Ancient Mysteries*. Londres: Thames and Hudson, 1997.

MENDELSSOHN, K. *The Riddle of the Pyramids*. Londres: Thames and Hudson, 1974.

Por que a taxa de desemprego não diz tudo

KNIGHT, K. G. *Unemployment: An Economic Analysis*. Londres: Routledge, 2018.

SUMMERS, L. H. (org.). *Understanding Unemployment*. Cambridge: MIT Press, 1990.

O que torna as pessoas felizes?

HELIWELL, J. F.; LAYARD, R.; SACHS, J. D. (orgs.). *World Happiness Report 2019*. Nova York: Sustainable Development Solutions Network, 2019. Disponível em: <https://s3.amazonaws.com/happiness-report/2019/WHR19.pdf>. Acesso em: 9 ago. 2021.

LAYARD, R. *Happiness*: Lessons from a New Science. Londres: Penguin Books, 2005.

A ascensão das megacidades

CANTON, J. "The extreme future of megacities". *Significance*, v. 8, n. 2, pp. 53-6, jun. 2011. Disponível em: <https://doi.org/10.1111/j.1740-9713.2011.00485.x>. Acesso em: 9 ago. 2021.

Munich Re. *Megacities—Megarisks*: Trends and challenges for insurance and risk management. Munique: MunchenerRuck versicherungs--Gesellschaft, 2004. Disponível em: <www.preventionweb.net/files/646_10363.pdf>. Acesso em: 9 ago. 2021.

Países: nações da era da globalização

As tragédias prolongadas da Primeira Guerra Mundial

BISHOP, C. (org.). *The Illustrated Encyclopedia of Weapons of World War I*. Nova York: Sterling Publishing, 2014.

STOLTZENBERG, D. *Fritz Haber: Chemist, Nobel Laureate, German, Jew*. Filadélfia, PA: Chemical Heritage Foundation, 2004.

Os Estados Unidos são mesmo um país excepcional?

GILLIGAN, T. W. (org.). *American Exceptionalism in a New Era: Rebuilding the Foundation of Freedom and Prosperity*. Stanford, CA: Hoover Institution Press, 2018.

HODGSON, G. *The Myth of American Exceptionalism*. New Haven, CT: Yale University Press, 2009.

Por que a Europa deveria ficar mais contente consigo mesma

BOOTLE, R. *The Trouble with Europe*: Why the EU Isn't Working, How It Can Be Reformed, What Could Take Its Place. Boston, MA: Nicholas Brealey, 2016.

Leonard, D.; Leonard, M. (orgs.). *The Pro-European Reader*. Londres: Palgrave/Foreign Policy Centre, 2002.

Brexit: o que mais importa não vai mudar

CLARKE, H. D.; GOODWIN, M.; WHITELEY, P. *Brexit*: Why Britain Voted to Leave the European Union. Cambridge: Cambridge University Press, 2017.

MERRITT, G. *Slippery Slope*: Brexit and Europe's Troubled Future. Oxford: Oxford University Press, 2017.

Preocupações com o futuro do Japão

CANNON, M. E.; KUDLYAK, M.; REED, M. "Aging and the Economy: The Japanese Experience". *Regional Economist*, out. 2015. Disponível em: <www.stlouisfed.org/publications/regional-economist/october-2015/aging-and-

-the-economy-the-japanese-experience>. Acesso em: 9 ago. 2021.

GLOSSERMAN, B. *Peak Japan*: The End of Great Ambitions. Washington, DC: Georgetown University Press, 2019.

Até onde a China pode ir?

DOTSEY, M.; LI, W.; YANG, F. Yang. "Demographic Aging, Industrial Policy, and Chinese Economic Growth". Federal Reserve Bank of Philadelphia. *Working Papers*, pp. 19-21, 2019. Disponível em: <https://doi.org/10.21799/frbp.wp.2019.21>. Acesso em: 9 ago. 2021.

PAULSON JR., H. M. *Dealing with China*: An Insider Unmasks the New Economic Superpower. Nova York: Twelve, 2016.

Índia ou China

DRÈZE, J.; SEN, A. *An Uncertain Glory: India and Its Contradictions*. Princeton, NJ: Princeton University Press, 2015.

NITI Aayog. *Strategy for New India @ 75*. Nov. 2018. Disponível em: <https://niti.gov.in/writereaddata/files/Strategy_for_New_India.pdf≥. Acesso em: 9 ago. 2021.

Por que a indústria manufatureira continua importante

HARAGUCHI, N., CHENG, C. F. C., SMEETS, E. "The Importance of Manufacturing in Economic Development: Has This Changed?". *Inclusive and Sustainable Development Working Paper Series WP1*, 2016. Disponível em: <unido.org/sites/default/files/2017-02/.

the_importance_of_manufacturing_in_economic_deve-lopment_0.pdf≥. Acesso em: 9 ago. 2021.
SMIL, V. *Made in the USA: The Rise and Retreat of American Manufacturing.* Cambridge, MA: MIT Press, 2013.

Rússia e Estados Unidos: as coisas nunca mudam

DIVINE, R. A. *The Sputnik Challenge: Eisenhower's Response to the Soviet Satellite.* Oxford: Oxford University Press, 2003.
ZARYA. "Sputniks into Orbit". Disponível em: <www.zarya.info/Diaries/Sputnik/Sputnik1.php>. Acesso em: 9 ago. 2021.

Impérios em declínio: nada de novo sob o sol

ARBESMAN, S. "The Life-spans of Empires". *Historical Methods,* v. 44, n. 3, pp. 127-9, 2011. Disponível em: <https://doi.org/10.1080/01615440.2011.577733≥. Acesso em: 9 ago. 2021.
SMIL, V. *Growth: From Microorganisms to Megacities.* Cambridge, MA: MIT Press, 2019.

Máquinas, projetos, aparelhos: invenções que fizeram nosso mundo moderno

Como os anos 1880 criaram o mundo moderno

SMIL, V. *Creating the Twentieth Century: Technical Innovations of 1867-1914 and Their Lasting Impact.* Oxford: Oxford University Press, 2005.
TIMMONS, T. *Science and Technology in Nineteenth-Century America.* Westport, CT: Greenwood Press, 2005.

Como os motores elétricos impulsionam a civilização moderna

CHENEY, M. *Tesla: Man Out of Time*. Nova York: Dorset Press, 1981.

HUGHES, A. *Electric Motors and Drives: Fundamentals, Types and Applications*. Oxford: Elsevier, 2005.

Transformadores: aparelhos silenciosos, passivos, discretos

COLTMAN, J. W. "The transformer". *Scientific American*, v. 258, n. 1, pp. 86-95, jan. 1988.

HARLOW, J. H. (org.). *Electric Power Transformer Engineering*. Boca Raton, FL: CRC Press, 2012.

Por que ainda não se deve descartar o diesel

MOLLENHAUER, K. e TSCHOKE, H. (orgs.). *Handbook of Diesel Engines*. Berlim: Springer, 2010.

SMIL, V. *Prime Movers of Globalization: The History and Impact of Diesel Engines and Gas Turbines*. Cambridge, MA: MIT Press, 2010.

Capturando o movimento: de cavalos a elétrons

EADWEARD MUYBRIDGE ONLINE ARCHIVE. "Galleries". Disponível em: <www.muybridge.org>. Acesso em: 9 ago. 2021.

MUYBRIDGE, E. *Descriptive Zoopraxography, or the Science of Animal Locomotion Made Popular*. Filadélfia, PA: University of Pennsylvania, 1893. Disponível em: <https://archives.upenn.edu/digitized-resources/docs-pubs/muybridge/descriptive-zoopraxography>. Acesso em: 9 ago. 2021.

Do fonógrafo ao streaming

MARCO, G. A. (org.). *Encyclopedia of Recorded Sound in the United States*. Nova York: Garland Publishing, 1993.

MORRIS, E. *Edison*. Nova York: Random House, 2019.

A invenção dos circuitos integrados

BERLIN, L. *The Man Behind the Microchip: Robert Noyce and the Invention of Silicon Valley*. Oxford: Oxford University Press, 2006.

LÉCUYER, C. e BROOK, D. C. *Makers of the Microchip: A Documentary History of Fairchild Semiconductor*. Cambridge, MA: MIT Press, 2010.

A Maldição de Moore: por que o progresso técnico demora mais do que se pensa

MODY, C. C. M. *The Long Arm of Moore's Law: Microelectronics and American Science*. Cambridge, MA: MIT Press, 2016.

SMIL, V. *Growth: From Microorganisms to Megacities*. Cambridge, MA: MIT Press, 2019.

A ascensão dos dados: dados demais, rápido demais

HILBERT, M. e LÓPEZ, P. "The World's Technological Capacity to Store, Communicate, and Compute Information". *Science*, v. 332, n. 6.025, pp. 60-5, abr. 2011. Disponível em: <https://doi.org/0.116/science.1200976≥. Acesso em: 9 ago. 2021.

REINSEL, D., GANTZ, J. e Rydning, J. *Data Age 2025*: The Digitization of the World: From Edge to Core. Seagate, 2017. Disponível em: <www.seagate.com/files/www-content/our-story/trends/files/Seagate-WP-DataAge2025-March-2017.pdf>. Acesso em: 9 ago. 2021.

Sendo realista quanto à inovação

SCHIFFER, M. B. *Spectacular Failures*: Game-Changing Technologies that Failed. Clinton Corners, NY: Eliot Werner Publications, 2019.

SMIL, V. *Transforming the Twentieth Century*. Oxford: Oxford University Press, 2006.

Combustíveis e eletricidade: fornecendo energia às sociedades

Por que turbinas a gás são a melhor escolha

SOCIEDADE AMERICANA DE ENGENHEIROS MECÂNICOS. *The World's First Industrial Gas Turbine Set—GT Neuchâtel*: A Historical Mechanical Engineering Landmark. Alstom, 1988. Disponível em: <www.asme.org/wwwasmeorg/media/resourcefiles/aboutasme/who%20we%20are/engineering%20history/landmarks/135-neuchatel-gas-turbine.pdf>. Acesso em: 9 ago. 2021.

SMIL, V. *Natural Gas: Fuel for the Twenty-First Century*. Chichester, West Sussex: John Wiley, 2015.

Energia nuclear: uma promessa não cumprida

AGÊNCIA INTERNACIONAL DE ENERGIA ATÔMICA. *Nuclear Power Reactors in the World*. Reference Data Series n. 2. Vienna: IAEA, 2019. Disponível em: <www.pub.iaea.org/MTCD/Publications/PDF/RDS-2-39_web.pdf>. Acesso em: 9 ago. 2021.

SMIL, V. *Energy and Civilization: A History*. Cambridge, MA: MIT Press, 2017.

Por que precisamos de combustíveis fósseis para gerar energia eólica

GINLEY, D. S. e CAHEN, D. (orgs.). *Fundamentals of Materials for Energy and Environmental Sustainability*. Cambridge: Cambridge University Press, 2012.

MISHNAEVSKY JR., L. *et al*. "Materials for wind turbine blades: An overview". *Materials*, n. 10, 2017. Disponível em: <www.ncbi.nlm.nih.gov/pmc/articles/PMC5706232/pdf/materials-10-01285.pdf>. Acesso em: 9 ago. 2021.

Qual é o tamanho máximo de uma turbina eólica?

BEURSKENS, J. "Achieving the 20 MW Wind Turbine". *Renewable Energy World*, v. 1, n. 3, 2019. Disponível em: <www.renewableenergyworld.com/articles/print/special-supplement-wind-technology/volume-1/issue-3/wind-power/achieving-the-20-mw-wind-turbine.html>. Acesso em: 9 ago. 2021.

GENERAL ELECTRIC. "Haliade-X 12 MW offshore wind turbine platform". Disponível em: <www.ge.com/renewableenergy/wind-energy/offshore-wind/haliade-x-offshore-turbine≥. Acesso em: dez. 2019.

A lenta ascensão das células fotovoltaicas

NASA. "Vanguard 1". Disponível em: <https://nssdc.gsfc.nasa.gov/nmc/spacecraft/display.action?id=1958-002B>. Acesso em: dez. 2019.

DEPARTAMENTO DE ENERGIA DOS ESTADOS UNIDOS. "The History of Solar". Disponível em: <www1.eere.energy.gov/solar/pdfs/solar_timeline.pdf>. Acesso em: dez. 2019.

Por que a luz do sol ainda é a melhor

ARECCHI, A. V., MESSADI, T. e KOSHEL, R. J. *Field Guide to Illumination*. SPIE, 2007. Disponível em: <https://doi.org/10.1117/3.764682>. Acesso em: 9 ago. 2021.

PATTISON, P. M., HANSEN, M. e TSAO, J. Y. "LED Lighting Efficacy: Status and Directions". *Comptes Rendus*, v. 19, n. 3, 2017. Disponível em: <www.osti.gov/pages/servlets/purl/1421610>. Acesso em: 9 ago. 2021.

Por que precisamos de baterias maiores

KORTHAUER, R. (orgs.). *Lithium-Ion Batteries: Basics and Applications*. Berlim: Springer, 2018.

WU, F., YANG, B. e YE, J. (orgs.). *Grid-Scale Energy Storage Systems and Applications*. Londres: Academic Press, 2019.

Por que navios porta-contêineres elétricos são difíceis de navegar

KONGSBERG MARITIME. "Autonomous Ship Project, Key Facts about *Yara Birkeland*". Disponível em: <www.kongsberg.

com/maritime/support/themes/autonomous-ship-project-key-facts-about-yara-birkeland/>. Acesso em: dez. 2019.

SMIL, V. *Prime Movers of Globalization: The History and Impact of Diesel Engines and Gas Turbines*. Cambridge, MA: MIT Press, 2010.

O custo real da eletricidade

EUROSTAT. "Electricity Price Statistics". Dados extraídos em nov. 2019. Disponível em: <https://ec.europa.eu/eurostat/statistics-explained/pdfscache/45239.pdf>.

VOGT, L. J. *Electricity Pricing:* Engineering Principles and Methodologies. Boca Raton, FL: CRC Press, 2009.

A inevitável lentidão das transições de energia

AGÊNCIA INTERNACIONAL DE ENERGIA. *World Energy Outlook 2019.* Paris: IEA, 2019. Disponível em: <www.iea.org/reports/world-energy-outlook-2019>. Acesso em: 9 ago. 2021.

SMIL, V. *Energy Transitions: Global and National Perspectives*. Santa Barbara, CA: Praeger, 2017.

Transporte: como nos deslocamos

Encolhendo a viagem transatlântica

GRIFFITHS, D. *Brunel's Great Western.* Nova York: HarperCollins, 1996.

NEWALL, P. *Ocean Liners: An Illustrated History.* Barnsley, South Yorkshire: Seaforth Publishing, 2018.

Os motores vieram antes das bicicletas!

BIJKER, W. E. *Of Bicycles, Bakelites and Bulbs: Toward a Theory of Sociotechnical Change*. Cambridge, MA: MIT Press, 1995.

WILSON, D. G. *Bicycling Science*. Cambridge, MA: MIT Press, 2004.

A surpreendente história dos pneus infláveis

AUTOMOTIVE HALL OF FAME. "John Dunlop". Disponível em: <www.automotivehalloffame.org/honoree/john-dunlop/>. Acesso em: dez. 2019.

DUNLOP, J. B. *The History of the Pneumatic Tyre*. Dublin: A. Thom & Co., 1925.

Quando começou a era do automóvel?

CASEY, R. H. *The Model T: A Centennial History*. Baltimore, MD: Johns Hopkins University Press, 2008.

FORD MOTOR COMPANY. "Our History: Company Timeline". Disponível em: <https://corporate.ford.com/history.html>. Acesso em: dez. 2019.

A péssima relação entre peso e carga dos carros modernos

LOTUS ENGINEERING. *Vehicle Mass Reduction Opportunities*. Out. 2010. Disponível em: <www.epa.gov/sites/production/files/2015-01/documents/10052010mstrs_peterson.pdf>. Acesso em: 9 ago. 2021.

AGÊNCIA DE PROTEÇÃO AO MEIO AMBIENTE DOS ESTADOS UNIDOS. *The 2018 EPA Automotive Trends*

Report: Greenhouse Gas Emissions, Fuel Economy, and Technology since 1975. Sumário executivo, 2019. Disponível em: <https://nepis.epa.gov/Exe/ZyPDF.cgi?Dockey=P100W3WO.pdf>. Acesso em: 9 ago. 2021.

Por que os carros elétricos (ainda) não são tão bons como pensamos

DELOITTE. *New Market. New Entrants. New Challenges: Battery Electric Vehicles.* 2019. Disponível em: <www2.deloitte.com/content/dam/Deloitte/uk/Documents/manufacturing/deloitte-uk-battery-electric-vehicles.pdf>. Acesso em: 9 ago. 2021.

QIAO, Q. *et al.* "Comparative Study on Life Cycle CO2 Emissions from the Production of Electric and Conventional Cars in China". *Energy Procedia*, n. 105, pp. 3.584-95, 2017.

Quando a era do jato?

SMIL, V. *Prime Movers of Globalization: The History and Impact of Diesel Engines and Gas Turbines.* Cambridge, MA: MIT Press, 2009.

YENNE, B. *The Story of the Boeing Company.* Londres: Zenith Press, 2010.

Por que o querosene está com tudo

CSA B836. *Storage, Handling, and Dispensing of Aviation Fuels at Aerodromes.* Toronto: CSA Group, 2014.

VERTZ, L. e Sayal, S. "Jet Fuel Demand Flies High, but Some Clouds on the Horizon." *Insight*, n. 57, jan. 2018. Disponível em: <https://cdn.ihs.com/www/pdf/Long-Term-Jet-Fuel-Outlook-2018.pdf>. Acesso em: 9 ago. 2021.

É seguro voar?

BOEING. *Statistical Summary of Commercial Jet Airplane Accidents: Worldwide Operations 1959–2017*. Seattle, WA: Boeing Commercial Airplanes, 2017. Disponível em: <www.boeing.com/resources/boeingdotcom/company/about_bca/pdf/statsum.pdf>. Acesso em: 9 ago. 2021.

ORGANIZAÇÃO INTERNACIONAL DE AVIAÇÃO CIVIL. *State of Global Aviation Safety*. Montreal: ICAO, 2019. Disponível em: <www.icao.int/safety/Documents/ICAO_SR_2019_29082019.pdf>. Acesso em: 9 ago. 2021.

O que é mais eficiente em termos de energia: aviões, trens ou automóveis?

DAVIS, S. C., DIEGEL, S. W. e BOUNDY, R. G. *Transportation Energy Data Book*. Oak Ridge, TN: Oak Ridge National Laboratory, 2019. Disponível em: <https://info.ornl.gov/sites/publications/files/Pub31202.pdf>. Acesso em: 9 ago. 2021.

SPERLING, D. e Lutsey, N. "Energy Efficiency in Passenger Transportation". *Bridge*, v. 39, n. 2, 2009, pp. 22-30.

Alimentos: a energia que nos move

O mundo sem amônia sintética

SMIL, V. *Enriching the Earth: Fritz Haber, Carl Bosch, and the Transformation of World Food Production*. Cambridge, MA: MIT Press, 2000.

STOLTZENBERG, D. *Fritz Haber: Chemist, Nobel Laureate, German, Jew.* Filadélfia, PA: Chemical Heritage Foundation, 2004.

Multiplicando a produção de trigo

CALDERINI, D. F. e SLAFER, G. A. "Changes in Yield and Yield Stability in Wheat During the 20th Century". *Field Crops Research*, v. 57, n. 3, 1998, pp. 335-47.

SMIL, V. *Growth: From Microorganisms to Megacities.* Cambridge, MA: MIT Press, 2019.

A indesculpável magnitude do desperdício de alimentos

GUSTAVSSON, J. et al. *Global Food Losses and Food Waste.* Roma: FAO, 2011.

WRAP. *The Food Waste Reduction Roadmap*: Progress Report 2019. Set. 2019. Disponível em: <http://wrap.org.uk/sites/files/wrap/Food-Waste-Reduction_Roadmap_Progress-Report-2019.pdf>. Acesso em: 9 ago. 2021.

O lento adeus à dieta mediterrânea

TANAKA, T. et al. "Adherence to a Mediterranean Diet Protects from Cognitive Decline in the Invecchiare in Chianti Study of Aging". *Nutrients*, v. 10, n. 12, 2007. Disponível em: <https://doi.org/10.3390/nu10122007>. Acesso em: 9 ago. 2021.

WRIGHT, C. A. *A Mediterranean Feast: The Story of the Birth of the Celebrated Cuisines of the Mediterranean, from the Merchants of Venice to the Barbary Corsairs.* Nova York: William Morrow, 1999.

Atum-azul: a caminho da extinção

MacKENZIE, B. R., MOSEGAARD, H. e ROSENBERG, A. A. "Impending Collapse of Bluefin Tuna in the Northeast Atlantic and Mediterranean". *Conservation Letters*, n. 2, 2009, pp. 25-34.

POLACHECK, T. e DAVIES, C. *Considerations of Implications of Large Unreported Catches of Southern Bluefin Tuna for Assessments of Tropical Tunas, and the Need for Independent Verification of Catch and Effort Statistics.* CSIRO Marine and Atmospheric Research Paper, n. 23, mar. 2008. Disponível em: <www.iotc.org/files/proceedings/2008/wptt/IOTC-2008-WPTT-INF01.pdf>. Acesso em: 9 ago. 2021.

Por que o frango é o máximo

CONSELHO NACIONAL DO FRANGO. "U.S. Broiler Performance". Atualizado em: mar. 2019. Disponível em: <www.nationalchickencouncil.org/about-the-industry/statistics/u-s-broiler-performance/>. Acesso em: 9 ago. 2021.

SMIL, V. *Should We Eat Meat?: Evolution and Consequences of Modern Carnivory.* Chichester, West Sussex: Wiley-Blackwell, 2013.

(Não) tomar vinho

AURAND, J.-M. *State of the Vitiviniculture World Market.* Organização Internacional da Vinha e do Vinho, 2018. Disponível em: <www.oiv.int/public/medias/6370/state-of-the-world-vitiviniculture-oiv-2018-ppt.pdf>. Acesso em: 9 ago. 2021.

LEJEUNE, D. *Boire et Manger en France, de 1870 au Début des Années 1990*. Paris: Lycée Louis le Grand, 2013.

O consumo racional de carne

PEREIRA, P. *et al.* "Meat Nutritional Composition and Nutritive Role in the Human Diet". *Meat Science*, v. 93, n. 3, mar. 2013, pp. 589-92. Disponível em: <https://doi.org/10.1016/j.meatsci.2012.09.018>. Acesso em: 9 ago. 2021.

SMIL, V. *Should We Eat Meat?: Evolution and Consequences of Modern Carnivory*. Chichester, West Sussex: Wiley-Blackwell, 2013.

A alimentação no Japão

CWIERTKA, K. J. *Modern Japanese Cuisine: Food, Power and National Identity*. Londres: Reaktion Books, 2006.

SMIL, V. e KOBAYASHI, K. *Japan's Dietary Transition and Its Impacts*. Cambridge, MA: MIT Press, 2012.

Laticínios: as contratendências

AMERICAN FARM BUREAU FEDERATION. "Trends in Beverage Milk Consumption". *Market Intel*, 19 dez. 2017. Disponível em: <www.fb.org/market-intel/trends-in-beverage-milk-consumption>. Acesso em: 9 ago. 2021.

WATSON, R. R., COLLIER, R. J. e PREEDY, V. R. (orgs.). *Nutrients in Dairy and Their Implications for Health and Disease*. Londres: Academic Press, 2017.

Meio ambiente: danificando e protegendo nosso mundo

Animais ou objetos: quais têm mais diversidade?

GSMArena. "All Mobile Phone Brands". Disponível em: <www.gsmarena.com/makers.php3>. Acesso em: dez. 2019.

MORA, C. *et al.* "How Many Species Are There on Earth and in the Ocean?". *PLoS Biology*, v. 9, n. 8, 2011, e1001127. Disponível em: <https://doi.org/10.1371/journal.pbio.1001127>. Acesso em: 9 ago. 2021.

Planeta das vacas

CONSELHO DE PESQUISA DE CARNE BOVINA. "Environmental Footprint of Beef Production". Atualizado em: 23 out. 2019. Disponível em: <www.beefresearch.ca/research-topic.cfm/environmental-6>. Acesso em: 9 ago. 2021.

SMIL, V. *Harvesting the Biosphere: What We Have Taken from Nature.* Cambridge, MA: MIT Press, 2013.

A morte de elefantes

PAUL G. ALLEN PROJECT. *The Great Elephant Census Report 2016.* Vulcan Inc., 2016. Disponível em: <www.greatelephantcensus.com/final-report>. Acesso em: 9 ago. 2021.

PINNOCK, D. e BELL, C. *The Last Elephants.* Londres: Penguin Random House, 2019.

Por que o Antropoceno pode ser uma afirmação prematura

DAVIES, J. *The Birth of the Anthropocene*. Berkeley, CA: University of California Press, 2016.

SUBCOMISSÃO DE ESTRATIGRAFIA QUATERNÁRIA. "Working Group on the 'Anthropocene'". 21 maio 2019. Disponível em: <http://quaternary.stratigraphy.org/working-groups/anthropocene/>. Acesso em: 9 ago. 2021.

Fatos concretos

COURLAND, R. *Concrete Planet*: The Strange and Fascinating Story of the World's Most Common Man-Made Material. Amherst, NY: Prometheus Books, 2011.

SMIL, V. *Making the Modern World: Materials and Dematerialization*. Chichester, West Sussex: John Wiley and Sons, 2014.

O que é pior para o meio ambiente: o carro ou o telefone?

ANDERS, S. G. e ANDERSEN, O. "Life Cycle Assessments of Consumer Electronics — Are They Consistent?". *International Journal of Life Cycle Assessment*, n. 15, jul. 2010, pp. 827-36.

QIAO, Q. *et al*. "Comparative Study on Life Cycle CO2 Emissions from the Production of Electric and Conventional Cars in China". *Energy Procedia*, n. 105, 2017, pp. 3.584-95.

Quem tem o melhor isolamento térmico?

RECURSOS NATURAIS DO CANADÁ. *Keeping the Heat In*. Ottawa: Energy Publications, 2012. Disponível em: <www.

nrcan.gc.ca/energyefficiency/energy-efficiency-homes/how-can-i-make-yhome-more-ener/keeping-heat/15768>. Acesso em: 9 ago. 2021.

DEPARTAMENTO DE ENERGIA DOS ESTADOS UNIDOS. "Insulation Materials". Disponível em: <www.energy.gov/energysaver/weatherize/insulation/insulation-materials>. Acesso em: dez. 2019.

Janelas de vidro triplo: uma solução energética transparente

CARMODY, J. *et al. Residential Windows: A Guide to New Technology and Energy Performance.* Nova York: W.W. Norton and Co., 2007.

DEPARTAMENTO DE ENERGIA DOS ESTADOS UNIDOS. *Selecting Windows for Energy Efficiency.* Merrifield, VA: Office of Energy Efficiency, 2018. Disponível em: <https://nascsp.org/wp-content/uploads/2018/02/us-doe_selecting-windows-for-energy-efficiency.pdf>. Acesso em: 9 ago. 2021.

Melhorando a eficiência do aquecimento doméstico

CENTRO DE SOLUÇÕES ENERGÉTICAS. "Natural Gas Furnaces". Dez. 2008. Disponível em: https://naturalgasefficiency.org/for-residential-customers/heat-gas_furnace/. Acesso em: 9 ago. 2021.

LECHNER, N. *Heating, Cooling, Lighting.* Hoboken, NJ: John Wiley and Sons, 2014.

JACKSON, R. B. *et al. Global Energy Growth Is Outpacing Decarbonization*. Relatório especial para a Cúpula de Ação sobre o Clima das Nações Unidas, set. 2019. Camberra: Global Carbon Project, 2019. Disponível em: <www.globalcarbonproject.org/global/pdf/GCP_2019_Global%20energy%20growth%20outpace%20decarbonization_UN%20Climate%20Summit_HR.pdf>. Acesso em: 9 ago. 2021.

SMIL, V. *Energy Transitions: Global and National Perspectives*. Santa Barbara, CA: Praeger, 2017.

AGRADECIMENTOS

Por muitos anos, enquanto eu escrevia livros interdisciplinares, pensava que poderia ser um desafio interessante ter a oportunidade de comentar assuntos que saem nos jornais, esclarecer concepções equivocadas que são comuns e explicar alguns fatos fascinantes do mundo moderno. Também achava que a probabilidade de conseguir fazer isso era bastante baixa, porque para valer a pena fazê-lo a oferta de um editor teria de atender a diversos critérios de equilíbrio.

O intervalo entre as contribuições não poderia ser nem muito breve (semanalmente seria trabalhoso) nem esporádico demais. A extensão do texto não poderia ser muito longa, mas permitir mais do que alguns parágrafos superficiais. A abordagem não poderia ser nem especializada nem superficial demais, de modo a permitir uma análise bem embasada. A escolha dos temas não poderia ser ilimitada (eu não tinha intenção de escrever sobre assuntos obscuros ou temas excessivamente especializados), mas sem dúvida ampla. E uma tolerância de números: não em demasia, mas para fornecer argumentos convincentes. O último ponto era particularmente importante para mim, porque ao longo de décadas fui percebendo que a discussão de questões importantes e de compreensão quantitativa vinha se tornando cada vez mais qualitativa e, portanto, cada vez menos ancorada na complexidade dos fatos.

Coisas improváveis acontecem — e em 2014 fui solicitado a escrever um artigo mensal para a *IEEE Spectrum*, a revista do Instituto de Engenheiros Elétricos e Eletrônicos, cuja sede fica em Nova York. Philip Ross, editor sênior da *Spectrum*, propôs meu nome, e Susan Hassler, a editora-chefe, prontamente concordou. A *Spectrum* é uma revista (e site) de ponta da maior organização profissional do mundo dedicada à engenharia e às ciências aplicadas, e seus membros estão na vanguarda da transformação de um mundo moderno que depende de um abastecimento de eletricidade incessante, acessível e confiável e da adoção de uma crescente gama de aparelhos eletrônicos e soluções computadorizadas.

Mandei um e-mail para Phil, em outubro de 2014, delineando os tópicos que pretendia escrever no primeiro ano, que iam desde carros pesados demais a janelas triplas, da Maldição de Moore ao Antropoceno. Quase toda a seleção original acabou sendo escrita e impressa, a partir de janeiro de 2015, sendo que a primeira coluna mensal foi sobre carros cada vez mais pesados. A *Spectrum* foi o lar perfeito para meus artigos. Com mais de 400 mil membros e um grande grupo de leitores críticos e de alto nível, o IEEE (na sigla em inglês) me deu total liberdade para escolher os temas, e Phil tem sido um editor exemplar, particularmente incansável em sua checagem de fatos.

À medida que os artigos iam se acumulando, pensei que poderiam formar uma coletânea interessante, porém, mais uma vez, não via muita chance de vê-los em forma de livro. Então, em outubro de 2019, quase cinco anos exatos depois de eu ter esboçado a lista de temas do primeiro ano para Phil, chegou outro e-mail inesperado de Daniel Crewe, publisher da Viking (que faz parte da Penguin Random House) em Londres, me perguntando se eu já tinha pensado em transformar minhas colunas em um livro. Tudo aconteceu depressa. Daniel conseguiu as permissões de Susan, escolhemos algumas dezenas de artigos já publicados (deixando de fora apenas alguns muito técnicos), e escrevi uma dúzia nova para completar os sete temas que formariam os capítulos (especialmente sobre alimentos e pessoas). Connor Brown fez a primeira edição, e selecionamos fotografias e gráficos apropriados.

Agradeço a Phil e Susan e aos leitores da *Spectrum*, pelo apoio e pela oportunidade de escrever sobre qualquer coisa que desperte minha curiosidade, e a Daniel e Connor, por dar uma segunda vida a essas reflexões quantitativas.

A maioria das ilustrações veio de coleções privadas. Outras são de:

p. 122, Os milagrosos anos 1880 © Eric Vrielink; p. 131, O maior transformador do mundo: Siemens para a China © Siemens; p. 179, Comparações de alturas e diâmetros das lâminas de turbinas eólicas © Chao (Chris)

Qin; p. 183, Vista aérea da Estação de Energia Ouarzazate Noor, no Marrocos. Com 510 megawatts, é a maior instalação fotovoltaica do mundo © Fadel Senna via Getty; p. 1696, Modelo do *Yara Birkeland* © Kongsberg; p. 273, Atum-azul que quebrou outro recorde de preço © Reuters, Kim Kyung-Hoon; p. 313, Onde os elefantes ainda vivem © Vulcan Inc.; p. 316, As eras geológicas e o Antropoceno © Erik Vrielink.

Todos nos esforçamos para identificar o copyright, mas qualquer informação que esclareça a propriedade do copyright de qualquer material é bem-vinda, e o editor se empenhará para corrigir nas reimpressões do livro.

Publicações originais

Vacinação: o melhor retorno de investimento, p. 30
Vaccination: The Best Return on Investment (2017)

Será que a expectativa de vida está enfim chegando ao máximo?, p. 43
Is Life Expectancy Finally Topping Out? (2019)

Como o suor aprimorou as caçadas, p. 47
The Energy Balance of Running (2016)

Quantas pessoas foram necessárias para construir a Grande Pirâmide?, p. 51
Building the Great Pyramid (2020)

Por que a taxa de desemprego não diz tudo, p. 55
Unemployment: Pick a Number (2017)

As tragédias prolongadas da Primeira Guerra Mundial, p. 73
November 1918: The First World War Ends (2018)

Os Estados Unidos são mesmo um país excepcional?, p. 77
American Exceptionalism (2015)

Por que a Europa deveria ficar mais contente consigo mesma, p. 82
January 1958: European Economic Community (2018)

Preocupações com o futuro do Japão, p. 91
"New Japan" at 70 (2015)

Até onde a China pode ir?, p. 95
China as the New No.1? Not Quite (2016)

Índia ou China, p. 99
India as No.1 (2017)

Por que a indústria manufatureira continua importante, p. 104
Manufacturing Powers (2016)

Rússia e Estados Unidos: as coisas nunca mudam, p. 109
Sputnik at 60 (2017)

Como os anos 1880 criaram o mundo moderno, p. 121
The Miraculous 1880s (2015)

Como os motores elétricos impulsionam a civilização moderna,
p. 125
May 1888: Tesla Files His Patents for the Electric Motor
(2018)

Transformadores: aparelhos silenciosos, passivos, discretos,
p. 130
Transformers, the Unsung Technology (2017)

Por que ainda não se deve descartar o diesel, p. 134
The Diesel Engine at 120 (2017)

Capturando o movimento: de cavalos a elétrons, p. 139
June 1878: Muybridge's Galloping Horse (2019)

Do fonógrafo ao streaming, p. 143
February 1878: The First Phonograph (2018)

A invenção dos circuitos integrados, p. 147
July 1958: Kilby Conceives the Integrated Circuit (2018)

A Maldição de Moore: por que o progresso técnico demora
mais do que se pensa, p. 151
Moore's Curse (2015)

A ascensão dos dados: dados demais, rápido demais, p. 155

Data World: Racing Toward Yotta (2019)

Sendo realista quanto à inovação, p. 159
When Innovation Fails (2015)

Por que turbinas a gás ainda são a melhor escolha, p. 165
Superefficient Gas Turbines (2019)

Energia nuclear: uma promessa não cumprida, p. 169
Nuclear Electricity: A Successful Failure (2016)

Por que precisamos de combustíveis fósseis para gerar energia eólica, p. 174
What I See When I See a Wind Turbine (2016)

Qual é o tamanho máximo de uma turbina eólica?, p. 178
Wind Turbines: How Big? (2019)

A lenta ascensão das células fotovoltaicas, p. 182
March 1958: The First PVs in Orbit (2018)

Por que a luz do sol ainda é a melhor, p. 187
Luminous Efficacy (2019)

Por que precisamos de baterias maiores, p. 191
Grid Electricity Storage: Size Matters (2016)

Por que navios porta-contêineres elétricos são difíceis de navegar, p. 195

Electric Container Ships Are a Hard Sail (2019)

O custo real da eletricidade, p. 199
Electricity Prices: A Changing Bargain (2020)

Encolhendo a viagem transatlântica, p. 209
April 1838: Crossing the Atlantic (2018)

Os motores vieram antes das bicicletas!, p. 213
Slow Cycling (2017)

A surpreendente história dos pneus infláveis, p. 217
December 1888: Dunlop Patents Inflatable Tire (2018)

Quando começou a era do automóvel?, p. 221
August 1908: The First Ford Model T Completed in Detroit (2018)

A péssima relação entre peso e carga dos carros modernos, p. 225
Cars Weigh Too Much (2014)

Por que os carros elétricos (ainda) não são tão bons como pensamos, p. 230
Electric Vehicles: Not So Fast (2017)

Quando começou a era do jato?, p. 234
October 1958: First Boeing 707 to Paris (2018)

Por que o querosene está com tudo, p. 238
Flying Without Kerosene (2016)

O que é mais eficiente em termos de energia: aviões, trens ou automóveis?, p. 246
Energy Intensity of Passenger Travel (2019)

A indesculpável magnitude do desperdício de alimentos, p. 263
Food Waste (2016)

O lento adeus à dieta mediterrânea, p. 268
Addio to the Mediterranean Diet (2016)

Atum-azul: a caminho da extinção, p. 272
Bluefin Tuna: Fast, but Maybe Not Fast Enough (2017)

Por que o frango é o máximo, p. 276
Why Chicken Rules (2020)

(Não) tomar vinho, p. 281
(Not) Drinking Wine (2020)

Animais ou objetos: quais têm mais diversidade?, p. 303
Animals *vs.* Artifacts: Which are more diverse? (2019)

Planeta das vacas, p. 307
Planet of the Cows (2017)

A morte de elefantes, p. 311
The Deaths of Elephants (2015)

Por que o Antropoceno pode ser uma afirmação prematura, p. 315
It's Too Soon to Call This the Anthropocene Era (2015)

Fatos concretos, p. 319
Concrete Facts (2020)

O que é pior para o meio ambiente: o carro ou o telefone?, p. 324
Embodied Energy: Mobile Devices and Cars (2016)

Quem tem melhor isolamento térmico?, p. 328
Bricks and Batts (2019)

Janelas de vidro triplo: uma solução energética transparente, p. 332
The Visionary Energy Solution: Triple Windows (2015)

Melhorando a eficiência do aquecimento doméstico, p. 336
Heating Houses: Running Out of Combustion Efficiency (2016)

Tropeçando no carbono, p. 341
The Carbon Century (2019)

ÍNDICE REMISSIVO

Números em *itálico* referem-se a mapas, tabelas, gráficos e ilustrações.

aborto, 99-101
aço
    custo da energia, 153-154
    e desperdício de alimentos, 266-267
    e emissões de carbono, 232-233, 322-323
    em turbinas eólicas, 174-176
    graus, 305-306
    importância, 344-345
    no concreto armado, 320-321
Acordo de Paris sobre as Mudanças Climáticas (2015), 343-344
açúcar e adoçantes, 292-294
Adams, William, 184-185
Adobe, 102
AEG, 127-129
Afeganistão, 32, *60*, 62
Afeganistão, Guerra do, 116-117
África
    combustíveis de biomassa, 203
    desperdício de alimentos, 263-264, *264*
    elefantes, 310, 311-314, *313*
    emissões de carbono, 341-342
    energia nuclear, *170*
    geração de eletricidade, *170*
    megacidades, 66-67, 68, 69
    obesidade, 309
    porcentagem de crianças na população, 309
    taxa de fecundidade, *20*, 21, 23-24
    taxa de mortalidade infantil, 11-12, 28-29
    ver também países específicos por nome
África do Sul, *44*, 49-50, 69, 201-202

África Setentrional – norte da África, *264*, 311, *ver também* Egito; Marrocos
agricultura
    como porcentagem do PIB mundial, 104
    desperdício de alimentos cultivados, 263-264
    fertilizantes, 253-257, 261-262
    produção, 152-154, 258-262, *259*
    produtos para alimentação animal, 285-287
    água, 47-49, 261-262, 283-284, 285-286, 286-288
água, poluição da, 97-98
Ahmedabad, 69
Air Algérie, desastre da, 242
Air Asia, acidentes, 242
Airbus, 12-13, 13-14, 104, 178-180, 211-212, 306
álcool, 268, 269-271, 269-270, 281-284, *282*
Aldrin, Buzz, 111-112
Alemanha
    consumo de cerveja, 270-271
    desemprego, *106*
    dieta, 270-271, 293-294
    durante a Primeira Guerra Mundial, 75-76
    educação, 80-81
    eletricidade, 160-161, 172-173, 200-202, *200*
    energia nuclear, 160-161, 172-173
    expectativa de vida, *78*
    felicidade, 59, *60*, *78*
    império nazista, *114*, 115-117

indústria de carros, 223-224
legado da Primeira Guerra Mundial,
    73-75
manufatura, 88-89, *106*, 105-107, 107-108
mortalidade infantil, *78*, 79-80
obesidade, *78*
razão de dependência, 89-90
trens, 247-248
alfabetização, 80-81
algas, e biocombustível, 241
alimentos
alimentos de desjejum, 123
autossuficiência, 109-112, 97-98, 102, 103
consumo de atum, 272-275, 273
consumo de frango, 276-280, *277*,
    287-289
conversão de energia alimentar em
    trabalho, 53
desperdício, 263-267, *264*
dieta mediterrânea, 268-271
e altura humana, 40-42
e expectativa de vida, 287-288, *291*,
    292-294
e saúde, 285-286, 287-288, *291*, 292-294,
    297-298
efeito da qualidade em comparações
    quantitativas, 12-13
fast-food, 270-271
ingestão diária média, 265-266
laticínios, 295-299, *296*
mudanças dietéticas modernas, 268-271
refeições prontas, 271
ver também carne
Allen, Paul G., 312-314
alta tecnologia, indústria de, 102
altura humana, 38-42, *39*
Ambani, Mikesh, 101
América do Norte
altura humana, 40-41
desperdício de alimentos, *264*
energia nuclear, *170*
isolamento, 328-331
geração de eletricidade, *170*
povos indígenas e corrida, 49-50
ver também países específicos por nome
América do Sul
desperdício de alimentos, *264*
dieta, 279-280
energia nuclear, *170*

geração de eletricidade, *170*
megacidades, *66*, 68, 69
ver também países específicos por nome
American Graphophone Company, 145-146
americanos nativos, 49-50
amônia, 75-76
Angola, 69
animais
biomassa humana *vs.* do gado, 307-310,
    308-309
capacidade humana de superar, 47-50
diversidade comparada com a dos
    objetos, 303-306
locomoção, 140-142, *140*
números de espécies, 303
ver também animais específicos por nome
antílopes, 49-50
Antropoceno, era do, 315-318, *316*
apoio social, 59
Apple, 107-108
aquecimento central *ver* aquecimento, casa
aquecimento doméstico, 167-168, 206, 332,
    336-340
aquecimento solar, 339-340
Arábia Saudita, *60*, 62
Arbesman, Samuel, 113-115
ar-condicionado, 332, 334-335
Argentina, *60*, 62-63, *66*, 95-97
armas nucleares, 73-75
armas químicas, 73-75
armas, tempo de guerra
desenvolvimento tecnológico, 73-76
Armstrong, Neil, 111-112
arranha-céus, *122*, 124, 320-321
Arrhenius, Svance, 341-342
arroz, 152-154
artefatos, taxonomia do autor, 303-306
Ásia
desperdício de alimentos, *264*
energia nuclear, *170*, 172-173
geração de eletricidade, *170*, 172-173
megacidades, 68-68, 66-67, 69
produção de trigo, 260-261
taxa de fecundidade, *20*, 23-24
ver também países específicos por nome
Aspdin, Joseph, 319-320
assaltos, 57
asteroides, 317-318
atmosfera, a, *316*

Attu, 116-117
atum, 272-275, *273*
audiolivros, 145-146
Austrália
    aborígenes e corrida, 49-50
    dieta, 287-288
    felicidade, 59, *60*
    trens, 248-249
Áustria; 59, *60*
automóveis *ver* carros
Aveia Quaker, 123
aviões
    baterias, 93-94
    combustível, 205-206, 238-241, *239*
    eficiência energética, 246-247, *247*
    embarque, 161
    era do jato, 234-237, *235*
    número de passageiros, 2*39*
    peso, 12-13, 13-14, 306
    Primeira Guerra Mundial, desenvolvimentos da, 73-75
    razão entre peso e carga útil, 227-228
    Segunda Guerra Mundial, desenvolvimentos da, 73-75
    segurança, 242-245
    velocidade, 11-13, 13-14, 153-154, 247-249
    voos transatlânticos, 211-212, 236-237
azeite de oliva, 268, 269-270, 270-271

bactérias, 306, 307
Bangkok, *67*
Bangladesh, 41-42, *67*, 107-108
Barbados, 95-97
BASF, 75-76
baterias, 93-94, 191-194, *192*, 197-198, 238
bebês, peso, 12-13
Becquerel, Edmond, 184-185
Beethoven, Ludwig van, *157*
Beijing, *67*, 97-98, 317-318
Beipan, ponte do rio, 321-322
Bélgica, 41-42, 223-224
Bell, Alexander Graham, 145-146
Bell, Laboratórios, 147, 184-185, 217-218
Bengaluru, *67*
Benz, Karl, 215-216, 219-220
Berliner, Emile, 145-146
bicicletas, 213-216, *214*, 217-220, *218*, *226*, 225-227

Bill & Melinda Gates, Fundação, 31-34
biocombustível, 203, *204*, 238-241
biomassa, 307-310, 308-309
biomassa humana, 307-310, 308-309
Birmânia *ver* Mianmar
Bláthy, Ottó, 130-132
BMWs, *226*, 227-228
Boeing, aeronave
    acidentes, 242-245
    baterias, 93-94
    707, 153-154, 211-212, 234-237, 235-236, 237
    727, 235-236
    747s, 235-236, 236-237
    747, 235-236, 236-237
    787
    Dreamliners, 93-94, 153-154, 211-212, 227-228, 236-237
    velocidade, 153-154, 211-212
Bogotá, *66*, 69
boilers *ver* caldeiras
bombas de calor, 337-340
Borlaug, Norman, 260-261
Bosch, Carl, 75-76
Brasil, *66*, 68-69, 223-224, 309
Brexit, 86-90
Bridgestone, 219-220
Brisbane, aeroporto de, 239-240
Brueghel, Pieter, pinturas de, 93-94, *114*, 113-116
Brunel, Isambard Kingdom, 209
Brush, Charles, 130-132
Buenos Aires, *66*
Buffett, Warren, 32
Buffon, Conde de, 38
Burj Khalifa, 178-180, 320-321

Cabot, John, 115-116
caça, 47-50
Cadillacs, 227-228
café, 123
Cairo, *67*
caixas registradoras, *122*, 124
calculadoras, 184-185
Calcutá, *67*, 194
caldeiras a gás, *338*, 337-339
Calment, Jeanne, 45-46
Camboja, 116-117
camelos, 47-49

caminhões, 137-138
Canadá
    aquecimento doméstico, 337-339
    carros elétricos, 231-232
    educação, 80-81
    eletricidade, custo da, 200-201, *200*
    expectativa de vida, 43-45, *78*, 79-80
    felicidade, 59, *60*, 61, *78*
    indústria de carros, 223-224
    isolamento, 334-335
    liberdade, 102
    manufatura, 88-89
    obesidade, *78*
    taxa de mortalidade infantil, 28-29, *78*
    temperaturas de inverno, 333-335
    trens, 248-249
Canal do Tempo, 156
canetas esferográficas, *122*, 124
cangurus, 49-50
capacidade cognitiva, e altura, 40-41
Carachi, *67*, 194
carne
    carne bovina *vs*. frango, consumo, 276-280, *277*
    consumo racional, 285-289
    desperdício, 263-264
    e expectativa de vida, 287-288, 288-289
    e saúde, 268, *269*-270, 270-271, 276, *277*, 285-286, 299
    falsa, 267
    parcelas de carnes predominantes, 287-289
carne bovina, 276, *277*, 278-279, 279-280, 287-289, 307-310, 308-309
carregadores, 132-133
carros
    ascensão de acessíveis, 221-224, *222*
    campeões de vendas, 223-224
    combustível, 134-138, 160-161
    eficiência de combustível, 153-154
    eficiência energética, 246-247, *247*
    elétricos, 227-228, 230-233
    emprego na fabricação, 104-107
    energia de operação, custo da, 327-328
    energia de produção, custo de, 324-328
    expectativa de vida, *324*, 326-327
    japoneses, 91-93, 93-94
    motores, 121, 122-123
    número de trocas por carro, 228-229
    pneus, 219-220
    primeiros, 215-216
    razão entre peso e carga útil, 225-229, *226*
    rodas sobressalentes, 219-220
    segurança, 243-245
    velocidade, 13-14, 222
    volume de gasolina dos tanques, 12-13
Cartago, 311
carvão, 175-176, 203, 205-206, 337-339, 341-342
cassete, música em fitas, 146
cavalos, 47-49, 139-142, *140*
CD-ROMs, *157*
CDs, 146
censura, 102
Centro Nacional de Dados Climáticos, *157*
cereais, 253-254, *254*, 258-262, 263-264
cerveja, *269*, 270-271, 283-284
Cesareia, 319-320
chá, 292-293
Chernobyl, 171-172
Chicago, 122, 124
China
    agricultura, 152-154, 260-261, 261-262
    altura humana, 39-41, 41-42
    autossuficiência alimentar, 97-98, 102
    carros elétricos, 231-232
    caso de adulteração do leite, 298-299
    combustíveis históricos usados, 203
    consumo de vinho, 284
    corrupção, 101
    Covid-19, pandemia de, 35-36
    desemprego, *106*
    desigualdade econômica, 101
    dieta, 279-280, 292-293, 293-294, 295, 298-299
    economia, 95-98, 101-102
    emissões de carbono, 341-342, 342-343, 343-344
    felicidade, *60*, 63
    fertilizantes, 255-257
    futuro do domínio comunista, 117
    geração de eletricidade, 160-161, 172-173
    impérios, *114*, 113-115, 115-116, 117
    indústria de alta tecnologia, 102
    indústria nuclear, 160-161, 172-173
    isolamento, 334-335
    liberdade, 101-102

manufatura, 88-89, *106*, 105-107
megacidades, 64-65, *67*, 68
mercado de marfim, 312-314
ocupação japonesa, 116-117
pontes, 321-322
população, *96*, 95-97, 98, 99
produção de cimento, 3*20*, 321-322
proporção entre os sexos, 99-101
qualidade de vida, 97-98
razão de dependência, *96*, 98, 102
relações com Japão, 93-94
represas hidrelétricas, 321-322
taxa de fecundidade, *20*, 21, 22-23
transformadores, *131*, 132-133
trens, 248-249
vs. Índia 99-103
Chongqing, *67*
Chipre, 238-270
cidades, 64-69, 66-67, 191-194
cilindros de cera, 145-146
cimento, 205-206, 232-233, 319-323, 3*20*, 344-345
Cincinnati, 320-321
Citroën, *226*, 225-227
Coca-Cola, *122*, 124
cólera, 30
colibris, 306
Colômbia, *60*, 62-63, *66*, 69
combustíveis fósseis, 174-177, 203-206, 230-233, 341-345
combustível *ver* energia
comércio de marfim, 311-314
Comet, aviões, 234-235
Companhia Goodyear de Pneus e Borracha, 219-220
compreendendo unidades de medida, 11-13
compressores, potência de, 127-129
comprimento, compreendendo unidades de medida, 11-12
computadores
 circuitos integrados, 149-150
 criação e armazenamento de dados, 155-158, *157*
 custo de energia de produção para aparelhos portáteis, 324-328, *324*
 custo de energia operacional para aparelhos portáteis, 327-328
 expectativa de vida, *324*, 326-327
 microchips, 121

Moore, Lei de, 151-156, *152*
Concorde, 211-212
concreto, 319-323
condensação, janela, 334-335
condores, 306
Congo, República Democrática do, *20*, *66*, 68
coqueluche, 31
corça, 12-13, 49-50
Coreia do Norte, 73-75, 93-94
Coreia do Sul
 altura humana, 40-41
 desemprego, *106*
 dieta, 298-299
 energia nuclear, 169
 expectativa de vida, *44*, 79-80
 felicidade, *60*, 62
 geração de eletricidade, 169
 legado da Segunda Guerra Mundial, 73-75
 manufatura, 88-89, *106*, 107-108
 relações com o Japão, 93-94
 taxa de fecundidade, *20*, 22-23
 taxa de mortalidade infantil, 27-29
Coreia, Guerra da (1950-53), 73-75, 116-117
correntes, entendendo unidades de medida, 12-13
corrida, 47-50
corrida espacial, 109-112, 112
corrupção, 59-61, 101
Cortina de Ferro, 82
COVID-19, 23-24, 268-270, 283-284
crianças, como porcentagem da população, 309
Croácia, 33, 35-37

Daca, *67*
dados, criação e armazenamento, 163-165, *157*
Daimler, Gottlieb, 215-216
Dar-es-Salaam, 69
Davenport, Thomas, 125
Day, Richard, 184-185
de Havilland, 234-235
déficits e superávits do comércio, 107-108
Degner, Gus, 221
Délhi, *67*
Déri, Miksa, 130-132
desemprego, 55-58, 55, 87-88, 104-107, *106*

diesel
  e navios de contêineres, 195-198
  e turbinas eólicas, 174, 176-177
  usos modernos, 205-206
  vantagens, 134-138, *135*
Diesel, Rudolf, 134-136, *135*, 136-137
dieta mediterrânea, 268-271
difteria, 30-31
Dinamarca
  altura humana, 41-42
  corrupção, 101
  custo da eletricidade, 200-201, 201-202
  desigualdade econômica, 101
  dieta, 270-271
  exportações de alimentos para o Reino Unido, 87-89
  felicidade, 59, *60*, 61
  qualidade de vida, 25
  taxa de fecundidade, 22-23
dinheiro
  altura e ganhos ao longo da vida, 40-41
  comparações históricas e internacionais, 12-13
  o euro, 83
  o iene, 91-93
  renda disponível como medida de qualidade de vida, 25-26
  transferências financeiras digitais, 156
dióxido de carbono, níveis de 261-262, 322-323, 341-345, 342-343
doenças
  pandemia, 33-38
  riscos de infecção em hospitais, 245
  vacinação, 30-32
Dolivo-Dobrovolsky, Mikhail Osipovich, 127-129
downloads, de músicas, 146
Drais, Karl, 213
drones, 306
Dubai, 178-180, 320-321
Dunlop, John Boyd, 217-220, *218*
DVDs, *157*

economia
  contribuição para o produto econômico do setor manufatureiro, 104
  déficits e superávits comerciais, 107-108
  desigualdade e taxa de mortalidade infantil, 28-29
  desigualdade econômica, 101
  economia chinesa, 95-98, 101-102
  economia dos Estados Unidos, 95-97, 116-117
  economia indiana *vs.* chinesa, 101-103
  economia japonesa, 91-94
  não confiabilidade de estatísticas, *55*
  PIB como medida de qualidade de vida, 25-26, 59-61, 161-162
  PIB do Reino Unido comparado com outros países, *87*, 89-90
  pobreza e combustíveis fósseis, 344-345
  produção econômica da União Europeia, 83
  produção econômica mundial, 13-14
  ver também dinheiro
Edison, Thomas, 122, 125, 143-146, 1*44*, 217-218
educação para a ciência, 80-81
educação, 80-81, 88-89, 111-112
Egito
  antigo, 51-54, *51*, 113-115, 311
  produção de trigo, 261-262
Elam, império, 113-115
elefantes, 305-306, 310, 311-314, *313*
eletricidade
  armazenamento, 191-194, *192*
  carros elétricos, 227-228, 230-233, *231*
  contribuição de Edison, 143-145
  custo financeiro, 199-202, 200-201
  descarbonização, 203-206, *204*
  estatísticas de fontes, 230-232
  geração de, 153-154, 160-161, 165-186, *170*, *175*, *179*, 191-194, *192*
  importância, 121-122
  motores elétricos, 125-129, *127*
  para alimentar navios de contêineres, 195-198
  transformadores, 130-133, *131*
  ver também energia hidrelétrica; luz e iluminação; energia nuclear; energia solar; energia eólica
eletrônica
  circuitos integrados, 147-150, *148*, *150*
  companhias japonesas, 91-94
  Lei de Moore, 151-154, *152*
  transístores, 91-93, 147, 151-152, 217-218
  ver também computadores
elétrons, 141-142

elevadores elétricos, *122*
e-mails, 156
emprego *ver* desemprego
energia
    abastecimento chinês, 97-98
    abastecimento no Reino Unido, 88-89
    aviões a jato, 236-237
    biocombustível, 203, 204-205, 238-241
    cálculo de potencial, 52
    carros, 121, 122-123, *122*, 222, 225-229, *226*
    compreendendo unidades de medida, 12-13
    consumo de aparelhos eletrônicos portáteis, 324-328, *324*
    consumo de carros, 324-328, *324*
    consumo de energia em edifícios, 332
    conversão de energia alimentar em trabalho, 53
    descarbonização, 203-206, *204*
    diesel, 134-138, *135*
    eficiência de combustível, 153-154
    eficiência de diferentes modos de transporte, 246-248
    gasolina, 12-13, 134-137
    hidrogênio como combustível, 160-161, 193-194, 238
    isolamento, 328-335, *330*, *333*
    motores para aquecimento doméstico, 332, 336-340
    para aviões, 238-241, 2*39*
    primeiros, 215-216
    taxas de consumo de corrida, 47-49
    termonuclear, 160-161
    uso, 10-12, 13-14
    ver também mudança climática; diesel; eletricidade; gás natural; energia nuclear; petróleo
energia de vapor
    e travessias transatlânticas, 209-212
    motores, 125
    primeiros tempos, 215-216
    turbinas e turbogeradores, *122*, 153-154, 166-167, 167-168
energia e potência, compreendendo unidades de medida, 12-13
energia eólica
    armazenamento, 191-194, *192*
    como porcentagem da fonte de eletricidade global, 230-232
    custo, 201-202
    e combustíveis fósseis, 174-177
    e o meio ambiente, 232-233
    transição, 204-205, 205-206
    turbinas, 174-181, 175-176, 178, 232-233
energia hidrelétrica
    como porcentagem da fonte de eletricidade global, 185-186, 230-232
    e transmissões globais de energia, 204-205, 205-206
    hidrogênio líquido, 160-161, 193-194, 238
    países com maior parcela de geração, 200-201
    primeiro uso para a eletricidade, 121-122, *122*
energia nuclear
    China, 97-98
    como porcentagem da fonte de eletricidade global, 230-232
    e transmissões globais de energia, 204-205
    estatísticas de produção, *170*
    fracasso em cumprir promessa, 159-161, 169-173
    Japão, 93-94
energia solar
    armazenamento, 191-194, *192*
    como porcentagem de fonte da eletricidade global, 230-232
    custo, 201-202
    e o meio ambiente, 232-233
    transição para, 182-186, *183*, *204*, 205-206
Equador, *60*, 62-63
eras geológicas, 315-318, *316*
Eslováquia, 80-81
Eslovênia, 26, *106*, 283-284
Espanha
    desemprego e qualidade de vida, 57
    dieta, 368-270, 270-271, 287-288, 293-294
    educação, 80-81
    expectativa de vida, 290-291
    exportações de alimentos para o Reino Unido, 87-89
    felicidade, *60*
    indústria de carros, 223-224
    taxa de fecundidade, 23-24
espectrógrafos, 141-142

Ésquilo, 155
Estados Unidos
    abastecimento de petróleo, 97-98
    agricultura, 152, 259-261, *259*
    altura humana, 38, 41-42
    aquecimento doméstico, 337-339
    biocombustível, 240-241
    carros a diesel, 136-137
    consumo de energia em edifícios, 328
    consumo de vinho, 284
    consumo e desperdício de alimentos, 264-267
    custo da eletricidade, 199-200, 200-202, *200*, 202
    desemprego, 56-57
    desigualdade econômica, 101
    dieta, 275, 276-280, *277*, *291*, 292-293, 293-294, 296-298
    e a Segunda Guerra Mundial, 91-93
    e desvalorização do iene japonês, 91-93
    economia comparada com a da China, 95-97
    economia, 116-117
    educação, 80-81, 111-112
    emissões de carbono, 342-343
    energia e acidentes nucleares, 159-161, 169, 171-172
    excepcionalismo, 77-81, *78*
    expectativa de vida, 43-45, *78*, 79-80, 290-291, *291*
    felicidade, 59, *60*, *78*
    geração e armazenamento de eletricidade, 159-161, 165-167, 167-168, 169, 193-194
    importação de carros japoneses, 91-93
    indústria automobilística, 221-224, 225-228, *226*
    influenza (gripe), 34-35, 36
    LEDs, 188-190
    manufatura, 88-89, 105-107, 107-108
    megacidades, *66*, 68-69
    moradia, 12-13
    números de carros de passageiros, 228-229
    obesidade, *78*, 265-267, *291*, 309
    padrão de ascensão e queda, 93-94
    pecuária, 309
    preços de carros, 222
    produção de cimento, 3*20*, 321-322
    razão de dependência, *96*
    relações com a Rússia, 109-112
    represas hidrelétricas, 321-322
    rodovias, 321-322
    taxa de mortalidade infantil, 11-12, 26, 27, 28-29, 77-80, *78*
    trens, 248-249
esterco, 253-255
Estocolmo, aeroporto de, 239-240
Estônia, 41-42
estradas *ver* rodovias
estufas, 167-168
Etiópia, 41-42, *44*, 242-245
euro, o, 83
Europa
    altura humana, 40-41
    desemprego e qualidade de vida, 57
    desperdício de alimentos, *264*
    dieta, 279-280
    energia nuclear, *170*
    expectativa de vida, 43-45
    geração de eletricidade, *170*
    LEDs, 188-190
    megacidades, 68-68
    taxa de fecundidade, 23-24
    taxa de mortalidade infantil, 27
    porcentagem de crianças na população, 309
    ver também países específicos por nome
Europa, SS, 211-212
exames médicos por imagem, 156
expectativa de vida
    e altura, 40-41
    e dieta, 287-288, 288-289, *291*, 292-294
    e felicidade, 59-61
    Estados Unidos comparados com outros países, *78*, 79-80
    hereditariedade, 45-46
    Japão, 43-45, *44*, 79-80, 290-294, *291*
    pessoa mais velha do mundo, 45-46
    Reino Unido comparado com outros países, *87*
    visão geral, 43-46, *44*
explosivos, 75-76
Exxon Mobil, 241

Facebook, 104-107
Fairchild Semiconductor Corporation, 148-149, 151

Faraday, Michael, 130-132
Farkas, Eugene, 221
felicidade, 57-63, *60*, *78*, *87, ver também*
    qualidade de vida
Ferranti, Sebastian Ziani de, 130-132
Ferraris, Galileo, 126
ferros elétricos, *122*, 123
ferrovias, *122*, 123
fertilizantes, 75-76, 253-257, 261-262
Feynman, Richard, 149-150
Filadélfia, 124
Filipinas, *67*, 116-117
filmes, *157*, 156
filoxera, 281
Finlândia
    felicidade, 59, *60*, 61
    taxa de mortalidade infantil, 26, 27-29
fonógrafos, 1*44*, 143-146
fontes, 9-10
Ford, Henry, 221
Ford Motor Company, 221-222, *222*, 225-228, *226*
fornos, 337-339
fósforo, 253-254
fotografia, 140-142, *157*, 156
fotovoltaicas, células, 182-186, *183*, 191, 201-202, 232-233
França
    altura humana, 38
    carros elétricos, 231-232
    desemprego, *87*
    desenvolvimento do transmissor, 73-76
    dieta, 270-271, 288-289, 292-293, 293-294, 297-298
    eletricidade, 159-161, 169, 172-173, *200*
    energia nuclear, 159-161, 169, 172-173
    expectativa de vida, 43-45, *87*, 290-291
    felicidade, *60*, 62, *87*
    indústria de carros, 223-224, *226*, 225-227
    indústria e consumo de vinho, 281-284, *282*
    megacidades, *66*, 68
    padrões de vida pós-guerra, *282*
    PIB, *87*
    produção de concreto, 320-321
    produção de trigo, 259-261
    razão de dependência, 89-90
    taxa de fecundidade, 21, 23-24

    taxa de mortalidade infantil, 79-80
    trens, 247-248
    uso de energia, 10-12
frango, 276-280, *277*, 287-289
frutos do mar *ver* peixes e frutos do mar
Fukushima, 93-94, 171-172
fumar, 45-46, 243-245, 290-291

Gabão, 95-97
gado, biomassa, 307-310, 308-309
Galamb, Joseph A., 221
gás natural
    abastecimento chinês, 97-98
    crescimento da produção, 203
    e aquecimento doméstico, *338*, 337-339
    e emissões de carbono, 342-343
    usos, 176-177, 205-206
gás venenoso, 73-75
gasolina, 12-13, 134-137
Gates, Fundação, 31-34
Gaulard, Lucien, 130-132
General Electric, 165, 166-168, 178, 180-181, 236-237, 248-249
General Motors, 227-228
gênero, questões de
    aborto seletivo de meninas, 99-101
    proporção entre os sexos, 99-101
generosidade, 59-61
Géricault, Théodore, 139-141
Gibbs, John Dixon, 130-132
Gizé, 51-54, *51*
GlobalFoundries, 102
gnus, 31
Goodyear, Charles, 217-218
Google, 102
gorduras dietéticas, 269-270, 292-294
Grã-Bretanha, *ver* Reino Unido
gramofones, 145-146
Grand Colee, represa, 321-322
Grande Depressão, *55*
grandeza, ordens de, 13-14
Great Wester, SS, 209-212, *210*
Grécia, 23-24, 79-80, 155, 268-270
GS Yuasa, 93-94
Guam, 116-117
Guangzhou, *67*
Guatemala, *60*, 62-63
Guerra do Golfo (1990-1991), 116-117
Guerra Fria, 73-75

Gülsün (navio porta-contêineres), 196-197
Gutenberg, Johannes, 155

Haber, Fritz, 75-76, 254-256
Heinkel, 234-235
Henry, Joseph, 130-132
Heródoto, 52
Hertz, Heinrich, 123
Heyden, Pieter van der,
    gravuras de, *286*
Himalaia, disputa territorial pelo, 102-103
Hitachi, 91-94
Hitler, Adolf, 116-117, 223-224
Holanda
    altura humana, 41-42
    consumo de cerveja, 270-271
    geração de eletricidade, 167-168
    happiness, 59, *60*
    produção de trigo, 260-261
Honda, 91-94, 225-227, 324-326, *324*
horário de verão, 161
hospitais, e risco de infecção, 245
Hungria, 169, 326-327
Hyderabad, 69

IDH *ver* Índice de Desenvolvimento
    Humano
iene, 91-93
imortalidade, 45-46
imperialismo *ver* impérios
império americano *ver* império dos Estados
    Unidos
império dos Estados Unidos, *114*, 116-117
império espanhol, *114*, 113-115
império japonês, *114*, 115-117
império soviético, *114*, 115-116
império Yuan
impérios, 113-117, *114*
Índia
    altura humana, 40-41, 41-42
    autossuficiência de alimentos, 102, 103
    carros elétricos, 231-232
    corrupção, 101
    desigualdade econômica, 101
    economia, 101-103
    eletricidade, 160-161, 172-173, 201-202
    emissões de carbono, 343-344
    energia nuclear, 160-161, 172-173
    expectativa de vida, *44*

Gir leiteiro, 309
    independência, 115-116
    indústria de alta tecnologia, 102
    isolamento, 334-335
    liberdade, 101-102
    megacidades, *67*, 69
    população, 99, 103
    problemas religiosos, 103
    produção de trigo, 261-262
    proporção entre os sexos, 99-101
    vs. China, 99-103
Índice de Desenvolvimento Humano (IDH),
    25-26
Indonésia, *67*, 116-117
indução eletromagnética, 130-132
indústria do ferro, 205-206
influenza (gripe), 31, 34-35, 36
informação, criação e armazenagem de,
    163-165, *157*
inovação, 159-161
internet, 102, 156-158
intolerância à lactose, 295-299
iogurte, 297-299
Irã, *20*, 22-23, 40-41, 237
Iraque, 25
Iraque, Guerra do (2003), 116-117
Irlanda
    desemprego, *106*
    felicidade, *60*
    manufatura, 88-89, *106*, 105-108
    PIB, 89-90
Islândia, 26, 27-29, 59, *60*
isolamento, 328-335, *330*, *333*
Israel, 107-108, 319-320
Istambul, *66*
Itália
    desemprego, *87*
    dieta, 268-271, 287-288
    eletricidade, 160-161, *200*
    energia nuclear, 160-161
    expectativa de vida, *87*
    felicidade, *60*, 62, *87*
    legado da Primeira Guerra Mundial,
        73-75
    PIB, *87*
    uso anual de energia, 326-327
    taxa de fecundidade, 21, 23-24

Jacarta, *67*, 242

Jacobi, Moritz von, 125
janelas, 332-335, *333*
Japão
    agricultura, 260-261
    altura humana, *39*, 40-42
    ascensão e queda, 91-94
    desemprego, *106*
    dieta, 272-275, 273, 287-288, 288-289, *291*, 292-294, 297-298, 298-299
    e a Segunda Guerra Mundial, 91-93
    economia, 91-94
    educação, 80-81
    eletricidade, 93-94, 159-161, 171-172, 200-202
    energia nuclear e acidentes, 93-94, 159-161, 171-172
    expectativa de vida, 43-45, *44*, 79-80, 290-294, *291*
    felicidade, *60*, 62
    indústria de carros, 91-93, 93-94, 104-107, 223-224, 225-227, 324-326
    manufatura, 88-89, *106*, 105-107
    megacidades, 65, *67*, 68-69
    metrôs subterrâneos, 246-247
    obesidade, *291*
    população, 91, 93-94
    taxa de fecundidade, 21, 23-24
    taxa de mortalidade infantil, 26, 27-29, 79-80
    trens, 225-227, 246-248
    uso de energia, 10-12
Java, mar de, 242
Jeddah, Torre, 178-180
Jenner, Edward, 30
Jha, Sanjay, 102
Johanesburgo, 69
Johnson & Johnson, 107-108

Keys, Ancel, 268
Kilby, Jack S., 147-149
Kinshasa, *66*, 68
Kiska, ilha de, 116-117
Kruschev, Nikita, 111-112
Kurzweil, Ray, 43, 45-46
Kuwait, *60*, 62

Lagos, *66*, 68
Lahore, *67*
Lallement, Pierre, 214-216

laticínios, 41-42, 295-299, *296*, 309
lavoura
    gado, 307-310, 308-309
    lavoura de fábrica, 278-280
    ver também agricultura
LEDs, *189*, 188-190, 200-201
leite, 41-42, 295-299, *296*, 309
Leni (navio de contêineres), 196-197
Letônia, 41-42
LG, 305-306
liberdade, 59-61, 101-102
Lilienfeld, Julius Edgar, 217-218
Lima, *66*
linhas de montagem em fábricas, 222-224
livros, 155, *157*, 156
Lockheed, 236-237
locomoção humana, 139-142
Londres, Tratado de (1604), 115-116
Los Angeles, *66*, 68, 317-318
Los Angeles, aeroporto de, 239-240
Love, Henry, 221
LPs, 145-146
Lua, pousos na, 111-112, 149-150
Luanda, 69
Lusitania, RMS, 211-212
luz e iluminação
    artificial, 187-190, *189*
    custo da artificial, 200-201
    eficácia luminosa, 153-154, 187-189, 188-190, *200*
    lâmpadas fluorescentes, 188-190, *189*, 190
    lâmpadas incandescentes, 1*44*, 145-146, *200*, 217-218
    lâmpadas de sódio, 188-190
    LEDs, 188, 188-190, *200*
    natural, 187, 188, 190
luzes fluorescentes, 189-190, *189*, 190

Maastricht, Tratado de (1993), 83
madeira como combustível, 337-339
Madras, *67*
Malásia, *106*
Malaysia Airlines
    desaparecimento e avião abatido, 242
Mali, *20*, 242
Mallet, Edouard, 38
mamogramas, 156
Manchúria, 115-117

Manila, 67
manufatura
    Japão, 91-94
    linhas de montagem, 222-224
    montagem dispersa, 223-224
    Reino Unido comparado com outros países, 88-89
    supervisão de setor, 104-108, *106*
Mao Zedong, 312-314
máquinas de ditar, 145-146
máquinas de venda, *122*, 124
mar da China do Sul117
Marin Teknikk, 195
Marrocos, *183*, 268-270
Martin, Peter E., 221
massa
    biomassa planetária, 307-310, 308-309
    compreendendo unidades de medida, 12-13
    diversidade, 305-306
massas (alimento), 238-270
matemática, educação em, 80-81
Maxwell House, café, 123
Maxwell, James Clerk, 123
Maybach, Wilhelm, 215-216
McDonnell Douglas, 236-237
megacidades, 64-69, 66-67, 191-194
meio ambiente
    e aparelhos eletrônicos portáteis, 324-328, *324*
    e biocombustível, 238-241
    e carros, 324-327, *324*
    e carros elétricos, 230-233
    e concreto, 322-323
    e consumo de carne, 285-289
    e desperdício de alimentos, 266-267
    e fertilizantes, 256-257, 261-262
    efeito humano geral sobre, 315-318
    ver também mudança climática
Mendelssohn, Kurt, 52
meningite, 31
menopausa, idade de início, 19
menstruação, idade da primeira, 19
mercado de ações
    Japão, 91-93
    valor de empresas manufatureiras *vs.* de serviços, 104
Mesopotâmia, 113-115, 155
metrôs subterrâneos, 246-247, *247*

México
    custo da eletricidade, 201-202
    indústria de carros, 223-224
    felicidade, *60*, 62-63
    megacidades, *66*, 68
    povos indígenas e corrida, 49-50
México, Cidade do, *66*, 68
Mia (navio de contêineres), 196-197
Mianmar (antiga Birmânia), 116-117
Michaux, Pierre, 215-216
Michelin, André, 219-220
Michelin, companhia de pneus, 219-220
Michelin, Édouard, 219-220
micróbios, 307
microchips, 121
microprocessadores, 149-150
Microsoft, 102
milho, 152
mimeógrafos, 125
Mini Coopers, *226*, 225-227
Miquerinos, faraó do Egito
mísseis, 73-75, 149-150
Moçambique, 312-314
Mongólia, 295
Montbeillard, Philibert Guéneau de, 38
Montenegro, 95-97
Moore, Gordon, 151
Moore, Lei de, 151-154, *152*
moradia
    aquecimento, 167-168, 206, 332, 336-340
    isolamento, 328-335, *330*, *333*
    tamanho, 12-13, 339-340
Moscou, *67*, 68
motonetas, *226*, 225-227
motores elétricos, 125-129, *127*
motores polifásicos, 126
Motorola, 305-306
MSC Switzerland, 195-197
mudança climática
    dióxido de carbono, níveis de, 261-262, 322-323, 341-345, 342-343
    e aquecimento doméstico, 336, 339-340
    e biocombustível, 238-241
    e carros elétricos, 230-233
    e concreto, 322-323
    e consumo de carne, 285-286
    e desperdício de alimentos, 266-267
    e fertilizantes, 256-257
    e pobreza, 344-345

e transições energéticas, 203-206
efeito humano, 315-318
Mumbai, *67*, 101
musaranhos, 305-306
música, gravação e reprodução de, 1*44*,
143-146, *157*
Muybridge, Eadweard, 140-142

Nadella, Satya, 102
nafta, 176-177
Narayen, Shantanu, 102
Nasa, *157*
nattō, 292-293
navios
    combustíveis usados, 195-198, 205-206
    navios oceânicos, 153-154
    porta-contêineres, 137-138, 1*96*
    travessias transatlânticas, 209-212
nazistas, 113, 115-117
Netflix, 156
Níger, 21
Nigéria
    altura humana, 41-42
    casos de pólio, 32
    felicidade, 63
    independência, 115-116
    megacidades, *66*, 68
    taxa de fecundidade, *20*
    taxa de mortalidade infantil, 26
    uso de energia, 10-12
nitratos, 75-76
nitrogênio, 253-257, 261-262
Nokia, 305-306
Noruega
    carros elétricos, 231-232
    custo da eletricidade, 200-201
    felicidade, 59, *60*, 61
    indústria de carros, 223-224
    isolamento, 334-335
    taxa de mortalidade infantil, 27-29
Nova York, *66*, 68-69, 97-98, *122*
Nova Zelândia, 59, *60*, 326-327
Novartis, 105-108
Noyce, Robert, 148-149
números
    colocar no contexto, 10-13, 347
    efeito de diferenças qualitativas, 12-13
    maior prefixo de unidade, 158
    problemas em interpretar, 9-15, 347

nutrição *ver* alimentos

Obama, Barack, 77
obesidade, *78*, 265-267, 268, 271, *291*, 309
Oceana, *264*
óleo de palma, 240-241
ondas eletromagnéticas, *122*, 123
ônibus, 225-227, 246-247
Organização dos Países Exportadores de
    Petróleo (Opep), 91-93
Osaka, *67*
Oslo, aeroporto de, 239-240
Otan, 73-75
otite, 31
ovulações, número de, ao longo da vida, 19
óxido nitroso, 256-257

Pan Am, 234-237
Panamá, *60*, 62-63
panquecas Aunt Jemina, 123
Paquistão, 32, *47*, 261-262
parafusos e chaves de parafuso, *304*, 305-306
Paris, *66*, 68
peixes e frutos do mar
    consumo de atum, 272-275, 273
    desperdício, 263-264
    e saúde, 268, 270-271
"penny farthings", 215-216
Pensilvânia, Universidade da, 139-142
Peru, *66*
peste, 30
petróleo
    abastecimento chinês, 97-98
    abastecimento dos Estados Unidos, 97-98
    e turbinas eólicas, 176-177
    energia gerada por, 10
    Opep, crise da (1973-1974), 91-93
    petroleiros, 91-93
    uso histórico, 203
    usos modernos, 205-206
Pfizer, 107-108
Philips, 188-190
PIB *ver* produto interno bruto
Pichai, Sundar, 102
Pioneer Zephyr (locomotiva), 248-249
pirâmides, 51-54, *51*
placas tectônicas, 316-318
plásticos, 205-206, 344-345
pneumonia, 31

pneus, 215-216, 217-220, 218-219
pobreza, e combustíveis fósseis, 344-345
poliomielite, 31, 32
Polônia, 231-232
poluição, 97-98, 322-323, *ver também* meio ambiente
poluição do ar, 97-98
Pontes, 321-322
população
  China, *96*, 95-97, 98, 99
  crescimento no século XX, 257
  crianças como porcentagem da, 309
  Índia, 99
  Japão, 91, 93-94
  megacidades, 64-68, 66-67
  mundial, 13-14
  porcentagem nas cidades, 64
  tamanho da população e taxa de mortalidade infantil, 27-29
  taxa de fecundidade, 19-24, *20*
  União Europeia, 83
porco, carne de276, 278-279, 279-280, 287-289
Porsche, Ferdinand, 223-224
portas giratórias, *122*, 124
Porto Rico, 116-117
Portugal, 238-270
potássio, 253-254
Pratt & Whitney, 236-237
prensa de tipos móveis, 155
Primavera de Praga (1968), 82, 111-112
Primeira Guerra Mundial (1914-18), 74-76, *74*
produção agrícola, 152-154, 258-262, *259*
produto interno bruto (PIB)
  China, 95-98, 101
  como medida de qualidade de vida, 25-26, 59-61, 161-162
  Índia, 101
  não confiabilidade de estatísticas, *55*
  Reino Unido comparado com outros países, *87*, 89-90
proficiência em leitura, 80-81
proporção entre os sexos, 99-101

Qing, império, *114*, 113-115, 115-116
qualidade de vida
  Alemanha, *78*
  Canadá, *78*
  China, 97-98
  e desemprego, 57-58
  e megacidades, 68-69
  Estados Unidos comparados com outros países, 77-81, *78*
  medidas econômicas de, 25-26, 59-61, 161-162
  mortalidade infantil como medida de, 26-29, *26*
  Reino Unido, *78*
  União Europeia, 83
  ver também felicidade
Quéfren, faraó do Egito, 54
queijo, 296-299
Quéops, faraó do Egito, 51-54
querosene, 238-241, *239*
Quetelet, Adolphe, 38

radiação infravermelha, 123
radiação ultravioleta, 123
radiação visível, 123
rádio, ondas de, 121
raios cósmicos, 123
raios X, 123
razão de dependência
  China, *96*, 98, 102
  Estados Unidos, *96*
  Japão, 93-94
  Reino Unido, 89-90
reatores regeneradores rápidos, 159-161
recordes, 145-146
Reino Unido
  abastecimento de energia, 88-89
  autossuficiência alimentar, 87-89
  combustíveis históricos usados, 203
  desemprego, 57, *87*
  desigualdade econômica, 101
  desperdício de alimentos, 266-267
  educação, 88-89
  eletricidade, 159-161, 169, *200*
  energia nuclear, 159-161, 169
  expectativa de vida, *44*, 43-45, *78*, *87*, 290-291
  felicidade, 59, *60*, *78*, *87*
  futuro pós-Brexit, 86-90
  indústria de carros, 223-224
  indústria do carvão, 341-342
  liberdade, 102
  obesidade, *78*
  PIB, *87*

preços de carros, 222
produção de trigo, *259*
qualidade de vida, 57
razão de dependência, 89-90
setor de manufatura, 88-89
sistema de saúde, 88-90
taxa de mortalidade infantil, 26, *78*
religião
    conflito na Índia, 103
    e felicidade, 62-63
represas de hidrelétricas, 232-233, 321-322
represas hidrelétricas, 232-233, 321-322
República Centro-Africana, *60*, 62
República Tcheca
    altura humana, 41-42
    desemprego, 57, *106*
    felicidade, 59, *60*
    manufatura, *106*, 107-108
    qualidade de vida, 57
resistência, compreendendo unidades de medida, 12-13
respiração, humana *vs.* animal, 47-49
Rio de Janeiro, *66*, 68-69
Roche, 105-108
rodovias, 321-322
Roma antiga, 155, 311, 319-320
Romênia, 23-24, 25
rotação de plantio, 253-254, 254-255, 259-261
Royal William, SS, 209
Rússia
    educação, 80-81
    energia nuclear, 160-161, *170*
    felicidade, *60*
    geração de eletricidade, 160-161, *170*
    legado da Primeira Guerra Mundial, 73-75
    legado da Segunda Guerra Mundial, 73-75
    megacidades, *67*, 68
    relações com os Estados Unidos, 109-112
    taxa de mortalidade infantil, 26
    temperaturas de inverno, 333-335
    ver também União Soviética

sacos de papel, 123
Saha Airlines, 237
Samar (navio de contêineres), 196-197
Samsung, 324-326
São Paulo, *66*
sarampo, 32
satélites, 109, 109-112, 112, 182, 184-185
saúde
    carne bovina *vs.* frango, consumo, 276-280, *277*
    e altura, 40-41
    e dieta, 268-271, 276, *277*
    e consumo de carne, 268, 269-270, 270-271, 276, *277*, 285-286, 287-288
    e gordura do leite, 297-298
    exames médicos por imagem, 156
    intolerância à lactose, 295-299
    obesidade, *78*, 265-267, 268, 271, *291*, 309
    pandemia de doenças, 33-38
    Reino Unido, sistema de saúde do, 88-90
    risco de infecção hospitalar, 245
    vacinação, 30-32
    ver também expectativa de vida
Schmid, Albert130-132
Schröter, Moritz134-136
Seaborg, Glenn171-172
Segunda Guerra Mundial (1939-45), 73-75, 91-93, 116-117
Serra Leoa, 26
Sérvia, 27, 41-42
setor de serviços, 104-107
Shakespeare, William, *157*, 156
Shallenberger, Oliver B., 130-132
Shenzhen, 64-65, *67*
Siemens, 130, 132-133, 166-167
Singapura, *106*
Sirius, SS209-212
smartphones *ver* telefones
Smil, Vaclav (autor)
    casas em que morou, 337-339
    experiências de voo, 243-245
    vem para o Ocidente, 111-112
Smith, C. J., 221
soja, molho de, 292-293
sol, 315
som, gravação e reprodução, *144*, 143-146
Somália26, 101
Somme, Batalha do (1916), *74*
Sony, 91-94
spam, 156
Sputnik, *110*, 109-111, 112
Stanford, Leland, 140-141
Stanley, William, 130-133

Starley, John Kemp, bicicleta, *214*, 215-216
status social, e altura, 40-41
Stavanger, aeroporto de, 239-240
Strauss, Lewis L., 171-172
streaming digital, 146
submarinos, 73-75
Sudão do Sul, 60, 62
Suécia
    altura e ganhos ao longo da vida, 40-41
    felicidade, 59, *60*
    isolamento, 334-335
    taxa de fecundidade, 22-23, 23-24
Suíça
    dieta, 287-288
    energia nuclear, 169
    felicidade, 59, *60*
    geração de eletricidade, 165, 168, 169
    manufatura, 105-108
suicídio, 35, 62
Sumitomo, 91-93
suor, 47-50
sushi, 272-273, 275
Sutton, William, 215-216
Swatch, Grupo, 105-108
Sydney, Ópera de, 320-322
Synthetic Genomics, 241

Tailândia, *67*, *106*, 116-117
Takata, 93-94
tanques, 12-13, 13-14, 73-75
Tanzânia, 69, 312-314
taxa de fecundidade
    efeitos globais da mudança de, 23-24
    nível de reposição, 22-23
    visão geral, 19-24, *20*
taxa de mortalidade, 33-38, 243-245, *ver também* taxa de mortalidade infantil
taxa de mortalidade infantil, 11-12, 25-29, 26, 77-80, *78*
taxa de natalidade, 27-29
    e taxa de mortalidade infantil
    ver também taxa de fecundidade
Tchecoslováquia, 82, 111-112, 337-339
tecnologia, taxa de avanço da, 151-154
telefones
    celulares, 127-129, 203, 206, 304-306
    custo da energia, 326-328, *324*
    expectativa de vida, *324*, 326-327
    smartphones, 132-133
    taxonomia do autor, 304-306
telefones celulares *ver* telefones
telégrafo, 143-145
Terra: formato, rotação, inclinação e trajetória orbital, 315-316
terremotos, 317-318
Tesla, carros, 227-228
Tesla, Nikola, 125-126, *128*
tétano, 30-31
Texas Instruments, 147-150
The Wall Street Journal, *122*, 124
Thomson, Robert William, 218-219
Three Mile Island, 171-172
Tianjin, *67*
Tibete, 117, 295
tōfu, 292-293
Tóquio, 65, *67*, 68-69, 246-247, 272-273, 317-318
Toshiba, 91-94
Toyota, 93-94, 104-107, 225-227
transformadores, 131-133, *131*
transístores, 91-93, 147, 151-152, 217-218
transmissores, 73-76
transmissores de rádio, 91-93
transportadoras, 127-129
transporte
    aumento de velocidade do, 174
    bens, 137-138
    combustíveis usados, 205-206
    eficiência energética de diferentes modos, 246-248
    rodovias, 321-322
    transatlântico, 209-212, 236-237
    ver também tipos específicos de veículo por nome
trens
    diesel, 136-137, 137-138
    eficiência energética, 246-248, 247-248
    maglev, 160-161, *160*
    motores, 127-129
    primeiros, 215-216
    razão entre peso e carga útil, 225-227
    velocidade, 11-12
    ver também ferrovias
Três Gargantas, represa, 321-322
trigo, 253-254, 258-262, *259*
Trippe, Juan, 236-237
tsunamis, 93-94, 317-318

tuberculose, 30-31
Tupolev, 234-236
turbinas e turbogeradores
    a gás, 165-168, 166
    a vapor, *122*, 153-154, *166*, 167-168
    eólicos, 174-181, 175-176, 178, 232-233
Turquia, *66*, 201-202

Ucrânia, 23-24, 171-172, 242
União Europeia
    carros a diesel, 136-137
    consumo de energia em edifícios, 332
    custo da eletricidade, 200-202
    emissões de carbono, 342-343
    futuras relações com o Reino Unido, 87-89
    visão geral, 82-85
União Soviética
    colapso, 83, 115-116
    controle da Europa Oriental, 82
    e a Primavera de Praga, 111-112
    energia nuclear, 159-160
    Guerra Fria, 73-75
    relações com os Estados Unidos, 109-112
    ver também Rússia
United, linha aérea, 240-241
UpWind, projeto, 178-180
Urbanização, 64-69, 66-67
URSS *ver* União Soviética
Utzon, Jørn, 320-322

Vacinação, 30-32
Vale do Silício, 102
Vanguard TV3, foguete, 109-111
varíola, 30
velas187, 188
velocidade, compreendendo as unidades de medida, 11-13
Venter, Craig, 241
ventiladores, 127-129
Vestas, 178, 180-181
vídeos, *157*, 156
Vietnã, Guerra do (1955-75), 116-117
vigilância, 102
vinho, 268, 269-271, 269-270, 281-284, *282*
Volkswagen, 223-224
volume, compreendendo unidades de medida, 12-13
vulcões, 317-318

Watt, James, 215-216
Westinghouse Co., 126, 130-132, 165
Wills, Childe Harold, 49-50

Xangai, *67*, 194
Xinjiang, 117

Yara Birkeland (navio porta-contêineres), 195, 196-198, *196*
YouTube, 156

zebras, 49-50
Zewail, Ahmed, 141-142
Ziegler, Hans, 184-185
Zipernowsky, Károly, 130-132
zoopraxiscópios, 139-141

1ª edição	DEZEMBRO DE 2021
impressão	LIS GRÁFICA
papel de miolo	UPM 60G/M²
papel de capa	CARTÃO SUPREMO ALTA ALVURA 250G/M²
tipografia	FAIRFIELD LH